■ 高等学校理工科数学类规划教材

数学物理方程

Equations of Mathematical Physics

年四洪　孙丽华　编著

大连理工大学出版社

DALIAN UNIVERSITY OF TECHNOLOGY PRESS

图书在版编目(CIP)数据

数学物理方程 / 年四洪，孙丽华编著. — 大连：
大连理工大学出版社，2012.9
ISBN 978-7-5611-7322-0

Ⅰ. ①数… Ⅱ. ①年… ②孙… Ⅲ. ①数学物理方程
—高等学校—教材 Ⅳ. ①O175.24

中国版本图书馆 CIP 数据核字(2012)第 223214 号

大连理工大学出版社出版
地址：大连市软件园路 80 号　邮政编码：116023
发行：0411-84708842　邮购：0411-84703636　传真：0411-84701466
E-mail：dutp@dutp.cn　URL：http://www.dutp.cn
大连美跃彩色印刷有限公司印刷　　大连理工大学出版社发行

幅面尺寸：185mm×260mm　　印张：14.25　　字数：326 千字
2012 年 9 月第 1 版　　　　　2012 年 9 月第 1 次印刷

责任编辑：王　伟　　　　　　　　　　责任校对：李云霄
封面设计：季　强

ISBN 978-7-5611-7322-0　　　　　　　定　价：28.00 元

前　言

我们把表示物理量在空间或时间中变化规律的偏微分方程称为数学物理方程。其基本任务有以下两个方面：

第一，建立描绘某类物理现象的数学模型，并提供这些问题的求解方法；

第二，通过理论分析，研究客观问题变化发展的一般规律。

通过对物理现象的分析，我们能得到表达某类物理现象共同规律的数学表达式——偏微分方程，也称之为泛定方程。偏微分方程只给出了未知函数（它可以是电场强度、磁场强度、电势、位移、温度等）在邻近点和邻近时间所取值之间的关系，即表明在一个物理过程中，物理量由某一个时刻或某一个地点连续地变化到邻近时刻或邻近地点的规律。仅靠这些揭示"共性"的方程无法确定一个完整的物理过程，因此还要分析伴随这一过程发生的具体条件，一般情况下要考察初始条件与边界条件，我们称之为定解条件。泛定方程表达同一类物理现象的共性，是解决问题的依据；定解条件反映的是具体问题的个性。泛定方程加定解条件就构成了数学物理方程中的定解问题。

数学物理方程有如下两个显著的特点：

第一，它广泛地运用数学诸多领域的成果。自然现象是复杂多样的，数学物理方程中所研究的问题也是复杂多样的，所以要应用不同的数学工具来解决性质不同的问题。

第二，研究数学物理方程的难度比较大，即使在讨论一些比较简单的基本问题时，也要综合运用古典数学中的许多基础知识；稍许深入一点，就要涉及现代分析的知识以及各种数值方法，因此在这个领域内不断出现许多尚待解决的新问题，是近代数学许多分支发展的动力。

本书在编写过程中根据工科院校的特点，在内容的选取上，不侧重于严格的数学理论，而着重于数学模型的建立，同时注意数学和物理的结合，并介绍各类方程多种解题的方法和技巧，内容循序渐进，以利于理工科学生根据需要灵活选用，目的是为后继课程及科研工作提供必要的数学工具。本书较全面地介绍了数学物理方程的基本内容，并着重介绍了最重要的几个解法：积分法、分离变量法、积分变换法、格林函数法和基本解法。各章内容间有一定的独立性，因而在教学时数上有较大的灵活性。

本书也融进了编者近几年来在教学和科研实践中的一些体会。

本书在编写过程中得到了大连理工大学数学科学学院金正国和李风泉老师的指导，也得到了大连理工大学研究生教改基金的支持，在此一并表示感谢。

编著者

2012 年 9 月于大连

目　录

第1章 绪 论

1.1 偏微分方程的一些基本概念

物理学、力学等学科和工程技术中的许多物理过程、状态和规律都是用偏微分方程来描述的,偏微分方程反映了未知函数关于时间的导数和关于空间变量的导数之间的制约关系.我们把这些来自物理等学科的偏微分方程称为数学物理方程.首先我们介绍一下偏微分方程的定义和相关术语.所谓偏微分方程,是指含有某未知函数以及未知函数的某些偏导数的等式.例如

$$\frac{\partial u}{\partial t} = a(t,x)\frac{\partial^2 u}{\partial x^2} + b(t,x)\frac{\partial u}{\partial x} + c(t,x)u + f(t,x) \tag{1.1.1}$$

$$\frac{\partial^2 u}{\partial x^2} + \frac{\partial^2 u}{\partial y^2} + \frac{\partial^2 u}{\partial z^2} = 0 \tag{1.1.2}$$

$$\frac{\partial^2 u}{\partial t^2} = a^2 \left(\frac{\partial^2 u}{\partial x^2} + \frac{\partial^2 u}{\partial y^2} + \frac{\partial^2 u}{\partial z^2} \right) + f(t,x,y,z) \tag{1.1.3}$$

$$\frac{\partial u}{\partial t} + u\frac{\partial u}{\partial x} = 0 \quad (\text{冲击波方程}) \tag{1.1.4}$$

$$u_t + \sigma u u_x + u_{xxx} = 0 \tag{1.1.5}$$

等都是偏微分方程.其中,a, σ 均为常数;$a(t,x), b(t,x), c(t,x), f(t,x)$ 及 $f(t,x,y,z)$ 为已知函数;u 为未知函数.

一个偏微分方程中所含偏导数的最高阶数称为**偏微分方程的阶**;如果一个偏微分方程对未知函数及其所有偏导数都是一次的,则称此方程为**线性偏微分方程**,否则称为**非线性偏微分方程**;对于一个非线性偏微分方程,如果它关于未知函数的最高阶偏导数是线性的,则称它为**拟线性偏微分方程**.例如,方程(1.1.1),(1.1.2),(1.1.3)都是二阶线性偏微分方程;方程(1.1.4)是一阶非线性偏微分方程;方程(1.1.5)是三阶非线性偏微分方程,也是拟线性偏微分方程.

数学物理方程(简称**数理方程**)通常是指从物理、力学等自然科学及工程技术问题中导出的函数方程,特别是偏微分方程.本书只着重研究 2~4 个自变量 $x_1, x_2, \cdots, x_n (n=3,4)$ 的二阶常系数线性偏微分方程,它的一般形式是

$$\sum_{i,j=1}^n a_{ij} \frac{\partial^2 u}{\partial x_i \partial x_j} + 2\sum_{i=1}^n b_i \frac{\partial u}{\partial x_i} + cu = f(x_1, x_2, \cdots, x_n) \tag{1.1.6}$$

这里 a_{ij}, b_i, c 是常数,且 $a_{ij} = a_{ji}, f(x_1, x_2, \cdots, x_n)$ 是已知函数,它与未知函数 u 及其偏导

数无关.我们把方程中不含有未知函数及其偏导数的项称为**自由项**.若方程(1.1.6)中的自由项 $f \equiv 0$,则称方程为**齐次方程**.反之,就称方程为非齐次方程.特别指出的是齐次方程和非齐次方程是对线性偏微分方程而言的.

任何一个在自变量的某变化区域内满足方程(即代入方程后成为恒等式)的函数,称为方程的一个**解**.如果一个 m 阶偏微分方程的解包含有 m 个任意函数,则称这个解为偏微分方程的**通解**或者**一般解**.例如,可以直接验证,除了点(x_0, y_0, z_0)外,函数

$$u(x, y, z) = \frac{1}{\sqrt{(x-x_0)^2 + (y-y_0)^2 + (z-z_0)^2}}$$

满足三维拉普拉斯方程

$$\Delta_3 u = \frac{\partial^2 u}{\partial x^2} + \frac{\partial^2 u}{\partial y^2} + \frac{\partial^2 u}{\partial z^2} = 0$$

例1 当 a, b 满足怎样的条件时,二维拉普拉斯方程

$$\Delta_2 u = \frac{\partial^2 u}{\partial x^2} + \frac{\partial^2 u}{\partial y^2} = 0$$

有指数解 $u = \mathrm{e}^{ax+by}$,并把解求出.

解 把 $u = \mathrm{e}^{ax+by}$ 代入所给方程,得

$$(a^2 + b^2)\mathrm{e}^{ax+by} = 0$$

因 $\mathrm{e}^{ax+by} \neq 0$,所以 $a^2 + b^2 = 0$,即当 $a = \pm ib (i = \sqrt{-1})$ 或 $b = \pm ia$ 时,二维拉普拉斯方程有指数解.它的形式是

$$u = \mathrm{e}^{\pm ibx + by} = \mathrm{e}^{by}(\cos bx \pm i\sin bx)$$

及

$$u = \mathrm{e}^{ax \pm iay} = \mathrm{e}^{ax}(\cos ay \pm i\sin ay)$$

这里 a, b 是任意实数,如取实形式,则

$$\mathrm{e}^{ax}\cos ay, \mathrm{e}^{ax}\sin ay$$
$$\mathrm{e}^{by}\cos bx, \mathrm{e}^{by}\sin bx$$

都是 $\Delta_2 u = 0$ 的解.

更一般地,从复变函数里我们知道,任何一个解析函数的实部或虚部(即二维调和函数)都满足 $\Delta_2 u = 0$.

上面举的例子告诉我们,一个偏微分方程的解是无穷多的.一般来说,一个一阶偏微分方程的解依赖于一个任意函数,一个二阶偏微分方程的解依赖于两个任意函数.例如,自变量为 x, y 的一阶线性方程

$$\frac{\partial u}{\partial y} = f(x)$$

由于只依赖于 x 的函数,对 y 的偏导数为零,所以把上式两边对 y 积分得

$$u = \int \frac{\partial u}{\partial y} \mathrm{d}y = \int f(x) \mathrm{d}y = f(x) \cdot y + \varphi(x)$$

其中 $\varphi(x)$ 是任意函数.

例2 设 $u = u(x, y)$,求二阶线性方程 $\dfrac{\partial^2 u}{\partial y \partial x} = xy$ 的一般解.

解　把所给方程改写为

$$\frac{\partial}{\partial x}\left(\frac{\partial u}{\partial y}\right)=xy$$

两边对 x 积分,得

$$\frac{\partial u}{\partial y}=\int\frac{\partial}{\partial x}\left(\frac{\partial u}{\partial y}\right)\mathrm{d}x=\int xy\,\mathrm{d}x=\varphi(y)+\frac{1}{2}x^{2}y$$

其中 $\varphi(y)$ 是任意函数. 在上式两边对 y 积分,得方程的一般解为

$$u(x,y)=\int\frac{\partial u}{\partial y}\,\mathrm{d}y=\int\left(\varphi(y)+\frac{1}{2}x^{2}y\right)\mathrm{d}y$$

$$=f(x)+g(y)+\frac{1}{4}x^{2}y^{2}$$

其中 $f(x),g(y)$ 是两个任意二次可微函数.

例3　设 $u=u(\xi,\eta)$,求下列偏微分方程的通解(λ 为常数):

$$u_{\eta\xi}=\lambda u_{\xi}$$

解　原方程可以改写为

$$\frac{\partial}{\partial\xi}\left(\frac{\partial u}{\partial\eta}-\lambda u\right)=0$$

两边对 ξ 积分得

$$\frac{\partial u}{\partial\eta}-\lambda u=\varphi(\eta)$$

其中 $\varphi(\eta)$ 是任意函数. 把上式改写为

$$\frac{\partial}{\partial\eta}(\mathrm{e}^{-\lambda\eta}u)=\mathrm{e}^{-\lambda\eta}\varphi(\eta)$$

两边再积分得所求通解为

$$\mathrm{e}^{-\lambda\eta}u(\xi,\eta)=\int\mathrm{e}^{-\lambda\eta}\varphi(\eta)\mathrm{d}\eta=f(\xi)+g_{1}(\eta)$$

其中 $f(\xi),g_{1}(\eta)$ 是两个任意二次可微函数.

整理得

$$u(\xi,\eta)=\mathrm{e}^{\lambda\eta}\left[f(\xi)+g_{1}(\eta)\right]=\mathrm{e}^{\lambda\eta}f(\xi)+g(\eta)$$

其中,$g(\eta)=g_{1}(\eta)\mathrm{e}^{\lambda\eta}$.

例4　求方程 $t\dfrac{\partial^{2}u}{\partial x\partial t}+2\dfrac{\partial u}{\partial x}=2xt$ 的通解.

解　令 $\dfrac{\partial u}{\partial x}=v$,则原方程成为

$$t\frac{\partial v}{\partial t}+2v=2xt$$

把 x 看作是参数,这是一个一阶线性常微分方程,于是得

$$v=\exp\left(-\int\frac{2}{t}\,\mathrm{d}t\right)\left[G(x)+\int 2x\exp\left(\int\frac{2}{t}\,\mathrm{d}t\right)\mathrm{d}t\right]$$

$$=t^{-2}\left(G(x)+\frac{2}{3}xt^{3}\right)$$

其中 $G(x)$ 是任意函数. 再对 x 积分, 得

$$u = \frac{1}{3}x^2 t + t^{-2}\Phi(x) + \Psi(t)$$

其中, $\Phi(x)$ 和 $\Psi(t)$ 是两个任意一次可微函数.

1.2 数学物理方程的导出

下面将通过几个不同的物理模型来导出数学物理方程中的三类经典方程, 这三类方程也是我们以后主要的研究对象.

1.2.1 理想弦的横振动方程

所谓弦就是指这样一条理想化的弹性细线: 它的横截面的直径与长度比较起来非常小. 整个弦完全可以任意变形, 无论在什么位置, 内部的张力总是沿着切线方向作用.

设有一长度为 l, 线密度为 $\rho(x)$ 的弦, 在张力 T 的作用下处于平衡状态, 平衡位置和 x 轴重合; 并设这条弦由于受到某种干扰而开始在平衡位置附近振动. 我们要推导出描述这条弦的运动情况的方程. 为了使得到的方程比较简单, 我们再作如下三个理想化的假设.

(1) 弦作横振动. 即弦的运动完全在某一包含 x 轴的 xOu 平面内进行, 并且在振动过程中, 弦上各点在 x 轴方向上的位移比在 u 轴方向上的位移小得多, 因此可以认为在 x 轴方向上的位移为零, 而以 t 时刻弦上坐标为 x 的点在 u 轴方向上的位移 $u(t,x)$ 作为描述弦的运动的主要物理量.

(2) 弦的振动很微小. 微小的意义不仅指位移 $u(t,x)$ 很小, 而且也指弦的切线方向与 x 轴的夹角很小, 即 u_x 很小.

(3) 弦是柔软的. 即弦没有刚性, 整个弦可以任意变形, 无论它在什么位置, 内部的张力总是沿着切线方向作用.

设有一个随时间变化的外力沿着弦身作用, 其作用方向垂直于 x 轴, 而力的分布密度为 $g(t,x)$.

列方程通常是运用微元法. 即先取定所研究对象的一个微小部分 —— 微元, 然后对微元运用物理规律. 具体地说, 在时刻 t, 取横坐标分别为 x 和 $x+\Delta x$ 的点 M_1 和 M_2, 对小弧段 $\overline{M_1 M_2}$ 作受力分析 (图 1-1). 作用在这段弦上的力有:

(1) 张力

作用在 M_1 和 M_2 点的切向张力分别为 $T(t,x)$ 和 $T(t, x+\Delta x)$, 设 $T(t,x)$、$T(t,x+\Delta x)$ 和 x 轴的夹角分别为 α、α'.

(2) 外力

(设弦本身的重量很小, 略去不计)

$$F_1 = u_0 \int_x^{x+\Delta x} g(t,\xi)\,\mathrm{d}\xi$$

其中, u_0 是位移正方向上的单位向量.

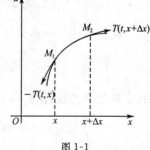

图 1-1

（3）惯性力

$$F_2 = -u_0 \int_x^{x+\Delta x} \rho(\xi) \frac{\partial^2 u}{\partial t^2} d\xi$$

于是,由牛顿第二定律,有

$$-T(t,x) + T(t, x+\Delta x) + F_1 + F_2 = 0$$

记 $T = (T_1, T_2)$, T_1, T_2 分别为 T 的水平和垂直分量,则

$$T_1 = T\cos\alpha, \quad T_2 = T\sin\alpha$$

（其中 α 为弦与 x 轴的夹角,且 $\alpha \approx 0$）则有 $\frac{T_2}{T_1} = u_x = \tan\alpha$. 现在对小弧段 $\overline{M_1 M_2}$ 作受力分析.

水平方向受力:

$$T_1(t, x+\Delta x) - T_1(t, x) = 0$$

即

$$T(t, x+\Delta x)\cos\alpha' - T(t, x)\cos\alpha = 0$$

因为 $\alpha \approx 0$, $\alpha' \approx 0$, 所以 $\cos\alpha \approx 1$, $\cos\alpha' \approx 1$, 因此

$$T(t, x+\Delta x) = T(t, x)$$

由于 Δx 的任意性,可以认为弦的张力不依赖于 x,因此可设

$$T(t, x+\Delta x) = T(t, x) = T(t)$$

垂直方向受力:

$$T_2(t, x+\Delta x) - T_2(t, x) + \int_x^{x+\Delta x} \left[g(t, x) - \rho(x) \frac{\partial^2 u}{\partial t^2} \right] dx = 0$$

即

$$\int_x^{x+\Delta x} \left[\frac{\partial T_2}{\partial x} + g(t, x) - \rho(x) \frac{\partial^2 u}{\partial t^2} \right] dx = 0$$

由微元 Δx 的任意性得

$$\frac{\partial T_2}{\partial x} + g(t, x) - \rho(x) \frac{\partial^2 u}{\partial t^2} = 0$$

因为 $\alpha \approx 0$, $\alpha' \approx 0$, 所以

$$\sin\alpha \approx \tan\alpha \approx \frac{\partial u}{\partial x} = \frac{T_2}{T_1} \approx 0$$

$$T_2 = T\sin\alpha \approx T\tan\alpha \approx T\frac{\partial u}{\partial x}$$

则

$$T(t)u_{xx} + g(t, x) - \rho(x)u_{tt} = 0 \tag{1.2.1}$$

因 $|u_x| \approx |\tan\alpha| \approx 0$, 故 T 的模

$$T(t) = \sqrt{T_1^2 + T_2^2} = T_1\sqrt{1 + u_x^2} \approx T_1(t) \tag{1.2.2}$$

且小弦段的长

$$\Delta s = \int_x^{x+\Delta x} \sqrt{1 + u_x^2}\, dx \approx \Delta x$$

因此,可以认为弦在振动过程中并不伸长.再由虎克定理知弦上每点张力的数值 T 不随时

间而变化. 综上所述, 可知 T 为常数, 于是方程 (1.2.1) 成为

$$\rho(x) \frac{\partial^2 u}{\partial t^2} = T \frac{\partial^2 u}{\partial x^2} + g(t, x)$$

如果再设弦是均匀的, 则 ρ 为常数, 于是, 上式可以写为

$$\frac{\partial^2 u}{\partial t^2} = a^2 \frac{\partial^2 u}{\partial x^2} + f(t, x) \tag{1.2.3}$$

其中, $a = \sqrt{\dfrac{T}{\rho}}$, $f(t, x) = \dfrac{g(t, x)}{\rho}$. 这就是弦的微小横振动方程 (也称**一维波动方程**). 如果 $f(t, x) \equiv 0$, 则方程为齐次的, 相当于弦的自由振动的情况, 这时的方程也叫**弦的自由振动方程**, 也称为**一维齐次波动方程**; 如果 $f(t, x) \neq 0$, 则方程为非齐次的, 相当于强迫振动的情况, 这时的方程也叫**弦的受迫振动方程**, 也称为**一维非齐次波动方程**.

类似地, 我们可以推出均匀薄膜的横振动满足二维波动方程:

$$\frac{\partial^2 u}{\partial t^2} = a^2 \left(\frac{\partial^2 u}{\partial x^2} + \frac{\partial^2 u}{\partial y^2} \right) + f(t, x, y)$$

其中, $u = u(t, x, y)$ 是薄膜在 t 时刻和 (x, y) 处的位移, $f(t, x, y)$ 表示垂直方向的外力密度.

下面的方程是**三维波动方程**:

$$\frac{\partial^2 u}{\partial t^2} = a^2 \left(\frac{\partial^2 u}{\partial x^2} + \frac{\partial^2 u}{\partial y^2} + \frac{\partial^2 u}{\partial z^2} \right) + f(t, x, y, z)$$

电磁波在空间传播的时候, 电场和磁场就满足三维波动方程.

1.2.2 热传导方程

如果一个物体内各点的温度不全相同, 则在物体内有热量传播, 而且热量是由温度高处流向温度低处.

设 $u(t, x, y, z)$ 表示时刻 t 在该物体内的点 $M(x, y, z)$ 处的温度, 则热量的传播服从傅立叶热传导定理: 在无穷小的时间段 $(t, t + \mathrm{d}t)$ 内, 沿点 M 处的面积元素 $\mathrm{d}S$ 的法向 $\boldsymbol{n}$ 流过 $\mathrm{d}S$ 的热量与时间间隔 $\mathrm{d}t$、曲面面积 $\mathrm{d}S$ 以及温度 u 沿曲面 $\mathrm{d}S$ 的法向 $\boldsymbol{n}$ 的方向导数 $\dfrac{\partial u}{\partial n}$ 三者成正比, 即

$$\mathrm{d}Q = -k(x, y, z) \frac{\partial u}{\partial n} \mathrm{d}S \mathrm{d}t \tag{1.2.4}$$

其中, $k(x, y, z)$ 称为物体在点 M 处的**热传导系数**, 它应取正值; 负号表示热流指向温度下降的方向, 上式可以写成

$$\mathrm{d}Q = -k(x, y, z) \nabla u \cdot \boldsymbol{n} \mathrm{d}S \mathrm{d}t = q \nabla u \cdot \mathrm{d}\boldsymbol{S} \mathrm{d}t$$

其中, $\boldsymbol{n}$ 是法向的单位向量; $q = -k(x, y, z)$ 称为在点 M 处的热流密度向量, 其方向与温度梯度的方向相反.

现在来导出物体的温度 $u(t, x, y, z)$ 所应满足的方程. 为简单起见, 假定物体是均匀的, 并且是各向同性的, 因此体密度 ρ、热传导系数 k 和物体的比热 c 都是常数. 又设物体内有热源分布, 其热密度为 $f(t, x, y, z)$, 即单位时间内体积 ΔV 中热源所放出的热量

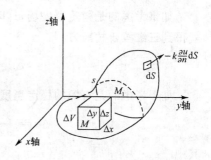

为 $f(t,x,y,z)\Delta V$.

为了导出 $u(t,x,y,z)$ 所满足的方程,想象在物体内部划分出一块体积为 V(图 1-2)的长方形微元,它的长、宽、高分别垂直于 x 轴、y 轴、z 轴,体积为 $\Delta V=\Delta x\Delta y\Delta z$. 图 1-2 中,设点 M 及点 M_1 的坐标分别为 (x,y,z) 和 $(x+\Delta x,y+\Delta y,z+\Delta z)$. 在 Δt 时间内,沿 x 轴正向通过长方体左侧面进入长方体的热量为

$$\Delta\bar{Q}_1=-ku_x(x,y,z)\Delta y\Delta z\Delta t$$

图 1-2

沿 x 轴正向通过长方体右侧面流出长方体的热量为

$$\Delta\bar{Q}_2=-ku_x(x+\Delta x,y,z)\Delta y\Delta z\Delta t$$

于是,长方体沿 x 轴方向的净入热量为

$$\begin{aligned}\Delta\bar{Q}_1-\Delta\bar{Q}_2&=k[u_x(x+\Delta x,y,z)-\\&\quad u_x(x,y,z)]\Delta y\Delta z\Delta t\\&=ku_{xx}(\xi,y,z)\Delta V\Delta t\end{aligned}$$

其中,$x<\xi<x+\Delta x$. 由此即知长方体沿三个方向(x 轴、y 轴、z 轴的正向)总共获得的热量为

$$Q_1=k[u_{xx}(\xi,y,z)+u_{yy}(x,\eta,z)+u_{zz}(x,y,\zeta)]\Delta V\Delta t$$

其中,$y<\eta<y+\Delta y,z<\zeta<z+\Delta z$.

此外,长方体在 Δt 时间内还从热源获得热量

$$Q_2=f(t,x,y,z)\Delta V\Delta t$$

获得热量 Q_1+Q_2 后,物体的温度从 $u(t,x,y,z)$ 变到 $u(t+\Delta t,x,y,z)$,由热学知识知,产生这个温差所需的热量为

$$\begin{aligned}Q_3&=c\rho\Delta V[u(t+\Delta t,x,y,z)-u(t,x,y,z)]\\&=c\rho\Delta Vu_t(\tau,x,y,z)\Delta t\end{aligned}$$

其中,$t<\tau<t+\Delta t$.

于是,得热平衡方程

$$Q_1+Q_2=Q_3$$

上式两边除以 ΔV、Δt 后,令 $\Delta x,\Delta y,\Delta z,\Delta t$ 都趋于零,即得方程

$$c\rho u_t=k\Delta u+f(t,x,y,z)$$

如令 $a=\sqrt{\dfrac{k}{c\rho}}$,则方程可改写为

$$\begin{aligned}\frac{\partial u}{\partial t}&=a^2\left(\frac{\partial^2 u}{\partial x^2}+\frac{\partial^2 u}{\partial y^2}+\frac{\partial^2 u}{\partial z^2}\right)+\frac{1}{c\rho}f(t,x,y,z)\\&=a^2\Delta u+\frac{1}{c\rho}f(t,x,y,z)\end{aligned}$$

这就是**三维热传导方程**. 特别地,如果在物体内没有热源分布,则有

$$\frac{\partial u}{\partial t}=a^2\Delta u=a^2\left(\frac{\partial^2 u}{\partial x^2}+\frac{\partial^2 u}{\partial y^2}+\frac{\partial^2 u}{\partial z^2}\right)$$

如果考虑的是稳定温度场,这时温度只是空间坐标的函数,不依赖于时间,即 $u_t = 0$,就得到三维拉普拉斯方程:

$$\Delta u = \frac{\partial^2 u}{\partial x^2} + \frac{\partial^2 u}{\partial y^2} + \frac{\partial^2 u}{\partial z^2} = 0$$

如果考虑的是有源的稳定温度场,就得到三维泊松方程:

$$\Delta u = \frac{\partial^2 u}{\partial x^2} + \frac{\partial^2 u}{\partial y^2} + \frac{\partial^2 u}{\partial z^2} = g(x, y, z)$$

其中

$$g(x, y, z) = -\frac{1}{k} f(x, y, z)$$

现在考虑各向同性的均匀细杆的热传导问题. 取细杆的方向为 x 轴,设在每一个垂直于 x 轴的断面上温度相同,细杆的侧表面与周围介质没有热交换,且在杆内没有热源. 这时,温度只是坐标 x 和时间 t 的函数 $u(t, x)$,因而

$$u_y = u_z = 0$$

这样就得到一维热传导方程:

$$u_t = a^2 u_{xx}$$

同样,如果考虑一块薄板的热传导,薄板的侧面绝热,就可以得到**二维热传导方程**:

$$u_t = a^2 (u_{xx} + u_{yy})$$

我们知道,溶液中的溶质会从浓度高处扩散到浓度低处. 此外,杂质在固体中也有扩散现象,如制造半导体材料时的磷扩散、硼扩散及锑扩散. 扩散现象服从与热传导定律相类似的涅恩思特扩散定律,扩散方程形式上与热传导方程一样.

1.2.3 静电场的场位方程

设空间有一个分布电荷,其体密度为 $\rho(x, y, z)$,电场强度为 $\boldsymbol{E}$. 在国际单位制下,**静电场的完整方程组**是

$$\begin{cases} \nabla \cdot (\varepsilon \boldsymbol{E}) = \rho \\ \nabla \times \boldsymbol{E} = 0 \end{cases}$$

其中,ε 是介电常数,我们假定它是常数. 这个方程组说明静电场的发散性和无旋性.

由于静电场具有无旋性,所以存在电位势函数 $\varphi(x, y, z)$,使得

$$\boldsymbol{E} = -\nabla \varphi$$

将其代入静电场第一个方程,便得

$$-\varepsilon \nabla \cdot (\nabla \varphi) = \rho$$

或

$$\nabla^2 \varphi = -\frac{\rho}{\varepsilon}$$

或

$$\Delta \varphi = -\frac{\rho}{\varepsilon}$$

这就是**三维泊松方程**. 特别地,如果空间没有电荷分布($\rho = 0$)就是三维拉普拉斯方程(调

和方程）：

$$\Delta\varphi = 0$$

当物理中的各种现象（如振动、热传导、扩散）处于稳定过程时，物理量已经不随时间而变化，此时方程就变成了稳态的拉普拉斯方程（泊松方程）.

1.3　定解条件和定解问题

在 1.2 节，我们推导了描述某些物理过程的三个经典的偏微分方程. 这些微分关系式仅仅表明了未知函数 u（如位移、温度及电位等）在邻近地点和邻近时刻所取值之间的联系. 也就是说，它们仅表明了在某个物理过程中，怎样由某一时刻、某一地点的状态连续变化到邻近时刻和邻近地点的状态这种一般的运动规律. 因此，仅仅知道一个物理过程所应满足的微分方程，还不足以把这个过程完全确定下来. 这个事实在数学上的表现，就是一个方程可能有许多不同的解.

我们把描写一个物理过程的方程称为**泛定方程**. 为了把一个过程的进展情况完全确定下来，还要知道这个过程发生的具体条件，这样的条件就称为**定解条件**；泛定方程加上适当的定解条件，就构成数学物理方程中的一个**定解问题**. 下面讨论三类方程常见定解问题的提法.

1.3.1　初始条件和初始问题

所谓**初始条件**是指过程发生的初始状态. 例如，要研究一条想象中的无限长的弦的自由振动，我们知道描写这一运动的方程是

$$u_{tt} = a^2 u_{xx} \quad (-\infty < x < +\infty, t > 0)$$

为了完全确定这条弦的运动规律，还必须知道开始时刻（$t = 0$）弦上各点的位移：

$$u(0,x) = \varphi(x) \quad (-\infty < x < +\infty)$$

和初始速度：

$$u_t(0,x) = \phi(x) \quad (-\infty < x < +\infty)$$

这样，就得到了如下定解问题：

$$\begin{cases} 泛定方程：u_{tt} = a^2 u_{xx} \quad (-\infty < x < +\infty, t > 0) \\ 定解条件：u(0,x) = \varphi(x), u_t(0,x) = \phi(x) \end{cases}$$

这里定解条件所给出的是某一初始时刻弦的状态，叫**初始条件**. 具体地说，就是未知函数 u 及其对时间的偏导数在 $t = 0$ 时的值. 这个定解问题叫**初始问题**（或柯西问题）.

这个定解问题，就是要找一个二元函数 $u(t,x)$，使得当 $-\infty < x < +\infty, t > 0$ 时满足一维波动方程，而当 $t = 0$ 时满足给定的初始条件.

全空间的三维波动方程初始问题的提法是：

$$\begin{cases} u_{tt} = a^2 \Delta u + f(t,x,y,z) \quad (-\infty < x,y,z < +\infty, t > 0) \\ u(0,x,y,z) = \varphi(x,y,z) \quad (-\infty < x,y,z < +\infty) \\ u_t(0,x,y,z) = \phi(x,y,z) \end{cases}$$

这里 $\varphi(x,y,z), \phi(x,y,z)$ 是已知函数.

如果要研究一条无限长的均匀细杆的热传导,初始条件就是开始时刻($t=0$)温度 u 的值.这时,初始问题的提法是:

$$\begin{cases} u_t = a^2 u_{xx} + f(t,x) & (-\infty < x < +\infty, t > 0) \\ u(0,x) = \phi(x) & (-\infty < x < +\infty) \end{cases}$$

全空间的三维热传导方程的初始问题的提法则是:

$$\begin{cases} u_t = a^2 \Delta u + f(t,x,y,z) & (-\infty < x,y,z < +\infty, t > 0) \\ u(0,x,y,z) = \varphi(x,y,z) & (-\infty < x,y,z < +\infty) \end{cases}$$

从数学的角度看,就时间变量 t 而言,热传导方程中只出现 t 的一阶导数,所以只需要一个初始条件;而波动方程中出现了 t 的二阶导数,因而需要两个初始条件,才能把过程完全确定下来.

1.3.2 边界条件和边值问题

上面讲的初始问题,是在整个空间中研究所发生的物理过程.如果在空间的某一个部分区域 V 中研究所发生的物理过程,则要涉及这个过程在 V 的边界面 S 上的约束状态,这就是所谓的**边界条件**.以静电场为例,由电磁理论知道,静电场的基本问题之一是:已知导体 V 的边界面 S 上的电位,要求 V 内的电位分布(图 1-3).若 V 内无电荷分布,则电位 u 满足定解问题:

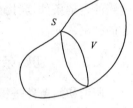

图 1-3

$$\begin{cases} \Delta u = 0 & (x,y,z) \in V \\ u \mid_S = \varphi(x,y,z) & (x,y,z) \in S \end{cases}$$

即找一个函数 $u(x,y,z)$,它在区域 V 内满足三维调和方程,而在边界面 S 上取已知的值 $\varphi(x,y,z)$.

条件

$$u \mid_S = \varphi(x,y,z)$$

称为**第一类边界条件**或**狄里克莱(Dirichlet)条件**.上述定解问题称为拉普拉斯方程的**第一边值问题**或**狄里克莱问题**.

如果已知电位在边界面上外法向的方向导数:

$$\frac{\partial u}{\partial n} \mid_S = \varphi(x,y,z)$$

这里 n 是求解区域 V 的边界面 S 的外法向,$\varphi(x,y,z)$ 是定义在 S 上的已知函数.这种条件称为**第二类边界条件**或**诺依曼(Neumann)条件**.相应的定解问题:

$$\begin{cases} \Delta u = 0 & (x,y,z) \in V \\ \dfrac{\partial u}{\partial n} \Big|_S = \varphi(x,y,z) \end{cases}$$

称为拉普拉斯方程的**第二边值问题**或**诺依曼问题**.

对于拉普拉斯方程还有**洛平(Robin)条件**或称**第三类边界条件**,它的形式是

$$\left(\alpha \frac{\partial u}{\partial n} + \beta u \right) \Big|_S = \varphi(x,y,z)$$

这里 α, β, φ 都是定义在 S 上的已知函数,且 $\alpha^2 + \beta^2 \neq 0$.相应的定解问题:

$$\begin{cases} \Delta u = 0 & (x,y,z) \in V \\ \left(\alpha \dfrac{\partial u}{\partial n} + \beta u \right)\Big|_S = \varphi(x,y,z) \end{cases}$$

称为第三边值问题或洛平问题.

显然,当 $\alpha = 0$ 时,洛平问题成为狄里克莱问题;当 $\beta = 0$ 时,洛平问题成为诺依曼问题.

例 1 有一接地的槽形导体,上有电位为 $\varphi(x,y,z)$ 的金属盖,盖与导体相接触处绝缘.试写出槽内电位分布的定解问题.

解 设导体的三边长分别是 a、b、c,取坐标系如图 1-4 所示,并设电位为 u,则依题意,u 满足定解问题:

$$\begin{cases} \Delta u = 0 & (0 < x < a, 0 < y < b, 0 < z < c) \\ u\big|_{z=c} = \varphi(x,y) & (0 < x < a, 0 < y < b) \\ u\big|_{z=0} = 0 & (0 \leqslant x \leqslant a, 0 \leqslant y \leqslant b) \\ u\big|_{x=0} = u\big|_{x=a} = 0 & (0 \leqslant y \leqslant b, 0 \leqslant z < c) \\ u\big|_{y=0} = u\big|_{y=b} = 0 & (0 \leqslant x \leqslant a, 0 \leqslant z < c) \end{cases}$$

如果将题中的槽形导体改为无限长的条形导体,条形的三面接地,一面电位为 u_0,又设电位为 u_0 的一面与相邻的另两面相接触处绝缘.写出条形内电位分布的定解问题.

设沿 z 轴方向为无限长,由对称性显然可见条形内电位不依赖于 z,问题简化为二维问题.取坐标系如图 1-5 所示,则电位 u 满足定解问题:

$$\begin{cases} \Delta_2 u = u_{xx} + u_{yy} = 0 & (0 < x < a, 0 < y < b) \\ u\big|_{y=b} = u_0 & (0 < x < a) \\ u\big|_{y=0} = 0 & (0 \leqslant x \leqslant a) \\ u\big|_{x=0} = u\big|_{x=a} = 0 & (0 \leqslant y < b) \end{cases}$$

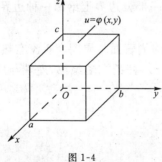
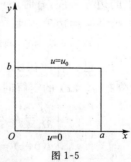

图 1-4　　　　　　　图 1-5

1.3.3　混合问题

如果在空间的某一部分 V 上讨论波动方程和热传导方程,它的定解条件中除了前面讲过的初始条件外,在其边界面 S 上还附有与上面完全类似的三类边界条件.热传导方程的三类边界条件如下所述.

(第一类边界条件) 已知 S 上的物体温度

$$u\big|_S = \mu(x,y,z), \quad (x,y,z) \in S, t > 0$$

（第二类边界条件）已知 S 上向外流出的热量的热流密度 $q(t,x,y,z)$，由热传导定律

$$\frac{\partial u}{\partial n}\Big|_s = \frac{q(t,x,y,z)}{-k}, \quad (x,y,z) \in S, t > 0 \tag{1.3.1}$$

这里 n 是边界面 S 的外法向. 特别地，当 $q \equiv 0$ 时，物体的表面 S 是绝热的.

（第三类边界条件）在物体的边界处，物体和外部介质有热交换，换热过程遵循牛顿定律：从物体流向外部介质的热流密度 q，与物体与介质在表面处的温度差成正比，即

$$q = h(u - \theta)$$

式中，u 和 $\theta = \theta(t,x,y,z)$ 分别表示物体和介质在表面处的温度；$h = h(t,x,y,z)$ 称为热交换系数，它也取正值. 把 q 带入式(1.3.1)，可得第三类边界条件

$$\left(k\frac{\partial u}{\partial n} + hu\right)\Big|_s = h\theta$$

如果以上三种边界条件的右端恒等于零（即 μ, q, θ 恒为零），则称为**齐次**边界条件；否则，称为非**齐次**边界条件.

对于一维热传导问题，区域 $(0 \leqslant x \leqslant l)$ 的边界是两个端点，这时

$$\frac{\partial u}{\partial n}\Big|_{x=0} = -\frac{\partial u}{\partial x}\Big|_{x=0}$$

$$\frac{\partial u}{\partial n}\Big|_{x=l} = \frac{\partial u}{\partial x}\Big|_{x=l}$$

所以第三类边界条件成为

$$\left(-k\frac{\partial u}{\partial x} + hu\right)\Big|_{x=0} = h(0)\theta(t,0)$$

及

$$\left(k\frac{\partial u}{\partial x} + hu\right)\Big|_{x=l} = h(l)\theta(t,l)$$

定解问题中的边界条件，有时还可能是在一部分边界上给出一种边界条件，而在另一部分边界上给出另外一种边界条件.

例2 设有一根长为 l 的均匀细杆，细杆的侧表面与周围介质没有热交换，内部有密度为 $g(t,x)$ 的热源. 已知杆的初始温度为 $\varphi(x)$，杆的右端绝热，左端与周围介质有热交换，则杆内温度分布 $u(t,x)$ 的定解问题是

$$\begin{cases} \dfrac{\partial u}{\partial t} = a^2\dfrac{\partial^2 u}{\partial x^2} + f(t,x) \\ u(0,x) = \varphi(x) \\ \left(-k\dfrac{\partial u}{\partial x} + hu\right)\Big|_{x=0} = h(0)\theta(t,0) \\ \dfrac{\partial u}{\partial x}\Big|_{x=l} = 0 \end{cases}$$

其中

$$f(t,x) = \frac{g(t,x)}{c\rho}, \quad 0 < x < l, t > 0$$

这种既有初始条件又附有边界条件的定解问题称为**混合问题**.

关于弦振动方程的边界条件,最常见的是固定点边界条件.例如,弦的两端点($x = 0$ 及 $x = l$)固定,则有

$$u(t,0) = 0, \quad u(t,l) = 0$$

这是**第一类齐次边界条件**.如果弦的两端按某种已知规律运动,则有

$$u(t,0) = \mu(t), \quad u(t,l) = \nu(t)$$

这是**第一类非齐次边界条件**.

如果弦的两端分别受到与 x 轴方向垂直的外力 $\mu(t)$ 及 $\nu(t)$ 的作用,从前面建立弦振动方程的讨论可知,弦的两端所受到的张力在 u 轴方向的分量分别是 $Tu_x(t,0)$ 及 $-Tu_x(t,l)$.于是

$$Tu_x(t,0) + \mu(t) = 0$$
$$-Tu_x(t,l) + \nu(t) = 0$$

即

$$u_x(t,0) = \mu_1(t)$$
$$u_x(t,l) = \nu_1(t)$$

其中,$\mu_1(t) = -\mu(t)/T, \nu_1(t) = \nu(t)/T$ 是已知函数.这是**第二类非齐次边界条件**.特别地,当

$$u_x(t,0) = 0, \quad u_x(t,l) = 0$$

时,弦的两端不受垂直方向的外力,弦的两端可以在垂直于 x 轴的直线上自由滑动,这种边界称为**自由端**.

现在设想把弦固定在弹簧的自由顶点,这时两端点除受到前面讲的张力及外力,还分别受到弹性力 $-ku(t,0)$ 及 $ku(t,l)$(k 为弹性系数),于是

$$Tu_x(t,0) - ku(t,0) + \mu(t) = 0$$
$$-Tu_x(t,l) - ku(t,l) + \nu(t) = 0$$

即

$$(Tu_x - ku)\,|_{x=0} = \mu_1(t)$$
$$(Tu_x + ku)\,|_{x=l} = \nu(t)$$

这里 $\mu_1(t) = -\mu(t)$ 及 $\nu(t)$ 都是已知函数.这是**第三类非齐次边界条件**.

1.3.4 定解问题的适定性

上面从物理的观点对三类方程提出了定解问题,这些定解问题都是在一定的理想化假设下归纳出来的.这就自然要问,这样归纳出来的定解问题是否提得合适?能否在一定的程度上符合实际情况?这是偏微分方程理论中的一个重要课题.从数学的角度看,它包括下面三个问题:

(1) 解的存在性问题,是研究在一定的定解条件下,方程是否有解.

(2) 解的唯一性问题,是研究在给定的定解条件下,方程的解是否唯一.

(3) 解的稳定性问题,是研究在一定的意义下,当定解条件有很小的变化时,定解问题的解是否也变化很小.用数学的语言来讲,就是**解对定解条件的连续依赖性**.

从物理意义上看,对于合理提出的问题,解的存在性和唯一性问题似乎应该是不成问

13

题的,因为自然现象本身就给出了问题的答案.但是,我们从自然现象归结出数学模型时,总要经过一些近似的过程,并提出一些附加的要求.特别是对于提出的定解条件,可能产生这样两种情况:一是定解条件过多,或者相互矛盾,定解条件不能同时满足,相应的定解问题的解不存在,这样的定解问题就不能用来描述任何物理过程;二是定解条件太少,使得定解问题的解不唯一,这样的定解问题也不能用来描述一个确定的物理过程.总之,解的存在性和唯一性的研究,可以使我们恰到好处地提出泛定方程的定解条件.

另外,从数学角度来看,存在性的研究也往往就是一个提供求解方法的过程;而唯一性则保证我们不论采用什么方法,只要能找出既满足方程又符合定解条件的解,就达到了求解定解问题的目的.以求解平面静电场的边值问题为例,有许多不同的求解方法,如下面要讲的分离变量法、格林(Green)函数方法、保角变换方法等.同一边值问题用不同的方法,得到的解式从形式上看可能很不一样,如果从理论上证明了解的唯一性,则各种形式不同的解必相等.而要用直接计算来验证这一点,有时却是很困难的.

解的稳定性的重要性是显然的,因为实际问题中测定的定解条件(如测量边界面的电位、温度等)只能是近似的.如果问题的解是稳定的,就能保证所得到的解近似地反映自然现象.相反地,如果定解条件很接近,对应的解却相差很大,这样就无法保证我们所获得的解的可靠性.

同时,解的存在性、唯一性和稳定性,又是当前大量使用电子计算机用数值方法求解偏微分方程的充分保证,而稳定性则更是必要的基础.

定解问题解的存在性、唯一性和稳定性统称为**定解问题的适定性**.如果一个定解问题的解存在、唯一而且稳定,我们就称这个定解问题在哈达玛(Hadamard)**意义下是适定的**,简称为**适定的**.对于前面所讲的各种定解问题,在偏微分方程理论中已经证明了在一定的条件下它们的提法都是适定的.

必须指出的是,不是所有的定解问题都是适定的.

1.4 定解问题的叠加原理

现在讨论二阶线性偏微分方程

$$\sum_{i,j=1}^{n} a_{ij} \frac{\partial^2 u}{\partial x_i \partial x_j} + \sum_{i=1}^{n} b_i \frac{\partial u}{\partial x_i} + cu = f \tag{1.4.1}$$

解的一些性质.这些性质在后面解方程中会用到.为运算简洁起见,引进算子

$$L = \sum_{i,j=1}^{n} a_{ij} \frac{\partial^2}{\partial x_i \partial x_j} + \sum_{i=1}^{n} b_i \frac{\partial}{\partial x_i} + c \tag{1.4.2}$$

则方程(1.4.1)可简记为

$$Lu = f \tag{1.4.3}$$

(**叠加原理 1**)设 u_1 和 u_2 都是齐次方程 $Lu = 0$ 的解,则 $c_1 u_1 + c_2 u_2$ 也是该齐次方程的解,其中 c_1 和 c_2 是任意常数.

证明 因为

$$L(c_1 u_1 + c_2 u_2) = \sum_{i,j=1}^{n} a_{ij} \frac{\partial^2 (c_1 u_1 + c_2 u_2)}{\partial x_i \partial x_j} + \sum_{i=1}^{n} b_i \frac{\partial (c_1 u_1 + c_2 u_2)}{\partial x_i} + c(c_1 u_1 + c_2 u_2)$$

$$= c_1 \Big(\sum_{i,j=1}^{n} a_{ij} \frac{\partial^2 u_1}{\partial x_i \partial x_j} + \sum_{i=1}^{n} b_i \frac{\partial u_1}{\partial x_i} + c u_1 \Big) + c_2 \Big(\sum_{i,j=1}^{n} a_{ij} \frac{\partial^2 u_2}{\partial x_i \partial x_j} + \sum_{i=1}^{n} b_i \frac{\partial u_2}{\partial x_i} + c u_2 \Big)$$

$$= c_1 L u_1 + c_2 L u_2$$

$$= 0$$

所以 $c_1 u_1 + c_2 u_2$ 也是齐次方程 $Lu = 0$ 的解.

（叠加原理 2） 设 $u_1, u_2, \cdots, u_n, \cdots$ 都是齐次方程 $Lu = 0$ 的解, 且级数 $u = \sum\limits_{k=1}^{\infty} c_k u_k$ 在求解区域 Ω 上是一致收敛的, 并对自变量 $x_1, x_2, \cdots, x_n$ 皆可逐项微分两次, 则 u 也是该齐次方程的解, 其中 $c_k(k = 1, 2, \cdots)$ 是任意常数.

证明　由于级数 $u = \sum\limits_{k=1}^{\infty} c_k u_k$ 一致收敛, 且对自变量 $x_1, x_2, \cdots, x_n$ 皆可逐项微分两次, 即有

$$\frac{\partial u}{\partial x_i} = \sum_{k=1}^{\infty} c_k \frac{\partial u_k}{\partial x_i}, \quad \frac{\partial^2 u}{\partial x_i \partial x_j} = \sum_{k=1}^{\infty} c_k \frac{\partial^2 u_k}{\partial x_i \partial x_j}$$

因此就有

$$Lu = L\Big(\sum_{k=1}^{\infty} c_k u_k \Big) = \sum_{k=1}^{\infty} c_k L u_k = 0$$

（叠加原理 3） 设 u_1 是齐次方程 $Lu = 0$ 的解, u_2 是非齐次方程 $Lu = f$ 的解, 则 $u = u_1 + u_2$ 是非齐次方程 $Lu = f$ 的解.

证明　因为

$$Lu = L(u_1 + u_2) = Lu_1 + Lu_2 = 0 + f = f$$

所以 $u_1 + u_2$ 是非齐次方程 $Lu = f$ 的解.

对满足线性定解条件的函数也有上述类似的性质. 我们以第三类边界条件为例作简要说明. 引进算子

$$B = \alpha + \beta \frac{\partial}{\partial n}$$

设函数 u_1 和 u_2 都满足齐次线性边界条件 $Bu |_{\partial \Omega} = 0$, 则 $c_1 u_1 + c_2 u_2$ 也满足此齐次边界条件, 其中 c_1 和 c_2 是任意常数.

证明　因为

$$B(c_1 u_1 + c_2 u_2) |_{\partial \Omega} = \Big[\alpha(c_1 u_1 + c_2 u_2) + \beta \frac{\partial(c_1 u_1 + c_2 u_2)}{\partial n} \Big] \Big|_{\partial \Omega}$$

$$= c_1 \Big(\alpha u_1 + \beta \frac{\partial u_1}{\partial n} \Big) \Big|_{\partial \Omega} + c_2 \Big(\alpha u_2 + \beta \frac{\partial u_2}{\partial n} \Big) \Big|_{\partial \Omega}$$

$$= c_1 B u_1 |_{\partial \Omega} + c_2 B u_2 |_{\partial \Omega}$$

$$= 0$$

所以 $c_1 u_1 + c_2 u_2$ 满足齐次线性边界条件 $Bu |_{\partial \Omega} = 0$.

根据线性方程的解和线性定解条件所具有的上述叠加性质, 我们常可把较复杂的线性定解问题分解为一些较简单的定解问题, 然后一一解决.

需要指出的是,对非线性方程或者是线性方程带有非线性定解条件的定解问题,叠加原理不再成立.此时,在线性问题中许多行之有效的方法就不能直接使用,而必须另外寻求新的方法.所以,对于非线性问题的讨论往往比线性问题要困难得多.

1.5 二阶线性偏微分方程的分类

我们已经导出了波动方程、热传导方程和位势方程,这三类方程是二阶线性偏微分方程的典型代表.一般的二阶线性偏微分方程的共性与差异,往往可以从对这三类方程的研究中得到.本节主要研究两个自变量的二阶线性偏微分方程的分类.

两个自变量的二阶线性偏微分方程的一般形式是

$$au_{xx} + 2bu_{xy} + cu_{yy} + du_x + eu_y + fu = g \tag{1.5.1}$$

其中 a、b、c、d、e、f 和 g 都是变量 x、y 在某一区域 Ω 上的实函数.

为了简化方程(1.5.1),作自变量的变换

$$\xi = \xi(x,y), \quad \eta = \eta(x,y) \tag{1.5.2}$$

假定 $\xi(x,y)$ 和 $\eta(x,y)$ 是二次连续可微函数,并且函数行列式[雅可比(Jacobi)式]

$$\frac{D(\xi,\eta)}{D(x,y)} = \begin{vmatrix} \xi_x & \xi_y \\ \eta_x & \eta_y \end{vmatrix} \neq 0 \tag{1.5.3}$$

根据隐函数存在定理,变换(1.5.2)是可逆的,且

$$\begin{cases} u_x = u_\xi \xi_x + u_\eta \eta_x \\ u_y = u_\xi \xi_y + u_\eta \eta_y \\ u_{xx} = u_{\xi\xi}\xi_x^2 + 2u_{\xi\eta}\xi_x\eta_x + u_{\eta\eta}\eta_x^2 + u_\xi\xi_{xx} + u_\eta\eta_{xx} \\ u_{xy} = u_{\xi\xi}\xi_x\xi_y + u_{\xi\eta}(\xi_x\eta_y + \xi_y\eta_x) + u_{\eta\eta}\eta_x\eta_y + u_\xi\xi_{xy} + u_\eta\eta_{xy} \\ u_{yy} = u_{\xi\xi}\xi_y^2 + 2u_{\xi\eta}\xi_y\eta_y + u_{\eta\eta}\eta_y^2 + u_\xi\xi_{yy} + u_\eta\eta_{yy} \end{cases} \tag{1.5.4}$$

代入式(1.5.1),得

$$Au_{\xi\xi} + 2Bu_{\xi\eta} + Cu_{\eta\eta} + Du_\xi + Eu_\eta + Fu = G \tag{1.5.5}$$

其中

$$\begin{cases} A = a\xi_x^2 + 2b\xi_x\xi_y + c\xi_y^2 \\ B = a\xi_x\eta_x + b(\xi_x\eta_y + \xi_y\eta_x) + c\xi_y\eta_y \\ C = a\eta_x^2 + 2b\eta_x\eta_y + c\eta_y^2 \\ D = a\xi_{xx} + 2b\xi_{xy} + c\xi_{yy} + d\xi_x + e\xi_y \\ E = a\eta_{xx} + 2b\eta_{xy} + c\eta_{yy} + d\eta_x + e\eta_y \\ F = f \\ G = g \end{cases} \tag{1.5.6}$$

方程(1.5.5)仍然是线性的.

从式(1.5.6)可以看到,A 和 C 的表达式形式完全相同,只是 ξ 换成 η.因此,如果能够选取 ξ 和 η 为一阶偏微分方程

$$az_x^2 + 2bz_xz_y + cz_y^2 = 0 \tag{1.5.7}$$

的两个线性无关的特解,则 $A = 0, C = 0$.这样方程(1.5.5)就得以化简.

可以证明,求方程(1.5.7)的特解问题和求常微分方程

$$a(\mathrm{d}y)^2 - 2b\mathrm{d}x\mathrm{d}y + c(\mathrm{d}x)^2 = 0$$

即

$$a\left(\frac{\mathrm{d}y}{\mathrm{d}x}\right)^2 - 2b\frac{\mathrm{d}y}{\mathrm{d}x} + c = 0 \tag{1.5.8}$$

的通解问题等价.即若 $z(x,y)$ 是方程(1.5.7)的一个特解,则 $z(x,y) = C_1$(常数)必是方程(1.5.8)的一个通积分;反之亦然.

方程(1.5.8)称为方程(1.5.1)的**特征方程**,方程(1.5.8)的积分曲线称为方程(1.5.1)的**特征线**.

方程(1.5.8)可以分解为两个一次方程:

$$\frac{\mathrm{d}y_1}{\mathrm{d}x} = \frac{b + \sqrt{b^2 - ac}}{a} \tag{1.5.9}$$

$$\frac{\mathrm{d}y_2}{\mathrm{d}x} = \frac{b - \sqrt{b^2 - ac}}{a} \tag{1.5.10}$$

现在分下面三种情形进行讨论.令 $\Delta = b^2 - ac$.

(1)$\Delta = b^2 - ac > 0$

这时,方程(1.5.9)、(1.5.10)各有一个实数通积分,分别记这两个通积分为 $\xi(x,y) = C_1$ 和 $\eta(x,y) = C_2$,其中 C_1、C_2 为任意常数.由于

$$\frac{D(\xi,\eta)}{D(x,y)} = \begin{vmatrix} \xi_x & \xi_y \\ \eta_x & \eta_y \end{vmatrix} = \xi_x\eta_y - \eta_x\xi_y$$

$$= \xi_y\eta_y\left(\frac{\xi_x}{\xi_y} - \frac{\eta_x}{\eta_y}\right) = -\xi_y\eta_y\left(\frac{\mathrm{d}y_1}{\mathrm{d}x} - \frac{\mathrm{d}y_2}{\mathrm{d}x}\right)$$

$$= -2\xi_y\eta_y\frac{\sqrt{b^2 - ac}}{a} \neq 0$$

其中,y_1 是由 $\xi(x,y) = C_1$ 确定的隐函数,y_2 是由 $\eta(x,y) = C_2$ 确定的隐函数.所以,变换

$$\xi = \xi(x,y), \quad \eta = \eta(x,y)$$

是可逆的.选取这样的自变量变换后,方程(1.5.5)中的系数 $A = 0, C = 0$.同时,由可逆变换不能将二阶偏微分方程变成一阶偏微分方程的性质知,此时 $B \neq 0$.方程(1.5.5)成为

$$u_{\xi\eta} = -\frac{1}{2B}(Du_\xi + Eu_\eta + Fu - G) \tag{1.5.11}$$

或记为

$$u_{\xi\eta} + \varphi_1(\xi,\eta,u,u_\xi,u_\eta) = 0 \tag{1.5.12}$$

这类方程称为**双曲型方程**.如果在式(1.5.12)中再作自变量变换

$$\begin{cases} \xi = s + t \\ \eta = s - t \end{cases}$$

即

$$\begin{cases} s = \dfrac{\xi + \eta}{2} \\[2mm] t = \dfrac{\xi - \eta}{2} \end{cases}$$

则得到双曲型方程的另一种标准形式：

$$u_{ss} - u_{tt} + \varphi_2(s, t, u, u_s, u_t) = 0 \tag{1.5.13}$$

波动方程属于双曲型方程.

(2)$\Delta = b^2 - ac = 0$

这时，特征方程(1.5.9)、(1.5.10)只有一个相同的通积分 $\xi(x, y) = C_1$. 取自变量变换

$$\xi = \xi(x, y), \quad \eta = \eta(x, y)$$

其中 $\eta(x, y)$ 是与 $\xi(x, y)$ 线性无关的任意函数，则方程(1.5.5)中的系数

$$A = a\xi_x^2 + 2b\xi_x\xi_y + c\xi_y^2 = (\sqrt{a}\xi_x + \sqrt{c}\xi_y)^2 = 0$$
$$B = a\xi_x\eta_x + b(\xi_x\eta_y + \xi_y\eta_x) + c\xi_y\eta_y$$
$$= (\sqrt{a}\xi_x + \sqrt{c}\xi_y)(\sqrt{a}\eta_x + \sqrt{c}\eta_y)$$
$$= 0$$

而 $C \neq 0$，否则 $\eta(x, y)$ 将是方程(1.5.7)的解. 此时，方程(1.5.5)成为

$$u_{\xi\eta} = -\frac{1}{C}(Du_\xi + Eu_\eta + Fu - G) \tag{1.5.14}$$

或记为

$$u_{\xi\eta} + \varphi_3(\xi, \eta, u, u_\xi, u_\eta) = 0 \tag{1.5.15}$$

这类方程称为**抛物型方程**，式(1.5.15)为抛物型方程的标准型. 热传导方程属于抛物型方程.

(3)$\Delta = b^2 - ac < 0$

这时，方程(1.5.9)、(1.5.10)各有一个复数的通积分，分别记为 $\xi(x, y) = C_1$ 和 $\eta(x, y) = C_2$. 当 x 和 y 只取实数值时，ξ 和 η 是共轭复数. 作自变量变换

$$\xi = \xi(x, y), \quad \eta = \eta(x, y) = \bar{\xi}(x, y)$$

$\bar{\xi}$ 表示 ξ 的共轭复数. 则方程(1.5.5)仍化为式(1.5.11)，所不同的是其中的自变量 ξ 和 η 是共轭复数. 为方便起见，再作变换

$$\begin{cases} \xi = \alpha + i\beta \\ \eta = \alpha - i\beta \end{cases}$$

即

$$\begin{cases} \alpha = \mathrm{Re}\,\xi = \dfrac{1}{2}(\xi + \eta) \\[2mm] \beta = \mathrm{Im}\,\xi = \dfrac{1}{2i}(\xi - \eta) \end{cases}$$

则式(1.5.11)成为

$$u_{\alpha\alpha} + u_{\beta\beta} = -\frac{1}{B}\big[(D + E)u_\alpha + i(E - D)u_\beta + 2Fu - 2G\big] \tag{1.5.16}$$

或记为

$$u_{\alpha\alpha} + u_{\beta\beta} + \varphi_4(\alpha, \beta, u, u_\alpha, u_\beta) = 0 \qquad (1.5.17)$$

这类方程称为**椭圆型方程**,式(1.5.7)为椭圆型方程的标准型. 位势方程属于椭圆型方程.

$\Delta = b^2 - ac$ 称为方程(1.5.1)的**判别式**. 综合上面的讨论可知,在区域 Ω 内某点 (x_0, y_0) 处,若方程(1.5.1)的二阶导数项系数 a、b、c 满足 $\Delta = b^2 - ac > 0$,则称方程在该点是**双曲型**的;若满足 $\Delta = b^2 - ac = 0$,则称方程在该点是**抛物型**的;若满足 $\Delta = b^2 - ac < 0$,则称方程在该点是**椭圆型**的.

如果方程(1.5.1)在所讨论的区域 Ω 内每一点都是双曲型的,则称方程(1.5.1)在区域 Ω 内是双曲型的. 在此区域内任意一点 (x_0, y_0) 处,可将方程(1.5.1)化为双曲型方程的标准形式(1.5.12)或(1.5.13). 如果方程(1.5.1)在所讨论的区域 Ω 内每一点都是抛物型的,则称方程(1.5.1)在区域 Ω 内是抛物型的. 在此区域内任意一点 (x_0, y_0) 处,可将方程(1.5.1)化为抛物型方程的标准形式(1.5.14)或(1.5.15). 如果方程(1.5.1)在所讨论的区域 Ω 内每一点都是椭圆型的,则称方程(1.5.1)在区域 Ω 内是椭圆型的. 在此区域内任意一点 (x_0, y_0) 处,可将方程(1.5.1)化为椭圆型方程的标准形式(1.5.16)或(1.5.17).

也有些方程在区域 Ω 的一部分是双曲型,而在另一部分是椭圆型,在它们的分界线上是抛物型的,这样的方程称为在区域 Ω 内的**混合型方程**. 在研究空气动力学跨音速问题时,常遇到混合型方程.

例 1 判断特里科米(Tricomi)方程的类型并化为标准形式.

$$y \frac{\partial^2 u}{\partial x^2} + \frac{\partial^2 u}{\partial y^2} = 0 \qquad (1.5.18)$$

由于

$$\Delta = b^2 - ac = -y \begin{cases} > 0, & y < 0 \\ = 0, & y = 0 \\ < 0, & y > 0 \end{cases}$$

所以在上半平面 $y > 0$ 内,方程是椭圆型的;在下半平面 $y < 0$ 内,方程是双曲型的;在直线 $y = 0$ 上,方程是抛物型的. 现分别在不同区域内把它化成标准形式.

方程(1.5.18)的特征方程为

$$y(\mathrm{d}y)^2 + (\mathrm{d}x)^2 = 0$$

即

$$y\left(\frac{\mathrm{d}y}{\mathrm{d}x}\right)^2 + 1 = 0 \qquad (1.5.19)$$

(1) 当 $y > 0$ 时,方程(1.5.19)分解为

$$\mathrm{d}x + \mathrm{i}\sqrt{y}\,\mathrm{d}y = 0, \quad \mathrm{d}x - \mathrm{i}\sqrt{y}\,\mathrm{d}y = 0$$

通积分为

$$x + \mathrm{i}\frac{2}{3}y^{\frac{3}{2}} = C_1 \quad \text{和} \quad x - \mathrm{i}\frac{2}{3}y^{\frac{3}{2}} = C_2$$

作变换

$$\xi = x, \quad \eta = \frac{2}{3} y^{\frac{3}{2}}$$

方程(1.5.18)化为

$$\frac{\partial^2 u}{\partial \xi^2} + \frac{\partial^2 u}{\partial \eta^2} + \frac{1}{3\eta} \frac{\partial u}{\partial \eta} = 0 \tag{1.5.20}$$

(2) 当 $y < 0$ 时,方程(1.5.19)分解为

$$\mathrm{d}x + \sqrt{-y}\,\mathrm{d}y = 0, \quad \mathrm{d}x - \sqrt{-y}\,\mathrm{d}y = 0$$

通积分为

$$x - \frac{2}{3}(-y)^{\frac{3}{2}} = C_1 \quad \text{和} \quad x + \frac{2}{3}(-y)^{\frac{3}{2}} = C_2$$

作变换

$$\xi = x - \frac{2}{3}(-y)^{\frac{3}{2}}, \quad \eta = x + \frac{2}{3}(-y)^{\frac{3}{2}}$$

方程(1.5.18)化为

$$\frac{\partial^2 u}{\partial \xi \partial \eta} - \frac{1}{6(\xi - \eta)} \left(\frac{\partial u}{\partial \xi} - \frac{\partial u}{\partial \eta} \right) = 0 \tag{1.5.21}$$

(3) 当 $y = 0$ 时,方程(1.5.18)本身已是标准形式.

习题 1

1. 设处于水平位置的弦长度为 l,线密度为常量,完全柔软,两端固定.试列出在下列各情况下弦作微小横振动时位移 $u(x,t)$ 所满足的方程及定解条件.

(1) 考虑振动时弦本身所受的重力作用,但不考虑其他外力.

(2) 弦在有阻尼的介质中作微小振动,既考虑现在本身所受重力,又考虑与运动速度成正比的阻尼力.

2. 一均匀杆处于水平位置,原长为 l,一端固定,另一端沿杆的轴线方向拉长 e 而静止,突然放手任其振动,试建立杆的纵振动方程与定解条件.

3. 长度为 l 的均匀杆,侧面绝热,一端温度为零,另一端有恒定的热流 q 进入,杆的初始温度分布为 $\frac{1}{2}x(l-x)$,试写出相应的定解问题.

4. 判断下列方程的类型,并把方程化为标准形式.

(1) $x^2 u_{xx} - y^2 u_{yy} = 0$;

(2) $u_{xx} + y u_{yy} - \frac{1}{2} u_y = 0$;

(3) $y^2 u_{xx} + 2xy u_{xy} + 2x^2 u_{yy} + y u_y = 0$.

5. 简化下列常系数线性偏微分方程:

(1) $u_{xx} + 4 u_{xy} + 5 u_{yy} + u_x + 2 u_y = 0$;

(2) $u_{xx} + u_{yy} + \alpha u_x + \beta u_y + \gamma u = 0$($\alpha, \beta, \gamma$ 是常数);

$(3)u_t = au_{xx} + bu_x + cu + f(a > 0, b, c$ 是常数$)$.

6. 设函数 $u_1(x,t)$ 和 $u_2(x,t)$ 分别是定解问题

$$\begin{cases} u_{tt} = a^2 u_{xx} \\ u\big|_{t=0} = 0, u_t\big|_{t=0} = 0 \\ u\big|_{x=0} = \varphi_1(t), u\big|_{x=l} = \varphi_2(t) \end{cases}$$

和

$$\begin{cases} u_{tt} = a^2 u_{xx} \\ u\big|_{t=0} = \psi_1(x), u_t\big|_{t=0} = \psi_2(x) \\ u\big|_{x=0} = 0, u\big|_{x=l} = 0 \end{cases}$$

的解,试证明函数 $u = u_1 + u_2$ 是定解问题

$$\begin{cases} u_{tt} = a^2 u_{xx} \\ u\big|_{t=0} = \psi_1(x), u_t\big|_{t=0} = \psi_2(x) \\ u\big|_{x=0} = \varphi_1(t), u_t\big|_{x=l} = \varphi_2(x) \end{cases}$$

的解.

第 2 章 积分法和达朗贝尔公式

微分的逆运算是积分,对于某些偏微分方程定解问题的求解,可以采用类似解常微分方程定解问题的方法,即根据微分与积分互为逆运算,用积分的方法先求出方程的通解,再利用定解条件求出特解.本章主要讨论用积分的方法解波动方程的柯西问题.

2.1 积分法

我们通过下面几个例题来说明用积分方法求解某些偏微分方程定解问题的主要步骤.

例 1 求下列定解问题的解 $u(x, y)$:

$$\begin{cases} \dfrac{\partial^2 u}{\partial x \partial y} = x^2 y \\ u\mid_{y=0} = x^2 \\ u\mid_{x=1} = \cos y \end{cases}$$

解 方程可改写为

$$\frac{\partial}{\partial x}\left(\frac{\partial u}{\partial y}\right) = x^2 y$$

上式两边同时对变量 x 求积分,得

$$\frac{\partial u}{\partial y} = \frac{1}{3} x^3 y + g_1(y)$$

注意这里的 g_1 是变量 y 的任意函数.再将上式两边对变量 y 求积分,得

$$u(x, y) = \frac{1}{6} x^3 y^2 + f(x) + g(y)$$

其中,$g(y) = \displaystyle\int g_1(y)\mathrm{d}y$,仍是 y 的任意函数;$f(x)$ 是 x 的任意函数.

上面确定的 $u(x, y)$ 即为方程的通解.由定解条件得

$$u\mid_{y=0} = f(x) + g(0) = x^2$$

$$u\mid_{x=1} = \frac{1}{6} y^2 + f(1) + g(y) = \cos y$$

将上两式相加、整理得

$$f(x) + g(y) = x^2 + \cos y - \frac{1}{6} y^2 - \left[f(1) + g(0)\right]$$

在边界条件 $y = 0$ 中,令 $x = 1$,得

$$f(1) + g(0) = 1$$

代入 $u(x,y)$ 的表达式,即有

$$f(x) + g(y) = x^2 + \cos y - \frac{1}{6}y^2 - 1$$

故原定解问题的解为

$$u(x,y) = \frac{1}{6}x^3 y^2 + x^2 + \cos y - \frac{1}{6}y^2 - 1$$

例 2　求方程

$$\frac{\partial^2 u}{\partial x^2} - \frac{\partial^2 u}{\partial x \partial y} - 2\frac{\partial^2 u}{\partial y^2} = 9 \tag{2.1.1}$$

满足条件

$$u\,|_{y=0} = 0 \tag{2.1.2}$$

$$\frac{\partial u}{\partial y}\,|_{y=0} = 2x \tag{2.1.3}$$

的解.

解　为了用积分法求出方程(2.1.1)的通解,我们先按照第 1 章的方法把方程化简,方程(2.1.1)的特征方程为

$$(\mathrm{d}y)^2 + \mathrm{d}y\mathrm{d}x - 2(\mathrm{d}x)^2 = 0$$

即

$$(\mathrm{d}y - \mathrm{d}x)(\mathrm{d}y + 2\mathrm{d}x) = 0$$

其通积分为

$$y - x = C_1 \quad \text{和} \quad y + 2x = C_2$$

作特征变换

$$\xi = y - x, \quad \eta = y + 2x$$

则方程(2.1.1)化简为

$$u_{\xi\eta} = -1$$

上式两边先对 ξ 积分,得

$$u_\eta = -\xi + f_1(\eta)$$

再对 η 积分,得

$$u = -\xi\eta + f(\eta) + g(\xi)$$

这里 f 和 g 分别为变量 η 和 ξ 的任意函数,代回原变量 x 和 y,得原方程的通解

$$u(x,y) = -(y - x)(y + 2x) + f(y + 2x) + g(y - x)$$

$$= 2x^2 - xy - y^2 + f(y + 2x) + g(y - x)$$

由初始条件,得

$$u\,|_{y=0} = 2x^2 + f(2x) + g(-x) = 0$$

$$\frac{\partial u}{\partial y}\,|_{y=0} = -x + f'(2x) + g'(-x) = 2x$$

即

$$f(2x) + g(-x) = -2x^2$$

$$f'(2x) + g'(-x) = 3x$$

将 $f(2x) + g(-x) = -2x^2$ 两边对 x 求导,得

$$2f'(2x) - g'(-x) = -4x$$

与 $f'(2x) + g'(-x) = 3x$ 联立,化简得

$$3f'(2x) = -x, \quad \text{即} \quad f'(x) = -\frac{1}{6}x$$

则

$$f(x) = -\frac{1}{12}x^2 + f(0)$$

$$g(-x) = -2x^2 + \frac{1}{3}x^2 - f(0) = -\frac{5}{3}x^2 - f(0)$$

$$g(x) = -\frac{5}{3}x^2 - f(0)$$

故原定解问题(2.1.1)~(2.1.3) 的解为

$$u(x,y) = 2x^2 - xy - y^2 - \frac{1}{12}(y+2x)^2 - \frac{5}{3}(y-x)^2$$

$$= 2xy - \frac{11}{4}y^2$$

从本例可看出,在用积分方法求偏微分方程的通解前,常需要先把方程化简. 为此,我们要先求出相应特征方程的通积分,即原方程的特征线 $\varphi_1(x,y) = C_1$ 和 $\varphi_2(x,y) = C_2$. 然后,作自变量的变换 $\xi = \varphi_1(x,y)$ 和 $\eta = \varphi_2(x,y)$. 因为沿着特征线,其中一个自变量 ξ(或 η) 取常数值,使偏微分方程化为常微分方程,从而可用积分方法求解,故这种方法也称**特征线法**.

例3 求方程

$$u_{xx} - 2\sin x u_{xy} - \cos^2 x u_{yy} - \cos x u_y = 0 \tag{2.1.4}$$

的一般解.

解 方程(2.1.4) 的特征方程为

$$(\mathrm{d}y)^2 + 2\sin x \mathrm{d}x\mathrm{d}y - \cos^2 x (\mathrm{d}x)^2 = 0$$

即

$$\frac{\mathrm{d}y}{\mathrm{d}x} = -\sin x \pm 1$$

其通积分为

$$y = x + \cos x + C_1 \quad \text{和} \quad y = -x + \cos x + C_2$$

作特征变换

$$\xi = x + y - \cos x, \quad \eta = -x + y - \cos x$$

则方程(2.1.4) 化简为

$$\frac{\partial^2 u}{\partial \xi \partial \eta} = 0$$

于是,方程的通解为

$$u(x,y) = f_1(x + y - \cos x) + f_2(-x + y - \cos x)$$

其中, f_1, f_2 是任意的二次连续可微函数.

2.2　一维波动方程的达朗贝尔公式

2.2.1　达朗贝尔公式

考虑"无限长"弦的自由横振动问题,即一维波动方程的柯西问题:

$$\begin{cases} \dfrac{\partial^2 u}{\partial t^2} = a^2 \dfrac{\partial^2 u}{\partial x^2} & (-\infty < x < +\infty, t > 0) & (2.2.1) \\[2mm] u(x,0) = \varphi(x) & (-\infty < x < +\infty) & (2.2.2) \\[2mm] u_t(x,0) = \psi(x) & (-\infty < x < +\infty) & (2.2.3) \end{cases}$$

解　泛定方程(2.2.1)的特征方程是

$$(\mathrm{d}x)^2 - a^2 (\mathrm{d}t)^2 = 0$$

求出两族特征线为

$$\begin{cases} x + at = C_1 \\ x - at = C_2 \end{cases}$$

其中 C_1, C_2 为任意常数,作自变量替换

$$\xi = x + at, \quad \eta = x - at \tag{2.2.4}$$

代入方程(2.2.1),化简后得

$$u_{\xi\eta} = 0$$

积分得方程的通解

$$u(x,t) = \int f(\xi)\mathrm{d}\xi + f_2(\eta) = f_1(\xi) + f_2(\eta)$$

其中, f_1, f_2 是任意函数.代回变量 x, t,得一维波动方程的通解为

$$u(x,t) = f_1(x+at) + f_2(x-at) \tag{2.2.5}$$

为了求得柯西问题的解,把式(2.2.5)代入式(2.2.2)、(2.2.3),得

$$u(x,0) = f_1(x) + f_2(x) = \varphi(x)$$

$$u_t(x,0) = af_1'(x) - af_2'(x) = \psi(x)$$

上式两端对 x 积分,得

$$f_1(x) - f_2(x) = \frac{1}{a}\int_{x_0}^{x} \psi(\xi)\mathrm{d}\xi + C$$

其中 x_0 为任意常数, $C = f_1(x_0) - f_2(x_0)$.

解得

$$f_1(x) = \frac{1}{2}\varphi(x) + \frac{1}{2a}\int_{x_0}^{x} \psi(\xi)\mathrm{d}\xi + \frac{C}{2}$$

$$f_2(x) = \frac{1}{2}\varphi(x) - \frac{1}{2a}\int_{x_0}^{x} \psi(\xi)\mathrm{d}\xi - \frac{C}{2}$$

代入式(2.2.5)得定解问题(2.2.1)～(2.2.3)的解为

$$u(x,t) = \frac{1}{2}\big[\varphi(x+at) + \varphi(x-at)\big] + \frac{1}{2a}\int_{x-at}^{x+at} \psi(\xi)\mathrm{d}\xi \tag{2.2.6}$$

式(2.2.6)通常称为一维波动方程的**达朗贝尔(D'Alembert)公式**.

由上述解题过程可以看出,柯西问题(2.2.1)~(2.2.3)如果有解,则其解可以由初始条件用公式(2.2.6)给出,因此解一定是唯一的.同时,容易验证当 $\varphi(x) \in C^{(2)}(-\infty, +\infty)$, $\psi(x) \in C^{(1)}(-\infty, +\infty)$ 时,达朗贝尔公式的确给出柯西问题(2.2.1)~(2.2.3)的解.这种解称为**古典解**,以区别于广义解.

达朗贝尔公式还能证明解的稳定性,即当初始条件(2.2.2)、(2.2.3)作微小改变时,解(2.2.6)的改变也是微小的.现以"一致"意义下的稳定性为例证明如下:

设有两组初始条件

$$\begin{cases} u_1(x,0) = \varphi_1(x) \\ \dfrac{\partial u_1}{\partial t}\bigg|_{t=0} = \psi_1(x) \end{cases} \quad 和 \quad \begin{cases} u_2(x,0) = \varphi_2(x) \\ \dfrac{\partial u_2}{\partial t}\bigg|_{t=0} = \psi_2(x) \end{cases}$$

它们的差很小,即

$$\max_{-\infty < x < +\infty} |\varphi_1(x) - \varphi_2(x)| < \delta$$
$$\max_{-\infty < x < +\infty} |\psi_1(x) - \psi_2(x)| < \delta$$

则由达朗贝尔公式知

$$|u_1(x,t) - u_2(x,t)| < \frac{1}{2}|\varphi_1(x+at) - \varphi_2(x+at)| +$$

$$\frac{1}{2}|\varphi_1(x-at) - \varphi_2(x+at)| + \frac{1}{2a}\int_{x-at}^{x+at}|\psi_1(\xi) - \psi_2(\xi)|\,d\xi$$

故有

$$\max_{-\infty < x < +\infty}|u_1(x,t) - u_2(x,t)| < \frac{\delta}{2} + \frac{\delta}{2} + \frac{1}{2a}\delta \cdot 2at = (1+t)\delta$$

只需取 $\delta = \dfrac{\varepsilon}{1+t_0}$,就有 $\max|u_1(x,t) - u_2(x,t)| < \varepsilon$.

综上讨论可知,一维波动方程柯西问题(2.2.1)~(2.2.3)是适定的.

2.2.2　达朗贝尔公式的物理意义

下面以无限长弦的自由横振动为例来阐述达朗贝尔公式的物理意义.我们已知弦自由振动方程的通解为

$$u(x,t) = f_1(x+at) + f_2(x-at)$$

为此要考查 $f_1(x+at)$、$f_2(x-at)$ 这种形式函数的性质.我们先研究 $f(x-at)$.

假设当 $t=0$ 时,函数 $f(x)$ 的图形如图 2-1(a)所示,则 $t=t_0$ 时,函数 $f(x-at_0)$ 的图形向右平移了 at_0.

因此,$f(x-at)$ 形状的函数描述的是沿 x 轴正方向传播的行波,称为左行波,其速度为 a.同理,$f(x+at)$ 形状的函数描述的是沿 x 轴负方向传播的行波,称为右行波,其速度也为 a.这样,一维波动方程的通解(2.2.5)是一个左行波和另一个右行波的叠加,即弦的振动是以行波的形式分向两方传播出去,波速为 a,这与物理现象是符合的.所以上述求波动方程通解的方法也称为**行波法**.

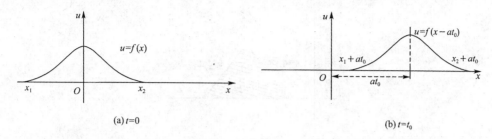

(a) $t=0$　　　　　　　　　　　　　　　(b) $t=t_0$

图 2-1

2.2.3　达朗贝尔公式的依赖区间和影响区域

1.达朗贝尔公式的依赖区间

由达朗贝尔公式(2.2.6)可看出,定解问题(2.2.1)～(2.2.3)的解在一点 $(x,t)\in\Omega(\Omega:-\infty<x<+\infty,t>0)$ 处的值,仅依赖于 x 轴的区间 $[x-at,x+at]$ 上的初始条件,而与其他点上的初始条件无关.我们称区间 $[x-at,x+at]$ 为点 (x,t) 的依赖区间,它是过点 (x,t) 分别做斜率为 $\pm\dfrac{1}{a}$ 的直线与 x 轴所交而截得的区间(图 2-2).

2.达朗贝尔公式的影响区域

从一维齐次波动方程的通解

$$u(x,t)=f_1(x+at)+f_2(x-at)$$

可知,波动是以一定的速度 a 向两个方向传播的.因此,

如果在初始时刻 $t=0$,扰动仅在一有限区间 $[x_1,x_2]$ 内存在,那么,经过时间 t 后,它所传播的范围,就由

$$x_1-at\leqslant x\leqslant x_2+at,\quad t>0$$

所限定,而在此范围外,仍处于静止状态.在 (x,t) 平面上,上述不等式所表示的区域如图 2-3 所示,称为区间 $[x_1,x_2]$ 的**影响区域**.在这个区域中,初值问题的解 $u(x,t)$ 的数值是受区间 $[x_1,x_2]$ 上初始条件影响的;而在此区域外,$u(x,t)$ 的数值则不受区间 $[x_1,x_2]$ 上初始条件的影响.

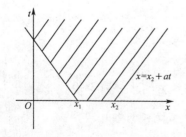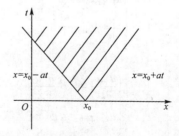

图 2-3

特别地,当区间 $[x_1,x_2]$ 缩成一点 x_0 时,点 x_0 的影响区域为过点 x_0 做两条斜率各为 $\pm\dfrac{1}{a}$ 的直线 $x=x_0-at$ 和 $x=x_0+at$ 所夹的角形区域,如图 2-3 所示.

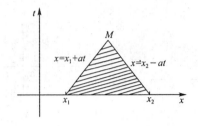

图 2-4

3. 达朗贝尔公式的决定区域

如果在初始时刻 $t=0$，在有限区间 $[x_1,x_2]$ 上存在扰动，在 x_1 点做一特征线 $x=x_1+at$，在 x_2 点做另一特征线 $x=x_2-at$，两条特征线相交于 M，则在 $\triangle Mx_1x_2$ 内任意点 $M_0(x_0,t_0)$ 的依赖区间 $[x_0-at_0,x_0+at_0]$ 都在区间 $[x_1,x_2]$ 内，则称三角形区域 $\triangle Mx_1x_2$ 为 $[x_1,x_2]$ 的决定区域. 如图 2-4 所示.

从上面的讨论可以看出，在 (x,t) 平面上，斜率为 $\pm\dfrac{1}{a}$ 的直线 $x=x_0-at$ 和 $x=x_0+at$ 对波动方程的研究起着重要的作用，它们称为波动方程的**特征线**，且特征线族 $x\pm at=C$（任意常数）正是波动方程的特征方程 $(\mathrm{d}x)^2-a^2(\mathrm{d}t)^2=0$ 的通积分.

2.3　一维非齐次波动方程的柯西问题

无界弦的强迫振动可用下述一维非齐次波动方程的柯西问题来描述：

$$\begin{cases} u_{tt}=a^2u_{xx}+f(x,t) & (-\infty<x<+\infty,t>0) & (2.3.1)\\ u(x,0)=\varphi(x) & (-\infty<x<+\infty) & (2.3.2)\\ u_t(x,0)=\psi(x) & (-\infty<x<+\infty) & (2.3.3) \end{cases}$$

由于方程及定解条件都是线性的，可以运用叠加原理. 容易验证，若 u_1 和 u_2 分别为定解问题

$$\begin{cases} \dfrac{\partial^2 u_1}{\partial t^2}=a^2\dfrac{\partial^2 u_1}{\partial x^2}+f(x,t) & (-\infty<x<+\infty)\\ u_1\mid_{t=0}=0 & (-\infty<x<+\infty)\\ \dfrac{\partial u_1}{\partial t}\Big|_{t=0}=0 & (-\infty<x<+\infty) \end{cases} \qquad (2.3.4)$$

和

$$\begin{cases} \dfrac{\partial^2 u_2}{\partial t^2}=a^2\dfrac{\partial^2 u_2}{\partial x^2} & (-\infty<x<+\infty,t>0)\\ u_2\mid_{t=0}=\varphi(x) & (-\infty<x<+\infty)\\ \dfrac{\partial u_2}{\partial t}\Big|_{t=0}=\psi(x) & (-\infty<x<+\infty) \end{cases} \qquad (2.3.5)$$

的解，则 $u=u_1+u_2$ 就是定解问题 (2.3.1)～(2.3.3) 的解. 对定解问题 (2.3.5)，我们已在 2.2 节中讨论过，所以现在只需讨论非齐次方程带零初始条件的情形，即定解问题 (2.3.4)，为方便起见，我们把定解问题 (2.3.4) 中的 u_1 仍记为 u，考虑下述一维非齐次波

动方程的柯西问题：

$$\begin{cases} u_{tt} = a^2 u_{xx} + f(x,t) & (-\infty < x < +\infty, t > 0) \quad (2.3.6) \\ u(x,0) = 0 & (-\infty < x < +\infty) \quad (2.3.7) \\ u_t(x,0) = 0 & (-\infty < x < +\infty) \quad (2.3.8) \end{cases}$$

解　作特征变换

$$\begin{cases} \xi = x - at \\ \eta = x + at \end{cases}$$

即

$$\begin{cases} x = \dfrac{\xi + \eta}{2} \\ t = \dfrac{\eta - \xi}{2a} \end{cases} \quad (2.3.9)$$

则泛定方程(2.3.6)化简为

$$4a^2 u_{\xi\eta} = -f\left(\frac{\xi + \eta}{2}, \frac{\eta - \xi}{2a}\right)$$

即

$$u_{\xi\eta} = -\frac{1}{4a^2} f_1(\xi, \eta) \quad (2.3.10)$$

其中，$f_1(\xi, \eta) = f\left(\dfrac{\xi + \eta}{2}, \dfrac{\eta - \xi}{2a}\right)$. 相应地，初始条件(2.3.7)、(2.3.8)就化为在直线 $\xi = \eta$ 上的定解条件：

$$\begin{cases} u|_{\xi=\eta} = 0 & (2.3.11) \\ (u_\xi - u_\eta)|_{\xi=\eta} = 0 & (2.3.12) \end{cases}$$

由式(2.3.7)，也可以用下式代替式(2.3.11)，即

$$(u_\xi + u_\eta)|_{\xi=\eta} = 0 \quad (2.3.13)$$

由式(2.3.12)、(2.3.13)得到

$$u_\xi|_{\xi=\eta} = u_\eta|_{\xi=\eta} = 0 \quad (2.3.14)$$

由于我们考察的是弦在 $t > 0$ 时的振动状态，因此，在 $\xi O \eta$ 平面上，只考查区域 $\xi < \eta$ 部分(即在直线 $\xi = \eta$ 上面的部分)，如图 2-5 所示.

将式(2.3.10)先对变量 ξ 积分，得

$$u_\eta = \int_{\xi_0}^{\xi} -\frac{1}{4a^2} f_1(\bar\xi, \eta) \, d\bar\xi + c_1(\eta) \quad (2.3.15)$$

由条件(2.3.14)，得

$$u_\eta|_{\xi=\eta} = -\int_{\xi_0}^{\eta} \frac{1}{4a^2} f_1(\bar\xi, \eta) \, d\bar\xi + c_1(\eta) = 0$$

因此

$$c_1(\eta) = \frac{1}{4a^2} \int_{\xi_0}^{\eta} f_1(\bar\xi, \eta) \, d\bar\xi$$

故

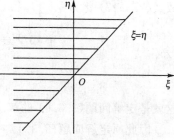

图 2-5

$$u_\eta = \frac{1}{4a^2}\int_{\xi}^{\eta}f_1(\bar{\xi},\eta)\mathrm{d}\bar{\xi} \tag{2.3.16}$$

再将式(2.3.16)对变量 η 积分,得

$$u(\xi,\eta) = \frac{1}{4a^2}\int_{\eta_0}^{\eta}\int_{\xi}^{\bar{\eta}}f_1(\bar{\xi},\bar{\eta})\mathrm{d}\bar{\xi}\mathrm{d}\bar{\eta} + c_2(\xi)$$

由条件(2.3.11)

$$u\mid_{\xi=\eta} = \frac{1}{4a^2}\int_{\eta_0}^{\xi}\int_{\xi}^{\bar{\eta}}f_1(\bar{\xi},\bar{\eta})\mathrm{d}\bar{\xi}\mathrm{d}\bar{\eta} + c_2(\xi) = 0$$

因此

$$c_2(\xi) = -\frac{1}{4a^2}\int_{\eta_0}^{\xi}\int_{\xi}^{\bar{\eta}}f_1(\bar{\xi},\bar{\eta})\mathrm{d}\bar{\xi}\mathrm{d}\bar{\eta}$$

故

$$u(\xi,\eta) = \frac{1}{4a^2}\int_{\xi}^{\eta_0}\int_{\xi}^{\bar{\eta}}f_1(\bar{\xi},\bar{\eta})\mathrm{d}\bar{\xi}\mathrm{d}\bar{\eta} \tag{2.3.17}$$

再利用变换式(2.3.9)回到原来变量 x,t. 根据二重积分的换元公式

$$\mathrm{d}\bar{\xi}\mathrm{d}\bar{\eta} = \left|\frac{D(\bar{\xi},\bar{\eta})}{D(\bar{x},\bar{t})}\right|\mathrm{d}\bar{x}\mathrm{d}\bar{t} = 2a\mathrm{d}\bar{x}\mathrm{d}\bar{t}$$

且在 $\xi O\eta$ 平面上的直线 $\bar{\xi}=\xi,\bar{\eta}=\eta$ 和 $\bar{\xi}=\bar{\eta}$ 分别对应于 $\bar{x}O\bar{t}$ 平面上的直线 $\bar{x}=x-a(t-\bar{t}),\bar{x}=x+a(t-\bar{t})$ 和 $\bar{t}=0$(图 2-6). 又

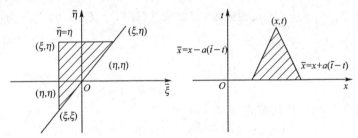

图 2-6

$$f_1(\bar{\xi},\bar{\eta}) = f\left(\frac{\bar{\xi}+\bar{\eta}}{2},\frac{\bar{\eta}-\bar{\xi}}{2a}\right) = f(\bar{x},\bar{t})$$

故式(2.3.17)化为

$$u(x,t) = \frac{1}{4a^2}\int_0^t\int_{x-a(t-\bar{t})}^{x+a(t-\bar{t})}f(\bar{x},\bar{t})\left|\frac{D(\bar{\xi},\bar{\eta})}{D(\bar{x},\bar{t})}\right|\mathrm{d}\bar{x}\mathrm{d}\bar{t}$$

$$= \frac{1}{2a}\int_0^t\int_{x-a(t-\bar{t})}^{x+a(t-\bar{t})}f(\bar{x},\bar{t})\mathrm{d}\bar{x}\mathrm{d}\bar{t} \tag{2.3.18}$$

这就是定解问题(2.3.6)的解.

因此原定解问题(2.3.1)~(2.3.3)的解为

$$u(x,t) = \frac{1}{2}\left[\varphi(x+at) + \varphi(x-at)\right] +$$

$$\frac{1}{2a}\int_{x-at}^{x+at}\psi(\xi)\mathrm{d}\xi + \frac{1}{2a}\int_0^t\int_{x-a(t-\bar{t})}^{x+a(t-\bar{t})}f(\bar{x},\bar{t})\mathrm{d}\bar{x}\mathrm{d}\bar{t}$$

上式称为一维非齐次方程初值问题解的基尔霍夫(Kirchhoff)公式.

当非齐次方程的自由项与 t 无关时,可以通过函数代换,令
$$u(x,t) = v(x,t) + w(x)$$
选取适当的 $w(x)$,使 $v(x,t)$ 满足的是齐次方程的柯西问题. 现在我们来讨论下述自由项与 t 无关的一维非齐次波动方程的柯西问题:

$$\begin{cases} u_{tt} = a^2 u_{xx} + f(x) & (-\infty < x < +\infty, t > 0) \quad (2.3.19) \\ u \mid_{t=0} = \varphi(x) & (-\infty < x < +\infty) \\ u_t \mid_{t=0} = \psi(x) & (-\infty < x < +\infty) \quad (2.3.20) \end{cases}$$

解　令
$$u(x,t) = v(x,t) + w(x)$$
选取 $w(x)$,使其满足
$$\frac{\mathrm{d}^2 w}{\mathrm{d}x^2} = -\frac{1}{a^2} f(x)$$

上式两边对 x 积分两次,得
$$w(x) = -\frac{1}{a^2} \int_{x_1}^{x} \int_{x_0}^{\eta} f(\xi) \mathrm{d}\xi \mathrm{d}\eta \quad (2.3.21)$$

其中,x_0, x_1 是两个任意常数.适当选取 x_0, x_1,使 $w(x)$ 尽可能简单. 于是 $v(x,t)$ 满足下述齐次方程的柯西问题:

$$\begin{cases} v_{tt} = a^2 v_{xx} & (-\infty < x < +\infty, t > 0) \\ v \mid_{t=0} = \varphi(x) - w(x) & (-\infty < x < +\infty) \\ v_t \mid_{t=0} = \psi(x) & (-\infty < x < +\infty) \end{cases}$$

根据达朗贝尔公式,得
$$v(x,t) = \frac{1}{2} \big[\varphi(x+at) - w(x+at) + \varphi(x-at) - $$
$$w(x-at) \big] + \frac{1}{2a} \int_{x-at}^{x+at} \psi(\xi) \mathrm{d}\xi \quad (2.3.22)$$

于是定解问题(2.3.19)、(2.3.20) 的解为
$$u(x,t) = \frac{1}{2} \big[\varphi(x+at) - w(x+at) + \varphi(x-at) - w(x-at) \big] +$$
$$\frac{1}{2a} \int_{x-at}^{x+at} \psi(\xi) \mathrm{d}\xi + w(x) \quad (2.3.23)$$

其中,$w(x)$ 由式(2.3.21)确定.

（**齐次化原理**）对于非齐次方程的零初值问题,也可以运用杜哈美(Duhamel)原理把方程先齐次化. 即如果 $w(x,t,\tau)$ 是齐次方程定解问题

$$\begin{cases} \dfrac{\partial^2 w}{\partial t^2} = a^2 \dfrac{\partial^2 w}{\partial x^2} & (-\infty < x < +\infty, t > \tau) \quad (2.3.24) \\ w \mid_{t=\tau} = 0 & (-\infty < x < +\infty) \quad (2.3.25) \\ \dfrac{\partial w}{\partial t} \mid_{t=\tau} = f(x,\tau) & (-\infty < x < +\infty) \quad (2.3.26) \end{cases}$$

的解,则

$$u(x,t) = \int_0^t w(x,t,\tau)\mathrm{d}\tau \qquad (2.3.27)$$

就是定解问题(2.3.6)～(2.3.8)的解.

再令 $t_1 = t - \tau$,初值问题(2.3.24)～(2.3.26)就化为

$$\begin{cases} \dfrac{\partial^2 w}{\partial t_1^2} = a^2 \dfrac{\partial^2 w}{\partial x^2} & (-\infty < x < +\infty, t_1 > 0) \\[2mm] w\mid_{t_1=0} = 0 & (-\infty < x < +\infty) \\[2mm] \dfrac{\partial w}{\partial t_1}\mid_{t_1=0} = f(x,\tau) & (-\infty < x < +\infty) \end{cases}$$

利用达朗贝尔公式,有

$$w(x,t,\tau) = \frac{1}{2a}\int_{x-at_1}^{x+at_1} f(\xi,\tau)\mathrm{d}\xi$$

即

$$w(x,t,\tau) = \frac{1}{2a}\int_{x-a(t-\tau)}^{x+a(t-\tau)} f(\xi,\tau)\mathrm{d}\xi$$

从而定解问题(2.3.6)～(2.3.8)的解为

$$u(x,t) = \frac{1}{2a}\int_0^t \int_{x-a(t-\tau)}^{x+a(t-\tau)} f(\xi,\tau)\mathrm{d}\xi\mathrm{d}\tau$$

这正是式(2.3.18).

杜哈美原理也称为**齐次化原理**或**冲量定理**.

2.4 三维和二维波动方程的泊松公式

本节将研究三维和二维波动方程的柯西问题.为简单起见,只讨论泛定方程为齐次的情形.这种问题在声的传播理论、电磁场的传播理论及物理学其他领域都有着重要的意义.对三维波动方程用平均法求解,对二维波动方程用降维法求解.最后阐述这两种柯西问题解的物理意义.

2.4.1 三维波动方程的泊松公式

讨论下述三维波动方程的柯西问题:

$$\begin{cases} \dfrac{\partial^2 u}{\partial t^2} = a^2\left(\dfrac{\partial^2 u}{\partial x^2} + \dfrac{\partial^2 u}{\partial y^2} + \dfrac{\partial^2 u}{\partial z^2}\right) & (-\infty < x,y,z < +\infty, t > 0) \quad (2.4.1) \\[2mm] u(x,y,z,0) = \varphi(x,y,z) & (-\infty < x,y,z < +\infty) \quad (2.4.2) \\[2mm] u_t(x,y,z,0) = \psi(x,y,z) & (-\infty < x,y,z < +\infty) \quad (2.4.3) \end{cases}$$

解 (平均法)为确定函数 u 在某一点 $M_0(x_0,y_0,z_0)$ 处的值,我们引入一新函数

$$\bar{u}(r,t) = \frac{1}{4\pi r^2}\iint\limits_{S_r^{M_0}} u\,\mathrm{d}S \qquad (2.4.4)$$

其中,$S_r^{M_0}$ 是以点 $M_0(x_0,y_0,z_0)$ 为球心、以 r 为半径的球面;$\mathrm{d}S$ 是此球面上的面积元.球面 $S_r^{M_0}$ 所围的球体为 $V_r^{M_0}$.

显然，$\bar{u}(r,t)$ 是函数 u 在球面 $S_r^{M_0}$ 上的平均值，且有

$$u(M_0,t_0) = \lim_{r \to 0} \bar{u}(r,t_0) \tag{2.4.5}$$

下面，先从方程(2.4.1)导出函数 $\bar{u}(r,t)$ 应满足的方程. 为此，将式(2.4.1)两边分别在球面 $S_r^{M_0}$ 所围的球体 $V_r^{M_0}$ 中积分：

$$\text{左边} = \iiint\limits_{V_r^{M_0}} \frac{\partial^2 u}{\partial t^2} \mathrm{d}V = \frac{\partial^2}{\partial t^2} \int_0^r \iint\limits_{S_r^{M_0}} u \mathrm{d}S \mathrm{d}\tau = 4\pi \frac{\partial^2}{\partial t^2} \int_0^r \bar{u}(\tau,t)\tau^2 \mathrm{d}\tau$$

$$\text{右边} = a^2 \iiint\limits_{V_r^{M_0}} \left(\frac{\partial^2 u}{\partial x^2} + \frac{\partial^2 u}{\partial y^2} + \frac{\partial^2 u}{\partial z^2} \right) \mathrm{d}V$$

$$= a^2 \iint\limits_{S_r^{M_0}} \frac{\partial u}{\partial n} \mathrm{d}S \quad (n\ \text{为球面}\ S_r^{M_0}\ \text{的外法向})$$

$$= a^2 \iint\limits_{S_r^{M_0}} \frac{\partial u}{\partial r} \mathrm{d}S$$

$$= 4\pi a^2 r^2 \frac{\partial}{\partial r} \bar{u}(r,t)$$

故有

$$\frac{\partial^2}{\partial t^2} \int_0^r \bar{u}(\tau,t)\tau^2 \mathrm{d}\tau = a^2 r^2 \frac{\partial}{\partial r} \bar{u}(r,t) \tag{2.4.6}$$

为去掉积分号，两端对 r 求导，得

$$\frac{\partial^2}{\partial t^2} \left[\bar{u}(r,t) r^2 \right] = a^2 \frac{\partial}{\partial r} \left[r^2 \frac{\partial}{\partial r} \bar{u}(r,t) \right]$$

即

$$\frac{\partial^2}{\partial t^2} \bar{u}(r,t) = \frac{a^2}{r^2} \frac{\partial}{\partial r} \left[r^2 \frac{\partial}{\partial r} \bar{u}(r,t) \right] \tag{2.4.7}$$

容易验证

$$\frac{1}{r^2} \frac{\partial}{\partial r} \left[r^2 \frac{\partial}{\partial r} \bar{u}(r,t) \right] = \frac{1}{r} \frac{\partial^2 (r\bar{u}(r,t))}{\partial r^2}$$

故式(2.4.7)可改写为

$$\frac{\partial^2}{\partial t^2} \left[r\bar{u}(r,t) \right] = a^2 \frac{\partial^2 (r\bar{u}(r,t))}{\partial r^2} \tag{2.4.8}$$

令

$$v(r,t) = r\bar{u}(r,t) \tag{2.4.9}$$

则式(2.4.8)化为

$$\frac{\partial^2 v}{\partial t^2} = a^2 \frac{\partial^2 v}{\partial r^2} \tag{2.4.10}$$

这是一维波动方程，其通解为

$$v(r,t) = f_1(r+at) + f_2(r-at) \tag{2.4.11}$$

由式(2.4.9)，并注意到 $\bar{u}$ 的有界性，有

$$v(0,t) = 0 \tag{2.4.12}$$

代入式(2.4.11)，得

$$f_1(at) + f_2(-at) = 0$$

记 $f_1(x) = f(x)$，则 $f_2(-x) = -f(x)$，这样就有

$$v = r\overline{u} = f(r + at) - f(at - r) \tag{2.4.13}$$

式（2.4.13）两边对 r 求导，得

$$\overline{u} + r\frac{\partial\overline{u}}{\partial r} = f'(r + at) + f'(at - r)$$

由此，当 $t = t_0$ 及 $r \to 0$ 时就有

$$\overline{u}(0, t_0) = u(M_0, t_0) = 2f'(at_0) \tag{2.4.14}$$

为求出原定解问题的解，只需将函数 $f'(at)$ 用初始函数 φ、ψ 表示即可. 为此，将式（2.4.13）分别对 r 和 t 求导，得

$$\frac{\partial}{\partial r}(r\overline{u}) = f'(r + at) + f'(at - r) \tag{2.4.15}$$

$$\frac{1}{a}\frac{\partial}{\partial t}(r\overline{u}) = f'(r + at) - f'(at - r) \tag{2.4.16}$$

式（2.4.15）与式（2.4.16）相加得

$$\frac{\partial}{\partial r}(r\overline{u}) + \frac{1}{a}\frac{\partial}{\partial t}(r\overline{u}) = 2f'(r + at)$$

令 $t = 0, r = at_0$，得

$$\left[\frac{\partial}{\partial r}(r\overline{u}) + \frac{1}{a}\frac{\partial}{\partial t}(r\overline{u})\right]_{r=at_0, t=0} = 2f'(at_0) \tag{2.4.17}$$

将式（2.4.4）和式（2.4.14）代入式（2.4.17），得

$$u(M_0, t_0) = \frac{1}{4\pi}\left[\frac{\partial}{\partial r}\iint_{S_r^{M_0}}\frac{u}{r}\mathrm{d}S + \frac{1}{a}\iint_{S_r^{M_0}}\frac{1}{r}\frac{\partial u}{\partial t}\mathrm{d}S\right]_{r=at_0, t=0}$$

将初始条件（2.4.2）、（2.4.3）代入上式即得

$$u(M_0, t_0) = \frac{1}{4\pi}\left[\frac{\partial}{\partial r}\iint_{S_r^{M_0}}\frac{\varphi(M)}{r}\mathrm{d}S + \frac{1}{a}\iint_{S_r^{M_0}}\frac{\psi(M)}{r}\mathrm{d}S\right]_{r=at_0} \tag{2.4.18}$$

为简洁起见，略去 M_0、t_0 中的下标 0，得

$$u(M, t) = \frac{1}{4\pi}\left[\frac{\partial}{\partial r}\iint_{S_r^M}\frac{\varphi}{r}\mathrm{d}S + \frac{1}{a}\iint_{S_r^M}\frac{\psi}{r}\mathrm{d}S\right]_{r=at}$$

即

$$u(M, t) = \frac{1}{4\pi a}\left[\frac{\partial}{\partial t}\iint_{S_r^M}\frac{\varphi}{r}\mathrm{d}S + \iint_{S_r^M}\frac{\psi}{r}\mathrm{d}S\right]_{r=at} \tag{2.4.19}$$

式（2.4.19）称为三维波动方程的泊松公式.

2.4.2　二维波动方程的泊松公式

讨论下述二维波动方程的柯西问题：

$$\begin{cases} \dfrac{\partial^2 u}{\partial t^2} = a^2\left(\dfrac{\partial^2 u}{\partial x^2} + \dfrac{\partial^2 u}{\partial y^2}\right) & (-\infty < x, y < +\infty, t > 0) \quad (2.4.20) \\[2mm] u(x, y, 0) = \varphi(x, y) & (-\infty < x, y < +\infty) \quad (2.4.21) \\[2mm] u_t(x, y, 0) = \psi(x, y) & (-\infty < x, y < +\infty) \quad (2.4.22) \end{cases}$$

解　（**降维法**）在三维波动方程的泊松公式(2.4.19)中,积分是在球面 S_r^M 上进行的.在二维情形,由于 φ、ψ 是与 z 无关的函数,因此积分应化为在平面 $z=$ 常数,即 S_r^M 的投影域

$$C_{at}^M:(\xi-x)^2+(\eta-y)^2\leqslant(at)^2 \tag{2.4.23}$$

上的二重积分,而球面上积分元 $\mathrm{d}S$ 与平面 $z=$ 常数上的面积元 $\mathrm{d}\sigma$ 的关系是

$$\mathrm{d}S=\frac{\mathrm{d}\sigma}{\cos\theta}=\frac{\mathrm{d}\xi\mathrm{d}\eta}{\cos\theta} \tag{2.4.24}$$

其中,θ 是这两个面积元法线方向间的夹角(图 2-7),且有

$$\cos\theta=\frac{\sqrt{(at)^2-(\xi-x)^2-(\eta-y)^2}}{at} \tag{2.4.25}$$

注意到 φ、ψ 与 z 无关,所以式(2.4.19)中上、下两半球面上的积分值相等,因此化为在圆域(2.4.23)内的重积分值应加倍,故二维波动方程柯西问题(2.4.20)～(2.4.22)的解为

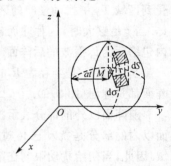

图 2-7

$$u(x,y,t)=\frac{1}{2\pi a}\left[\frac{\partial}{\partial t}\iint\limits_{C_{at}^M}\frac{\varphi(\xi,\eta)}{\sqrt{(at)^2-(\xi-x)^2-(\eta-y)^2}}\mathrm{d}\xi\mathrm{d}\eta+\right.$$
$$\left.\iint\limits_{C_{at}^M}\frac{\psi(\xi,\eta)}{\sqrt{(at)^2-(\xi-x)^2-(\eta-y)^2}}\mathrm{d}\xi\mathrm{d}\eta\right] \tag{2.4.26}$$

式(2.4.26)称为**二维波动方程的泊松公式**.

也可用降维法由二维波动方程的泊松公式导出一维波动方程的柯西问题的达朗贝尔公式,还可通过降维法由三维波动方程的泊松公式直接导出达朗贝尔公式.降维法也可用于某些其他类型的方程,用降维法可以从多个变量方程的定解公式推导出自变量个数较少的方程的解.

2.4.3　三维与二维波动方程的泊松公式的物理意义

从三维波动方程的泊松公式(2.4.19)可以看出,三维波动方程柯西问题(2.4.1)～(2.4.3)的解在点 $M(x,y,z)$ 和时刻 t 的值,仅与以点 M 为球心,以 at 为半径的球面上的初始扰动有关,即只有与点 M 相距为 at 的点上的初始扰动能够影响到 $u(x,y,z,t)$ 的值.为明确起见,设初始扰动只限于区域 T_0.任取一点 M,它与 T_0 的最小距离为 d,最大距离为 D(图 2-8),则由式(2.4.19)可知:

当 $at<d$,即 $t<\dfrac{d}{a}$ 时,$u(x,y,z,t)=0$,表示初始条件的影响尚未到达;

当 $d<at<D$,即 $\dfrac{d}{a}<t<\dfrac{D}{a}$ 时,$u(x,y,z,t)\neq0$,表示初始条件的影响已经到达;

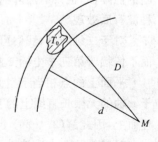

图 2-8

当 $at > D$，即 $t > \dfrac{D}{a}$ 时，$u(x,y,z,t) = 0$，表示初始条件的影响已经过去.

因此，三维空间中局部扰动的传播具有**无后效现象**.

考察区域 T_0 中任一点 M_0 处的初始扰动，在某一时刻 t 在空间中传播的景象，扰动是传到以 M_0 为中心、以 at 为半径的球面上，所以解 (2.4.19) 也称为**球面波**. 这样，在时刻 t 受到区域 T_0 中扰动影响的区域，就是所有以点 $M \in T_0$ 为中心、以 at 为半径的球面的全体. 当 t 足够大时，这种球面族有内、外两个包络面. 我们称外包络面为传播波的**前阵面**，内包络面为传播波的**后阵面**.

当区域 T_0 是半径为 R 的球形时，波的前阵面和后阵面都是球面（图 2-9）.

前阵面以外的部分表示扰动还未传到的区域，后阵面以内的部分是扰动已传过，且恢复了原来状况的区域. 因此，当初始扰动限制在某一局部范围内时，波的传播有清晰的前阵面和后阵面，这就是物理学中的**惠更斯**（**Huygens**）**原理**. 声音在空间中的传播就是这种现象的一个例子.

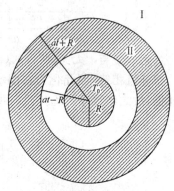

图 2-9

二维的情况与三维的情况有所不同. 从式 (2.4.26) 可以看出，二维波动方程柯西问题 (2.4.20)~(2.4.22) 的解在点 $M(x,y)$ 和时刻 t 的值是与以点 $M(x,y)$ 为圆心、以 at 为半径的圆内的初始扰动有关. 为清楚起见，设初始扰动仍限于区域 T_0，则：

当 $t < \dfrac{d}{a}$ 时，$u(x,y,t) = 0$；

当 $\dfrac{d}{a} < t < \dfrac{D}{a}$ 时，$u(x,y,t) \neq 0$；

当 $t > \dfrac{D}{a}$ 时，仍有 $u(x,y,t) \neq 0$.

不过由于积分式 (2.4.26) 中分母有 at 出现，可以断定，随着 t 的无限增大，扰动的影响是愈来愈弱的，即当 $t \to \infty$ 时，$u(x,y,t) \to 0$.

因此，在二维情形，局部范围中的初始扰动具有长期连续的后效特性. 波的传播有清晰的前阵面，但没有后阵面. 惠更斯原理在此不成立. 我们称这种现象为**波的弥散**，或说这种波**有后效现象**.

对于二维问题，我们可以把它看作是所给定的初始扰动在一个无限长的柱体内发生，而不依赖于第三个坐标 z 的定解问题. 由此，就容易想象出产生后效的原因和过程.

平面上的点相当于空间中的一条平行于 z 轴的无限长直线，在过点 $M(x,y)$ 且平行于 z 轴的无限长直线上的初始扰动在时刻 t 的影响，传到以该直线为轴、以 at 为半径的圆柱面上，因此解 (2.4.26) 也称为**柱面波**.

对三维的非齐次波动方程的零初值问题，也可以运用杜哈美原理先把方程齐次化，即如果 $w(x,y,z,t,\tau)$ 是下述齐次方程定解问题：

$$\begin{cases} \dfrac{\partial^2 w}{\partial t^2} = a^2 \left(\dfrac{\partial^2 w}{\partial x^2} + \dfrac{\partial^2 w}{\partial y^2} + \dfrac{\partial^2 w}{\partial z^2} \right) & (-\infty < x,y,z < +\infty, t > \tau) \\ w(x,y,z,\tau) = 0 & (-\infty < x,y,z < +\infty) \\ w_t(x,y,z,\tau) = f(x,y,z,\tau) & (-\infty < x,y,z < +\infty) \end{cases} \tag{2.4.27}$$

的解,则

$$u(x,y,z,t) = \int_0^t w(x,y,z,t,\tau) \mathrm{d}\tau \tag{2.4.28}$$

就是定解问题

$$\begin{cases} \dfrac{\partial^2 u}{\partial t^2} = a^2 \left(\dfrac{\partial^2 u}{\partial x^2} + \dfrac{\partial^2 u}{\partial y^2} + \dfrac{\partial^2 u}{\partial z^2} \right) + f(x,y,z,t) & (-\infty < x,y,z < +\infty, t > 0) \\ u(x,y,z,0) = 0 & (-\infty < x,y,z < +\infty) \\ u_t(x,y,z,0) = 0 & (-\infty < x,y,z < +\infty) \end{cases}$$

$$\tag{2.4.29}$$

的解. 再由三维波动方程的泊松公式知定解问题(2.4.27)的解为

$$w(x,y,z,t,\tau) = \frac{1}{4\pi a} \iint\limits_{S_r^M} \left[\frac{f(\xi,\eta,\zeta,\tau)}{r} \right]_{r=a(t-\tau)} \mathrm{d}S \tag{2.4.30}$$

其中 S_r^M 是以点 $M(x,y,z)$ 为球心、以 $r = a(t-\tau)$ 为半径的球面. 所以,定解问题(2.4.29)的解为

$$\begin{aligned} u(x,y,z,t) &= \frac{1}{4\pi a} \int_0^t \iint\limits_{S_r^M} \left[\frac{f(\xi,\eta,\zeta,\tau)}{r} \right]_{r=a(t-\tau)} \mathrm{d}S \mathrm{d}t \\ &= \frac{1}{4\pi a^2} \int_0^{at} \iint\limits_{S_r^M} \frac{f\left(\xi,\eta,\zeta,t-\dfrac{\tau}{a} \right)}{r} \mathrm{d}S \mathrm{d}t \\ &= \frac{1}{4\pi a^2} \iiint\limits_{V_{at}^M} \frac{f\left(\xi,\eta,\zeta,t-\dfrac{\tau}{a} \right)}{r} \mathrm{d}V \end{aligned} \tag{2.4.31}$$

其中 $\mathrm{d}V$ 表示体积元素,积分是在以点 $M(x,y,z)$ 为球心、以 at 为半径的球体 V_{at}^M 中进行的.从式(2.4.31)可以看出,在时刻 t,位于点 $M(x,y,z)$ 处 u 的函数值,由函数 f 在 $\tau = t - \dfrac{r}{a}$ 时在此球体中的值所决定,这样的积分称为**推迟势**.

习题 2

1.求下列各方程的通解:

(1) $\dfrac{\partial^2 u}{\partial x^2} - \dfrac{\partial^2 u}{\partial x \partial y} = 0$;

(2) $\dfrac{\partial^2 u}{\partial x^2} - 2 \dfrac{\partial^2 u}{\partial x \partial y} - 3 \dfrac{\partial^2 u}{\partial y^2} = \cos y$.

2. 求方程

$$x\frac{\partial^2 u}{\partial x \partial y} + \frac{\partial u}{\partial y} = 0$$

满足条件 $u(x,0) = x^5 + x - \dfrac{68}{x}, u(2,y) = 3y^4$ 的解.

3. 求方程

$$\frac{\partial^2 u}{\partial x^2} + 2\cos x \frac{\partial^2 u}{\partial x \partial y} - \sin^2 x \frac{\partial^2 u}{\partial y^2} - \sin x \frac{\partial u}{\partial y} = 0$$

满足条件 $u\big|_{y=a/nx} = \Phi_0(x), \dfrac{\partial u}{\partial y}\Big|_{y=a/nx} = \Phi_1(x)$ 的解.

4. 求解方程

$$\frac{\partial}{\partial x}\Big[\Big(1 - \frac{x}{h}\Big)^2 \frac{\partial u}{\partial x}\Big] = \frac{1}{a^2}\Big(1 - \frac{x}{h}\Big)^2 \frac{\partial^2 u}{\partial t^2}$$

的柯西问题,初始条件为

$$u\big|_{t=0} = \Phi(x), \quad u_t\big|_{t=0} = \Psi(x)$$

5. 求解下述定解问题[古尔沙(Goursat) 问题]:

$$\begin{cases} u_{tt} = u_{xx} & (-t < x < t, t > 0) \\ u\big|_{t=-x} = \Phi(x) & (x \leqslant 0) \\ u\big|_{t=x} = \Psi(x) & (x \geqslant 0) \end{cases}$$

假设 $\Phi(0) = \Psi(0)$.

6. 证明:如果 $w(x,t,\tau)$ 是下述定解问题:

$$\begin{cases} \dfrac{\partial^2 w}{\partial t^2} = a^2 \dfrac{\partial^2 w}{\partial x^2} & (-\infty < x < +\infty, t > \tau) \\ w\big|_{t=\tau} = 0 & (-\infty < x < +\infty) \\ \dfrac{\partial w}{\partial t}\big|_{t=\tau} = f(x,\tau) & (-\infty < x < +\infty) \end{cases}$$

的解,则

$$u(x,t) = \int_0^t w(x,t,\tau) \mathrm{d}\tau$$

就是定解问题

$$\begin{cases} \dfrac{\partial^2 u}{\partial t^2} = a^2 \dfrac{\partial^2 u}{\partial x^2} + f(x,t) & (-\infty < x < +\infty, t > 0) \\ u\big|_{t=0} = 0 & (-\infty < x < +\infty) \\ \dfrac{\partial u}{\partial t}\big|_{t=0} = 0 & (-\infty < x < +\infty) \end{cases}$$

的解.

7. 求解下述定解问题:

$$\begin{cases} \dfrac{\partial^2 u}{\partial t^2} = \dfrac{\partial^2 u}{\partial x^2} + t\sin x & (-\infty < x < +\infty, t > 0) \\ u\big|_{t=0} = 0 & (-\infty < x < +\infty) \\ \dfrac{\partial u}{\partial t}\big|_{t=0} = \sin x & (-\infty < x < +\infty) \end{cases}$$

8. 求解波动方程的初值问题：

$$\begin{cases} \dfrac{\partial^2 u}{\partial t^2} = a^2 \dfrac{\partial^2 u}{\partial x^2} + \dfrac{xt}{(1+x^2)^2} & (-\infty < x < +\infty, t > 0) \\[3mm] u\big|_{t=0} = 0 & (-\infty < x < +\infty) \\[3mm] \dfrac{\partial u}{\partial t}\bigg|_{t=0} = \dfrac{1}{1+x^2} & (-\infty < x < +\infty) \end{cases}$$

9. 利用泊松公式求解下列定解问题：

$$\begin{cases} u_{tt} = a^2 (u_{xx} + u_{yy} + u_{zz}) & (-\infty < x, y, z < +\infty, t > 0) \\[2mm] u\big|_{t=0} = x^3 + y^2 z & (-\infty < x, y, z < +\infty) \\[2mm] u_t\big|_{t=0} = 0 & (-\infty < x, y, z < +\infty) \end{cases}$$

第3章　分离变量法

分离变量法又称傅立叶方法或驻波法，是解数学物理方程定解问题的最常用和最基本的方法之一．它能够求解相当多的定解问题，特别是对一些常见区域（如矩形域、圆域、扇形域等）上的混合问题和边值问题，都可以用分离变量法求解．本章以一维波动方程、一维热传导方程和二维位势方程的某些定解问题为例来说明分离变量法的基本思想与解题步骤．

在计算多元函数的微分和积分时，我们总是把它们转化为一元函数的相应问题来解决．与此类似，在求解偏微分方程的定解问题时，我们也总是设法把它转化为求解常微分方程问题，分离变量法是常用的一种转化方法．

3.1　齐次方程齐次边界条件的定解问题

例1　设长度为 l 的弦，两端固定，作微小横振动．已知初始位移为 $\varphi(x)$，初始速度为 $\psi(x)$，试求弦的振动规律．

解　这个物理问题可归结为如下定解问题：

$$\begin{cases} \dfrac{\partial^2 u}{\partial t^2} = a^2 \dfrac{\partial^2 u}{\partial x^2} & (0 < x < l, t > 0) & (3.1.1) \\[2mm] u(0,t) = u(l,t) = 0 & (t \geqslant 0) & (3.1.2) \\[2mm] u(x,0) = \varphi(x), u_t(x,0) = \psi(x) & (0 \leqslant x \leqslant l) & (3.1.3) \end{cases}$$

初始函数 $\varphi(x)$ 和 $\psi(x)$ 满足衔接条件：

$$\varphi(0) = \varphi(l) = 0, \quad \psi(0) = \psi(l) = 0$$

这个定解问题的特点是泛定方程和边界条件都是齐次的，其物理背景是长度为 l 且两端固定的弦的自由振动．由物理学知，弦振动产生的声音可以分解成各种不同频率、不同振幅的单音的叠加，因而可设想弦的振动也可以分解成各种不同频率正弦波的叠加，这些正弦波可表示为

$$u_n(x,t) = C_n(t) \sin \lambda_n x, \quad n = 1, 2, \cdots$$

从数学角度看，这些都是变量 x 和 t 分离形式的函数，因而启发我们先求变量分离形式的函数 $u_n(x,t) = X_n(x) T_n(t) (n = 1, 2, \cdots)$，然后把它们叠加起来，即令 $u(x,t) = \sum\limits_{n=1}^{\infty} u_n(x,t)$，再选取适当的系数以满足原定解问题．

现在我们用分离变量法解定解问题(3.1.1) ～ (3.1.3)．

第一步 变量分离

令

$$u(x,t) = X(x)T(t) \tag{3.1.4}$$

代入式(3.1.1)得

$$X(x)T''(t) = a^2 X''(x)T(t)$$

即

$$\frac{T''(t)}{a^2 T(t)} = \frac{X''(x)}{X(x)}$$

此式左边只与 t 有关,而右边只与 x 有关,由于变量 x 和 t 是互相独立的,要使上式成立,左右两边应与 x,t 皆无关,即为待定常数(也称为分离常数),记为 $-\lambda$,即有

$$\frac{T''(t)}{a^2 T(t)} = \frac{X''(x)}{X(x)} = -\lambda$$

这样就得到两个带参数 λ 的常微分方程

$$T''(t) + \lambda a^2 T(t) = 0 \tag{3.1.5}$$
$$X''(x) + \lambda X(x) = 0 \tag{3.1.6}$$

将式(3.1.4)代入式(3.1.2)得

$$u(0,t) = X(0)T(t) = 0$$
$$u(l,t) = X(l)T(t) = 0$$

因为 $T(t) \neq 0$,否则 $u(x,t) \equiv 0$,所以应有

$$X(0) = X(l) = 0 \tag{3.1.7}$$

第二步 解固有值问题,求出固有值与固有函数.

要从常微分方程的边值问题

$$\begin{cases} X''(x) + \lambda X(x) = 0 \\ X(0) = X(l) = 0 \end{cases} \quad (0 < x < l)$$

中求出非零解 $X(x)$,参数 λ 就不能是任意的,而只能取某些适当值,这种含有待定参数的常微分方程的边值问题称为**固有值问题(特征值问题)**,使固有值问题有非零解的 λ 的值称为**固有值(特征值)**,固有值所对应的非零解称为**固有函数(特征函数)**.

下面对 λ 的三种可能取值范围分别讨论.

(1)设 $\lambda < 0$,此时方程(3.1.6)的通解为

$$X(x) = Ae^{\sqrt{-\lambda}x} + Be^{-\sqrt{-\lambda}x}$$

由条件(3.1.7),得

$$\begin{cases} A + B = 0 \\ Ae^{\sqrt{-\lambda}l} + Be^{-\sqrt{-\lambda}l} = 0 \end{cases}$$

由于上述代数方程组的系数行列式

$$\begin{vmatrix} 1 & 1 \\ e^{\sqrt{-\lambda}l} & e^{-\sqrt{-\lambda}l} \end{vmatrix} \neq 0$$

故方程组只有零解,即 $A = B = 0$,从而 $X(x) \equiv 0$.所以当 $\lambda < 0$ 时,不可能有固有值和固有函数.

(2) 设 $\lambda = 0$，此时方程(3.1.6)的通解为

$$X(x) = Ax + B$$

由条件(3.1.7)，得

$$\begin{cases} X(0) = B = 0 \\ X(l) = Al + B = 0 \end{cases}$$

于是得 $A = B = 0$，故 $\lambda = 0$ 也不是固有值.

(3) 设 $\lambda > 0$，此时方程(3.1.6)的通解为

$$X(x) = A\cos\sqrt{\lambda}x + B\sin\sqrt{\lambda}x$$

由条件(3.1.7)，得

$$\begin{cases} X(0) = A = 0 \\ X(l) = A\cos\sqrt{\lambda}l + B\sin\sqrt{\lambda}l = 0 \end{cases}$$

即得

$$\begin{cases} A = 0 \\ B\sin\sqrt{\lambda}l = 0 \end{cases}$$

由于 B 不能为零，否则 $X(x) \equiv 0$，所以 $\sin\sqrt{\lambda}l = 0$. 于是

$$\sqrt{\lambda} = \frac{n\pi}{l} \quad (n = 1, 2, \cdots)$$

即边值问题(3.1.6)，(3.1.7)的固有值为

$$\lambda = \lambda_n = \frac{n^2\pi^2}{l^2} \quad (n = 1, 2, \cdots) \tag{3.1.8}$$

相应的固有函数为

$$X_n(x) = B_n\sin\frac{n\pi}{l}x \quad (n = 1, 2, \cdots) \tag{3.1.9}$$

其中 B_n 是任意常数.

第三步　根据已确定出的固有值，解 $T(t)$ 满足的常微分方程.

把式(3.1.8)代入方程(3.1.5)，得

$$T''(t) + \frac{a^2n^2\pi^2}{l^2}T(t) = 0 \quad (n = 1, 2, \cdots)$$

它的通解是

$$T_n(t) = C_n\cos\frac{an\pi}{l}t + D_n\sin\frac{an\pi}{l}t \quad (n = 1, 2, \cdots) \tag{3.1.10}$$

由式(3.1.9)、(3.1.10)得到满足方程(3.1.1)及边界条件(3.1.2)的一组变量分离形式的特解

$$u_n(x,t) = \left(C_n\cos\frac{an\pi}{l}t + D_n\sin\frac{an\pi}{l}t\right)\sin\frac{n\pi}{l}x \tag{3.1.11}$$

第四步　将所得的所有特解叠加.

由于方程(3.1.1)和边界条件(3.1.2)都是线性的和齐次的，根据叠加原理知，式(3.1.11)中所有特解叠加而成级数

$$u(x,t) = \sum_{n=1}^{\infty} u_n(x,t)$$

$$= \sum_{n=1}^{\infty} \left(C_n \cos \frac{an\pi}{l} t + D_n \sin \frac{an\pi}{l} t \right) \sin \frac{n\pi}{l} x \tag{3.1.12}$$

如果此级数一致收敛,并且对 x 和 t 都能逐项微分两次,则 $u(x,t)$ 是满足方程(3.1.1)和边界条件(3.1.2)的一般解.

第五步　确定级数解中的系数.

为使式(3.1.12)确定的函数 $u(x,t)$ 满足初始条件(3.1.3),即

$$\begin{cases} u(x,0) = \sum_{n=1}^{\infty} C_n \sin \frac{n\pi}{l} x = \varphi(x) \\ u_t(x,0) = \sum_{n=1}^{\infty} D_n \frac{an\pi}{l} \sin \frac{n\pi}{l} x = \psi(x) \end{cases}$$

由傅立叶级数的理论可知,若 $\varphi(x), \psi(x)$ 在 $[0,l]$ 上满足狄里克莱条件,则 $\varphi(x), \psi(x)$ 可按函数系 $\left\{ \sin \frac{n\pi}{l} x \right\}$ 展开为傅立叶级数.由固有函数系 $\left\{ \sin \frac{n\pi}{l} x \right\}$ 的正交性,有

$$\begin{cases} C_n = \frac{2}{l} \int_0^l \varphi(x) \sin \frac{n\pi x}{l} \mathrm{d}x \\ D_n = \frac{2}{an\pi} \int_0^l \psi(x) \sin \frac{n\pi x}{l} \mathrm{d}x \end{cases} \quad (n = 1,2,\cdots)$$

这样,把 C_n、D_n 代入式(3.1.12),就得到原定解问题(3.1.1)~(3.1.3)的一个确定的级数解.

第六步　解的存在性.

由式(3.1.12)确定的级数,我们称为定解问题(3.1.1)~(3.1.3)的**形式解**.因为要使它确是原定解问题的解,还需要这个级数一致收敛,并能对 x 和 t 逐项微分两次.为此就需要 $\varphi(x), \psi(x)$ 具有较高阶的连续导数.可以证明如下的定理.

定理 1(存在性定理)　若 $\varphi(x) \in C^{(3)}[0,l]$,$\psi(x) \in C^{(2)}[0,l]$,且 $\varphi(0) = \varphi(l) = \psi(0) = \psi(l) = \varphi''(0) = \varphi''(l) = 0$,则混合问题(3.1.1)~式(3.1.3)的解存在,并且这个解可用式(3.1.12)确定的级数表示.

但是,实际问题所提出的初始函数 $\varphi(x)$ 和 $\psi(x)$ 不一定能满足存在定理中所要求的光滑性条件,这时,我们所求的级数就可能不一致收敛,也不再具有对 x 和 t 可逐项微分两次的性质,它就不满足通常意义下的解(**古典解**)的定义.我们可以把解的概念加以扩充,使得在更广泛的初始条件下,解的**适定性**仍能得到保证,这样引入的解称为定解问题的**广义解**.

本课程以后将不再讨论各种定解问题古典解所要满足的条件,把求得的形式解就作为定解问题的解.当然,对由具体物理问题导出的定解问题,它的解是否符合实际,我们还可通过实践来检验.

第七步　解的物理解释.

级数解(3.1.12)为

$$u(x,t) = \sum_{n=1}^{\infty} u_n(x,t)$$

$$= \sum_{n=1}^{\infty} \left(C_n \cos \frac{an\pi}{l}t + D_n \sin \frac{an\pi}{l}t \right) \sin \frac{n\pi}{l}x$$

若令

$$\omega_n = \frac{an\pi}{l}, \quad N_n = \sqrt{C_n^2 + D_n^2}, \quad \alpha_n = \arctan \frac{C_n}{D_n}$$

则

$$u_n(x,t) = N_n \sin(\omega_n t + \alpha_n) \sin \frac{n\pi}{l}x$$

由此可以看出,在整个振动过程中,对任意时刻 t_0,弦在横坐标

$$x = 0, \frac{l}{n}, \frac{2l}{n}, \cdots, \frac{n-1}{n}l, l$$

等处 $u_n \equiv 0$,这些在振动过程中不动的点称为**节点**. 而在

$$x = \frac{l}{2n}, \frac{3l}{2n}, \cdots, \frac{2n-1}{2n}l$$

等处 $u_n = \pm N_n \sin(\omega_n t_0 + \alpha_n)$. 这些有最大振幅的点称为**腹点**. 由 $u_n(x,t)$ 所描述的这种波在物理学中称为**驻波**. 所以分离变量法也称为**驻波法**. 图 3-1 画出了在某时刻 t_0 的驻波 u_1、u_2 和 u_3 的图形.

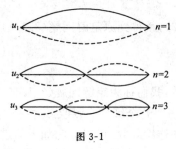

图 3-1

在弦上任意一点 $x = x_0$ 处,有

$$u_n(x_0,t) = N_n \sin \frac{n\pi}{l}x_0 \sin(\omega_n t + \alpha_n)$$

这表明弦在任一点 x_0 处都作**简谐运动**,其振幅为 $N_n \sin \frac{n\pi}{l}x_0$,位相为 α_n,固有频率为 ω_n.

$n=1$ 时,$u_1(x,t)$ 的频率最低,$\omega_1 = \frac{a\pi}{l} = \frac{\pi}{l}\sqrt{\frac{T}{\rho}}$,它所产生的声音称为**基音**. 其他驻波的

固有频率都是它的整数倍,$\omega_n = \frac{an\pi}{l} = \frac{n\pi}{l}\sqrt{\frac{T}{\rho}}$ $(n \geqslant 2)$,它们所对应的声音称为**泛音**. 因此级数形式的解(3.1.12)在物理上可解释为:由弦振动而产生的声音是各种不同频率的单音(基音和泛音)的叠加. 这与实验事实相符.

这样我们就完整地求解了一个实际的数学物理问题.

用分离变量法解齐次线性方程和齐次边界条件的定解问题,其中的方程不限于波动方程,也可以是位势方程和热传导方程,甚至可以是某些高阶的齐次线性方程;所述的齐

次边界条件也不限于第一类边界条件,也可以是第二类、第三类边界条件或其他一些齐次线性边界条件.

例 2 求稳恒状态下,由直线 $x=0,x=a,y=0,y=b$ 所围的矩形板内各点的温度. 矩形板上下两面绝热,假设在 $x=0,y=0$ 及 $y=b$ 三边上温度保持为零度,$x=a$ 边上各点温度为 $f(y)$,其中 $f(0)=f(b)=0$.

解 设矩形板上坐标为 (x,y) 的点处温度为 $u(x,y)$,则上述问题化为求下述定解问题:

$$\begin{cases} \dfrac{\partial^2 u}{\partial x^2}+\dfrac{\partial^2 u}{\partial y^2}=0 & (0<x<a,0<y<b) \\ u\big|_{x=0}=0,\, u\big|_{x=a}=f(y) & (0\leqslant y\leqslant b) \\ u\big|_{y=0}=0,\, u\big|_{y=b}=0 & (0\leqslant x\leqslant a) \end{cases}$$

令

$$u(x,y)=X(x)Y(y)$$

代入方程得

$$X''(x)Y(y)+X(x)Y''(y)=0$$

即

$$\frac{X''(x)}{-X(x)}=\frac{Y''(y)}{Y(y)}=-\lambda$$

得

$$X''(x)-\lambda X(x)=0$$
$$Y''(y)+\lambda Y(y)=0$$

由边界条件,得

$$X(x)Y(0)=0,\quad X(x)Y(b)=0$$

因为 $X(x)\neq 0$,否则 $u(x,y)\equiv 0$,所以有

$$Y(0)=0,\quad Y(b)=0$$

求解固有值问题得固有值

$$\lambda_n=\left(\frac{n\pi}{b}\right)^2\quad (n=1,2,\cdots)$$

相应的固有函数为

$$Y_n(y)=\sin\frac{n\pi}{b}y\quad (n=1,2,\cdots)$$

把 λ_n 代入另一方程,得

$$X_n''(x)-\left(\frac{n\pi}{b}\right)^2 X_n(x)=0$$

它的通解是

$$X_n(x)=C_n\operatorname{ch}\frac{n\pi}{b}x+D_n\operatorname{sh}\frac{n\pi}{b}x\quad (n=1,2,\cdots)$$

现在我们得到满足方程及齐次边界条件的一组特解

$$u_n(x,y)=X_n(x)Y_n(y)$$

$$= (C_n \operatorname{ch} \frac{n\pi}{b}x + D_n \operatorname{sh} \frac{n\pi}{b}x)\sin\frac{n\pi}{b}y \quad (n=1,2,\cdots)$$

其中 C_n 和 D_n 是任意常数.

根据叠加原理知,所有特解叠加而成的级数

$$u(x,y) = \sum_{n=1}^{\infty}\left(C_n \operatorname{ch}\frac{n\pi}{b}x + D_n\operatorname{sh}\frac{n\pi}{b}x\right)\sin\frac{n\pi}{b}y \qquad (3.1.13)$$

仍满足原方程和边界条件. 为使 $u(x,y)$ 也满足另一边界条件,须有

$$u\big|_{x=0} = \sum_{n=1}^{\infty}C_n\sin\frac{n\pi}{b}y = 0$$

$$u\big|_{x=a} = \sum_{n=1}^{\infty}\left(C_n\operatorname{ch}\frac{n\pi}{b}a + D_n\operatorname{sh}\frac{n\pi}{b}a\right)\sin\frac{n\pi}{b}y = f(y)$$

得

$$C_n = 0$$

$$D_n = \frac{\dfrac{2}{b}\displaystyle\int_0^b f(y)\sin\frac{n\pi}{b}y\,\mathrm{d}y}{\operatorname{sh}\dfrac{n\pi}{b}a}$$

把系数 C_n, D_n 代入式(3.1.13)即得原定解问题的解为

$$u(x,y) = \sum_{n=1}^{\infty}\frac{f_n\cdot\operatorname{sh}\dfrac{n\pi}{b}x}{\operatorname{sh}\dfrac{n\pi}{b}a}\cdot\sin\frac{n\pi}{b}y$$

其中

$$f_n = \frac{2}{b}\int_0^b f(y)\sin\frac{n\pi}{b}y\,\mathrm{d}y$$

例 3 设有一均匀细杆长为 l,侧面是绝热的,在端点 $x=0$ 处温度是零度,而在另一端 $x=l$ 处,杆的热量自由散发到周围温度是零度的介质中.已知初始温度分布为 $\varphi(x)$,求杆上温度变化的规律.

解 设 $u(x,t)$ 表示杆在 x 处时刻 t 时的温度,则上述问题就是求下列定解问题:

$$\begin{cases} \dfrac{\partial u}{\partial t} = a^2\dfrac{\partial^2 u}{\partial x^2} & (0 < x < l, t > 0) \\[2mm] u\big|_{x=0} = 0, \left(\dfrac{\partial u}{\partial x} + hu\right)\Big|_{x=l} = 0 & (t \geqslant 0, h > 0) \\[2mm] u\big|_{t=0} = \varphi(x) & (0 \leqslant x \leqslant l) \end{cases}$$

其中 $,a,h$ 为常数.

令

$$u(x,t) = X(x)T(t)$$

代入方程,并引进分离常数,得

$$\frac{T'(t)}{a^2 T(t)} = \frac{X''(x)}{X(x)} = -\lambda$$

从而得到两个带参数 λ 的常微分方程

$$T'(t) + a^2\lambda T(t) = 0, \quad X''(x) + \lambda X(x) = 0 \tag{3.1.14}$$

由边界条件得

$$X(0) = 0, \quad X'(l) + hX(l) = 0 \tag{3.1.15}$$

求解固有值问题(3.1.14)、(3.1.15),对 λ 分三种情况讨论.

(1) 设 $\lambda < 0$,此时方程(3.1.14) 的通解为

$$X(x) = A\mathrm{e}^{\sqrt{-\lambda}x} + B\mathrm{e}^{-\sqrt{-\lambda}x}$$

$$X'(x) = \sqrt{-\lambda}A\mathrm{e}^{\sqrt{-\lambda}x} - \sqrt{-\lambda}B\mathrm{e}^{-\sqrt{-\lambda}x}$$

由条件(3.1.15) 得

$$X(0) = A + B = 0$$

$$X'(l) + hX(l) = A(\sqrt{-\lambda} + h)\mathrm{e}^{\sqrt{-\lambda}l} - B(\sqrt{-\lambda} - h)\mathrm{e}^{-\sqrt{-\lambda}l} = 0$$

由此得 $A = -B$,及

$$A[(\sqrt{-\lambda} + h)\mathrm{e}^{\sqrt{-\lambda}l} + (\sqrt{-\lambda} - h)\mathrm{e}^{-\sqrt{-\lambda}l}] = 0$$

若要 $A \neq 0$(否则 $A = B = 0, X(x) \equiv 0$),需

$$(\sqrt{-\lambda} + h)\mathrm{e}^{\sqrt{-\lambda}l} + (\sqrt{-\lambda} - h)\mathrm{e}^{-\sqrt{-\lambda}l} = 0$$

即

$$\sqrt{-\lambda}\,\mathrm{ch}\,\sqrt{-\lambda}l + h\mathrm{sh}\,\sqrt{-\lambda}l = 0$$

记 $\sqrt{-\lambda}l = \mu$,则有 $\dfrac{\mu}{hl} + \mathrm{th}\mu = 0$.

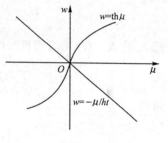

图 3-2

由图 3-2 可知,当 $h > 0$ 时,上述方程仅有零解 $\mu = 0$,从而 $\lambda = 0$.故当 $\lambda < 0$ 时无固有值和固有函数.

(2) 设 $\lambda = 0$,此时方程(3.1.14) 的通解为

$$X(x) = Ax + B$$

$$X'(x) = A$$

由条件(3.1.15) 有

$$X(0) = B = 0$$

$$X'(l) + hX(l) = A(1 + hl) + hB = 0$$

得 $A = 0$.于是 $X(x) \equiv 0$,故 $\lambda = 0$ 也不是固有值.

(3) 设 $\lambda > 0$,此时方程(3.1.14) 的通解为

$$X(x) = A\cos\sqrt{\lambda}x + B\sin\sqrt{\lambda}x$$

$$X'(x) = -\sqrt{\lambda}A\sin\sqrt{\lambda}x + \sqrt{\lambda}B\cos\sqrt{\lambda}x$$

由条件(3.1.15) 得

$$X(0) = A = 0$$

$$X'(l) + hX(l) = B(\sqrt{\lambda}\cos\sqrt{\lambda}l + h\sin\sqrt{\lambda}l) = 0$$

由于 B 不能为零,否则 $X(x) \equiv 0$.所以

$$\sqrt{\lambda}\cos\sqrt{\lambda}l + h\sin\sqrt{\lambda}l = 0$$

记 $\sqrt{\lambda}l = v$,则有

$$\frac{v}{hl} + \tan v = 0$$

利用图解法，我们从图 3-3 可看出，此超越方程有无穷多个根，且这些根是关于原点对称的．设其无穷多个正根为

$$\gamma_1, \gamma_2, \cdots, \gamma_3, \cdots$$

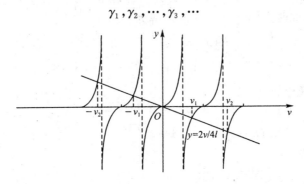

图 3-3

所以，问题 (3.1.14)、(3.1.15) 存在无穷多个固有值

$$\lambda = \lambda_n = \left(\frac{\gamma_n}{l}\right)^2 \quad (n = 1, 2, \cdots) \tag{3.1.16}$$

相应的固有函数为

$$X_n(x) = B_n \sin \frac{\gamma_n}{l} x \quad (n = 1, 2, \cdots) \tag{3.1.17}$$

把 λ_n 代入 $T(t)$ 的方程得

$$T'(t) + \left(\frac{a\gamma_n}{l}\right)^2 T(t) = 0 \quad (n = 1, 2, \cdots)$$

解得

$$T_n(t) = C_n e^{-\left(\frac{a\gamma_n}{l}\right)^2 t} \quad (n = 1, 2, \cdots) \tag{3.1.18}$$

由式 (3.1.17)、(3.1.18) 得到满足原方程及齐次边界条件的一组特解

$$u_n(x, t) = X_n(x) T_n(t) = C_n e^{-\left(\frac{a\gamma_n}{l}\right)^2 t} \sin \frac{\gamma_n}{l} x \quad (n = 1, 2, \cdots) \tag{3.1.19}$$

其中，C_n 是任意常数．

根据叠加原理知，所有特解叠加而成的级数

$$u(x, t) = \sum_{n=1}^{\infty} u_n(x, t) = \sum_{n=1}^{\infty} C_n e^{-\left(\frac{a\gamma_n}{l}\right)^2 t} \sin \frac{\gamma_n}{l} x \tag{3.1.20}$$

为使函数 $u(x, t)$ 也满足初始条件，必须有

$$u(x, 0) = \sum_{n=1}^{\infty} C_n \sin \frac{\gamma_n}{l} x = \varphi(x)$$

如果初始函数 $\varphi(x)$ 在 $[0, l]$ 上满足狄里克莱条件，则可把函数 $\varphi(x)$ 按固有函数系 $\left\{\sin \frac{\gamma_n}{l} x\right\}$ 展开成收敛的级数，其系数为

$$C_k = \frac{1}{L_k} \int_0^l \varphi(x) \sin \frac{\gamma_k}{l} x \, \mathrm{d}x$$

其中

$$\int_0^l \sin\frac{\gamma_n}{l}x\sin\frac{\gamma_m}{l}x\,\mathrm{d}x = \begin{cases} 0, & m\neq n \\ L_n, & m=n \end{cases}$$

$$L_n = \frac{l}{2}\left(1-\frac{1}{2\gamma_n}\sin 2\gamma_n\right)$$

而 γ_n 是方程 $\tan\gamma+\dfrac{\gamma}{hl}=0$ 的无穷多个正根.

这样就得到原定解问题的解

$$u(x,t)=\sum_{n=1}^\infty \frac{1}{L_n}\left[\int_0^l \varphi(\xi)\sin\frac{\gamma_k}{l}\xi\,\mathrm{d}\xi\right]\mathrm{e}^{-\left(\frac{a\gamma_n}{l}\right)^2 t}\sin\frac{\gamma_n}{l}x$$

3.2　非齐次方程齐次边界条件的定解问题

本节讨论非齐次方程齐次边界条件的定解问题. 我们以有界弦的强迫振动为例阐述解题的主要步骤,所给出的方法也适用于非齐次的热传导问题和泊松方程.

两端固定的弦在受外力作用下强迫振动,其定解问题的一般形式为

$$\begin{cases} \dfrac{\partial^2 u}{\partial t^2}=a^2\dfrac{\partial^2 u}{\partial x^2}+f(x,t) & (0<x<l,t>0) & (3.2.1) \\ u|_{x=0}=0,u|_{x=l}=0 & (t\geqslant 0) & (3.2.2) \\ u|_{t=0}=\varphi(x),\dfrac{\partial u}{\partial t}\Big|_{t=0}=\psi(x) & (0\leqslant x\leqslant l) & (3.2.3) \end{cases}$$

容易验证,若 $u_1(x,t)$ 和 $u_2(x,t)$ 分别是定解问题

$$(\mathrm{I})\begin{cases} \dfrac{\partial^2 u_1}{\partial t^2}=a^2\dfrac{\partial^2 u_1}{\partial x^2}+f(x,t) & (0<x<l,t>0) \\ u_1|_{x=0}=0,u_1|_{x=l}=0 & (t\geqslant 0) \\ u_1|_{t=0}=0,\dfrac{\partial u_1}{\partial t}\Big|_{t=0}=0 & (0\leqslant x\leqslant l) \end{cases}$$

和

$$(\mathrm{II})\begin{cases} \dfrac{\partial^2 u_2}{\partial t^2}=a^2\dfrac{\partial^2 u_2}{\partial x^2} & (0<x<l,t>0) \\ u_2|_{x=0}=0,u_2|_{x=l}=0 & (t\geqslant 0) \\ u_2|_{t=0}=\varphi(x),\dfrac{\partial u_2}{\partial t}\Big|_{t=0}=\psi(x) & (0\leqslant x\leqslant l) \end{cases}$$

的解,由叠加原理得

$$u(x,t)=u_1(x,t)+u_2(x,t)$$

就是问题(3.2.1)～(3.2.3)的解. 其实定解问题(Ⅰ)是由齐次边界条件与零初值条件引起的强迫振动问题,定解问题(Ⅱ)是齐次边界条件与初值扰动引起的自由振动问题,定解问题(3.2.1)～(3.2.3)则是两者的叠加. 定解问题(Ⅱ)我们已在 3.1 节中研究过,所以我们只需讨论问题(Ⅱ)即可.

例 1　求如下定解问题的解

$$\begin{cases} \dfrac{\partial^2 u_1}{\partial t^2} = a^2 \dfrac{\partial^2 u_1}{\partial x^2} + f(x,t) \quad (0 < x < l, t > 0) & (3.2.4) \\[3mm] u_1 \big|_{x=0} = 0, u_1 \big|_{x=l} = 0 \quad (t \geqslant 0) & (3.2.5) \\[3mm] u_1 \big|_{t=0} = 0, \dfrac{\partial u_1}{\partial t} \big|_{t=0} = 0 \quad (0 \leqslant x \leqslant l) & (3.2.6) \end{cases}$$

解　由于方程(3.2.4)的非齐次性,如果我们直接把 $u_1(x,t)$ 设成 $u(x,t)$,并令 $u(x,t) = X(x)T(t)$,代入方程不可能把变量分开.但是,对于相应的齐次方程在相同的边界条件下,由上一节知其解可表示为一元函数乘积的和,其中每一项有因子 $\sin\dfrac{n\pi}{l}x$,这个因子保证了边界条件得到满足.因此,可以设想,如果定解问题(Ⅰ)的解也能表示成一元函数乘积的和,其中每一项也有因子 $\sin\dfrac{n\pi}{l}x$,但由于方程的初始条件与以前不同,所以每项乘积中含 t 的因子 $T(t)$ 尚待确定,即令

$$u(x,t) = \sum_{n=1}^{\infty} T_n(t) \sin\frac{n\pi}{l}x$$

再根据 $u(x,t)$ 还应满足方程和初始条件来确定 $T_n(t)$.

现在把具体解题步骤叙述如下.

第一步　求相应的齐次方程边值问题的固有函数系.

方程(3.2.4)相应的齐次方程为

$$\frac{\partial^2 u}{\partial t^2} = a^2 \frac{\partial^2 u}{\partial x^2} \tag{3.2.7}$$

由 3.1 节知,求问题(3.2.7)、(3.2.5)的固有函数系,即解边值问题

$$X''(x) + \lambda X(x) = 0$$
$$X(0) = X(l) = 0$$

其固有值为

$$\lambda_n = \left(\frac{n\pi}{l}\right)^2 \quad (n = 1,2,\cdots)$$

相应的固有函数为

$$X_n(x) = \sin\frac{n\pi}{l}x \quad (n = 1,2,\cdots)$$

第二步　假设解 $u(x,t)$ 可按固有函数系 $\{X_n(x)\}$ 展开为级数 $u(x,t) = \sum_{n=1}^{\infty} X_n(x)T_n(t)$,需要确定 $T_n(t)$ 所应满足的方程和条件.令

$$u(x,t) = \sum_{n=1}^{\infty} T_n(t) \sin\frac{n\pi}{l}x \tag{3.2.8}$$

其中 $T_n(t)$ 为待定函数,如果这一级数一致收敛,它一定满足边界条件(3.2.5).为确定 $T_n(t)$,将自由项 $f(x,t)$ 在 $[0,l]$ 上按函数系 $\left\{\sin\dfrac{n\pi}{l}x\right\}$ 展开,即

$$f(x,t) = \sum_{n=1}^{\infty} f_n(t) \sin\frac{n\pi}{l}x \tag{3.2.9}$$

其中

$$f_n(t) = \frac{2}{l} \int_0^l f(x,t) \sin \frac{n\pi}{l} x \, dx$$

把式(3.2.8)和式(3.2.9)代入式(3.2.4),得

$$\sum_{n=1}^{\infty} \left[T_n''(t) + \left(\frac{an\pi}{l} \right)^2 T_n(t) - f_n(t) \right] \sin \frac{n\pi}{l} x = 0$$

由此可得

$$T''(t) + \left(\frac{an\pi}{l} \right)^2 T_n(t) = f_n(t) \quad (n = 1,2,\cdots)$$

再由初始条件得

$$u(x,0) = \sum_{n=1}^{\infty} T_n(0) \sin \frac{n\pi}{l} x = 0$$

$$u_t(x,0) = \sum_{n=1}^{\infty} T_n'(0) \sin \frac{n\pi}{l} x = 0$$

即有

$$T_n(0) = 0, \quad T_n'(0) = 0 \quad (n = 1,2,\cdots)$$

第三步 解 $T_n(t)$ 满足的常微分方程的定解问题

对 $T_n(t)$ 满足的常微分方程的初值问题

$$\begin{cases} T_n''(t) + \left(\frac{an\pi}{l} \right)^2 T_n(t) = f_n(t) \\ T_n(0) = 0, T_n'(0) = 0 \end{cases}$$

利用常数变易法可求出其解为

$$T_n(t) = \frac{1}{an\pi} \int_0^t f_n(\tau) \sin \frac{an\pi}{l} (t-\tau) \, d\tau$$

代入式(3.2.8)就得到定解问题(3.2.4)～(3.2.6)的解

$$u(x,t) = \sum_{n=1}^{\infty} \left[\frac{l}{an\pi} \int_0^t f_n(\tau) \sin \frac{an\pi}{l} (t-\tau) \, d\tau \right] \sin \frac{n\pi}{l} x$$

这里给出的解非齐次方程定解问题的方法,其实质是将方程的解及其自由项都按对应的齐次方程的固有函数系展开,因此这种方法也称为**固有函数法**.

当齐次方程的自由项与 t 无关时,可以令 $u = v + w$,通过适当选取 w,从而使 v 是齐次方程与非齐次边界条件的定解问题的解.

例 2 求解定解问题

$$\begin{cases} \dfrac{\partial^2 u}{\partial t^2} = a^2 \dfrac{\partial^2 u}{\partial x^2} + f(x) & (0 < x < l, t > 0) \\ u \big|_{x=0} = u \big|_{x=l} = 0 & (t \geqslant 0) \\ u \big|_{t=0} = \Phi(x), \dfrac{\partial u}{\partial t} \bigg|_{t=0} = \Psi(x) & (0 \leqslant x \leqslant l) \end{cases}$$

解 令

$$u(x,t) = v(x,t) + \omega(x) \tag{3.2.10}$$

选取 $\omega(x)$,使其满足定解问题

$$\begin{cases} -a^2 \dfrac{\mathrm{d}^2 \omega}{\mathrm{d}x^2} = f(x) & \\ \omega(0) = \omega(l) = 0 & \end{cases} \quad (0 < x < l)$$

上式两端关于自变量 x 积分两次,代入边界条件,得

$$\omega(x) = -\frac{1}{a^2} \int_0^x \int_0^\eta f(\xi) \mathrm{d}\xi \mathrm{d}\eta + \frac{x}{a^2 l} \int_0^l \int_0^\eta f(\xi) \mathrm{d}\xi \mathrm{d}\eta \tag{3.2.11}$$

于是,$\nu(x,t)$ 就是定解问题

$$\begin{cases} \dfrac{\partial^2 \nu}{\partial t^2} = a^2 \dfrac{\partial^2 \nu}{\partial x^2} & (0 < x < l, t > 0) \\[2mm] \nu\big|_{x=0} = \nu\big|_{x=l} = 0 & (t \geqslant 0) \\[2mm] \nu\big|_{t=0} = \Phi(x) - \omega(x), \dfrac{\partial \nu}{\partial t}\bigg|_{t=0} = \Psi(x) & (0 \leqslant x \leqslant l) \end{cases}$$

的解.

利用 3.1 节例 1 的结论,可得

$$\nu(x,t) = \sum_{n=1}^\infty \left(C_n \cos \frac{an\pi}{l}t + D_n \sin \frac{an\pi}{l}t \right) \sin \frac{n\pi}{l}x \tag{3.2.12}$$

其中

$$C_n = \frac{2}{l} \int_0^l [\Phi(x) - \omega(x)] \sin \frac{n\pi}{l}x \, \mathrm{d}x$$

$$D_n = \frac{2}{an\pi} \int_0^l \Psi(x) \sin \frac{n\pi}{l}x \, \mathrm{d}x$$

把式(3.2.11)、式(3.2.12)代入式(3.2.10)就得到定解问题的解.

在工程中常见的振动问题,其外界干扰往往是按周期性变化的.当外界干扰力的频率与系统的某一固有频率非常接近时,振动的振幅会显著地增长,这种现象在物理学上称为**共振现象**.

例如,定解问题

$$\begin{cases} \dfrac{\partial^2 u}{\partial t^2} = a^2 \dfrac{\partial^2 u}{\partial x^2} + \sin \omega t & (0 < x < l, t > 0) \\[2mm] u\big|_{x=0} = u\big|_{x=l} = 0 & (t \geqslant 0) \\[2mm] u\big|_{t=0} = \dfrac{\partial u}{\partial t}\bigg|_{t=0} = 0 & (0 \leqslant x \leqslant l) \end{cases}$$

的解为

$$u(x,t) = \sum_{k=1}^\infty \frac{4}{(2k-1)\pi \omega_{2k-1}} \cdot \frac{\omega \sin \omega_{2k-1} t - \omega_{2k-1} \sin \omega t}{\omega^2 - \omega_{2k-1}^2} \cdot \sin \frac{2k-1}{l}\pi x$$

其中

$$\omega_{2k-1} = \frac{(2k-1)a\pi}{l}$$

当外界干扰力的频率 ω 与振动系统的某一固有频率 ω_{2k_0-1} 非常接近时,即

$$\omega \to \omega_{2k_0-1} \quad (k_0 \text{ 取某一自然数})$$

可把解 $u(x,t)$ 改写为

$$u(x,t) = \sum_{k \neq k_0} (\cdots) +$$

$$\frac{4}{(2k_0 - 1)\pi\omega_{2k_0-1}} \cdot \frac{\omega\sin\omega_{2k_0-1}t - \omega_{2k_0-1}\sin\omega t}{\omega^2 - \omega_{2k_0-1}^2} \cdot \sin\frac{2k_0-1}{l}\pi x$$

现考察

$$\frac{\omega\sin\omega_{2k_0-1}t - \omega_{2k_0-1}\sin\omega t}{\omega^2 - \omega_{2k_0-1}^2}$$

由洛必达(L'Hospital)法则知

$$\lim_{\omega \to \omega_{2k_0-1}} \frac{\omega\sin\omega_{2k_0-1}t - \omega_{2k_0-1}\sin\omega t}{\omega^2 - \omega_{2k_0-1}^2}$$

$$= \lim_{\omega \to \omega_{2k_0-1}} \frac{\sin\omega_{2k_0-1}t - t\omega_{2k_0-1}\cos\omega t}{2\omega}$$

$$= \frac{\sin\omega_{2k_0-1}t - t\omega_{2k_0-1}\cos\omega_{2k_0-1}t}{2\omega_{2k_0-1}}$$

其中 $t\omega_{2k_0-1}\cos\omega_{2k_0-1}t$ 的振幅,随着 t 的增大而无限增大,因而发生共振现象.

3.3　非齐次边界条件的处理

前面讨论的定解问题中,边界条件必须是齐次,而实际问题中,会遇到非齐次边界条件的情况.本节介绍如何处理非齐次边界条件的问题,我们常选取一个适当的未知函数做代换,使新的未知函数边界条件是齐次的.

例 1　求解定解问题

$$\begin{cases} \dfrac{\partial^2 u}{\partial t^2} = a^2\dfrac{\partial^2 u}{\partial x^2} + f(x,t) & (0 < x < l, t > 0) \\ u\big|_{x=0} = \mu_1(t), u\big|_{x=l} = \mu_2(t) & (t \geqslant 0) \\ u\big|_{t=0} = \varphi(x), u_t\big|_{t=0} = \psi(x) & (0 \leqslant x \leqslant l) \end{cases}$$

解　作未知函数的代换.令

$$u(x,t) = v(x,t) + w(x,t) \tag{3.3.1}$$

其中 $w(x,t)$ 是适当选取的函数,目的是新的未知函数 $v(x,t)$ 满足齐次条件:

$$v\big|_{x=0} = 0, v\big|_{x=l} = 0$$

为此只需

$$w\big|_{x=0} = \mu_1(t), \quad w\big|_{x=l} = \mu_2(t) \tag{3.3.2}$$

只要求满足条件(3.3.2),而无其他限制的 $w(x,t)$ 是容易找到的.为简单起见,取 w 为 x 的一次式,即设

$$w(x,t) = A(t)x + B(t)$$

由条件(3.3.2),有

$$w\big|_{x=0} = B(t) = \mu_1(t)$$

$$w\big|_{x=l} = A(t)l + B(t) = \mu_2(t)$$

推得

$$A(t) = \frac{1}{l}\left[\mu_2(t) - \mu_1(t)\right]$$

故

$$w(x,t) = \frac{x}{l}\left[\mu_2(t) - \mu_1(t)\right] + \mu_1(t) \tag{3.3.3}$$

从而 $v(x,t)$ 应满足下述定解问题：

$$\begin{cases} \dfrac{\partial^2 v}{\partial t^2} = a^2 \dfrac{\partial^2 v}{\partial x^2} + f_1(x,t) \\ v\big|_{x=0} = v\big|_{x=l} = 0 \\ v\big|_{t=0} = \varphi_1(x),\, v_t\big|_{t=0} = \psi_1(x) \end{cases}$$

其中

$$\begin{cases} f_1(x,t) = f(x,t) - \left[\mu_1''(t) + \dfrac{\mu_2''(t) - \mu_1''(t)}{t}x\right] \\ \varphi_1(x) = \varphi(x) - \left[\mu_1(0) + \dfrac{\mu_2(0) - \mu_1(0)}{l}x\right] \\ \psi_1(x) = \psi(x) - \left[\mu_1'(0) + \dfrac{\mu_2'(0) - \mu_1'(0)}{l}x\right] \end{cases}$$

这个定解问题可按 3.2 节的方法解出,再把此解及式(3.3.3)代入式(3.3.1),就得到本例定解问题的解.

上例中满足条件(3.3.2)的 $w(x,t)$ 显然不是唯一的,它还可以假定为其他形式. 由于 $w(x,t)$ 的选取有一定的任意性,故定解问题的解的形式也随之不同. 但是我们可以证明定解问题在满足一定的条件时是适定的,即解是唯一的. 因而各种不同形式的解一定是等价的.

若边界条件不是第一类的,本节的方法仍然适用,即选取适当的 $w(x,t)$,仅要求 $w(x,t)$ 满足所给定的非齐次边界条件,然后作未知函数代换

$$u(x,t) = v(x,t) + w(x,t)$$

即可.

例如对下列几种非齐次边界条件：

(1) $u\big|_{x=0} = \mu_1(t), \dfrac{\partial u}{\partial x}\bigg|_{x=l} = \mu_2(t)$;

(2) $\dfrac{\partial u}{\partial x}\bigg|_{x=0} = \mu_1(t), u\big|_{x=l} = \mu_2(t)$;

(3) $\dfrac{\partial u}{\partial x}\bigg|_{x=0} = \mu_1(t), \dfrac{\partial u}{\partial x}\bigg|_{x=l} = \mu_2(t)$.

我们可分别选取 $w(x,t)$ 为

(1) $w(x,t) = \mu_2(t)x + \mu_1(t)$;

(2) $w(x,t) = \mu_1(t)x + \mu_2(t) - \mu_1(t)l$;

(3) $w(x,t) = \dfrac{x^2}{2l}\left[\mu_2(t) - \mu_1(t)\right] + \mu_1(t)x$.

当非齐次方程的自由项 $f(x,t)$ 及非齐次边界条件的函数 $\mu_1(t),\mu_2(t)$ 都是与 t 无关

时,我们可以通过函数代换

$$u(x,t) = v(x,t) + w(x)$$

选取适当的 $w(x)$,让 $w(x)$ 满足自由项及非齐次边界条件,使 $v(x,t)$ 满足的定解问题中的方程与边界条件都是齐次的.

例 2　求下列定解问题

$$\begin{cases} \dfrac{\partial^2 u}{\partial t^2} = a^2 \dfrac{\partial^2 u}{\partial x^2} + A & (0 < x < l, t > 0) \\ u\mid_{x=0} = 0, u\mid_{x=l} = B & (t > 0) \\ u\mid_{t=0} = u_t\mid_{t=0} = 0 & (0 < x < l) \end{cases}$$

的解,其中 A 和 B 都是常数.

解　令

$$u(x,t) = v(x,t) + \omega(x)$$

为使新的未知函数 $v(x,t)$ 满足的方程与边界条件都是齐次的,应选取 $w(x)$,使其满足

$$\begin{cases} a^2 w''(x) + A = 0 \\ w\mid_{x=0} = 0, w\mid_{x=l} = B \end{cases} \quad (0 < x < l)$$

这是一个二阶常系数非齐次线形方程的边值问题,可以通过两次积分求得

$$w(x) = -\frac{A}{2a^2}x^2 + C_1 x + C_2$$

再由边界条件可得

$$C_1 = \frac{Al}{2a^2} + \frac{B}{l}, \quad C_2 = 0$$

所以

$$w(x) = -\frac{A}{2a^2}x^2 + \left(\frac{Al}{2a^2} + \frac{B}{l}\right)x$$

于是,$v(x,t)$ 应是下述定解问题

$$\begin{cases} \dfrac{\partial^2 v}{\partial t^2} = a^2 \dfrac{\partial^2 v}{\partial x^2} & (0 < x < l, t > 0) \\ v\mid_{x=0} = v\mid_{x=l} = 0 & (t > 0) \\ v\mid_{t=0} = -w(x), v_t\mid_{t=0} = 0 & (0 < x < l) \end{cases}$$

的解. 由 3.1 节例 1 知,其解为

$$v(x,t) = \sum_{n=1}^{\infty} \left(C_n \cos\frac{an\pi}{l}t + D_n \sin\frac{an\pi}{l}t\right)\sin\frac{n\pi}{l}x$$

其中

$$\begin{aligned} C_n &= \frac{2}{l}\int_0^l -w(x)\sin\frac{n\pi}{l}x\,\mathrm{d}x \\ &= \frac{2}{l}\int_0^l \left[\frac{A}{2a^2}x^2 - \left(\frac{Al}{2a^2} + \frac{B}{l}\right)x\right]\sin\frac{n\pi}{l}x\,\mathrm{d}x \\ &= \frac{A}{a^2 l}\int_0^l x^2 \sin\frac{n\pi}{l}x\,\mathrm{d}x - \left(\frac{A}{a^2} + \frac{2B}{l^2}\right)\int_0^l x\sin\frac{n\pi}{l}x\,\mathrm{d}x \end{aligned}$$

$$= \frac{-2Al^2}{a^2 n^3 \pi^3} + \frac{2}{n\pi}\left(\frac{Al^2}{a^2 n^2 \pi^2} + B\right)\cos n\pi$$

$$= (-1)^n \frac{2B}{n\pi} + \frac{2Al^2}{a^2 n^3 \pi^3}\left[(-1)^n - 1\right] \quad (n = 1,2,\cdots)$$

而

$$D_n = \frac{2}{an\pi}\int_0^l 0 \cdot \sin\frac{n\pi}{l}x\,\mathrm{d}x = 0 \quad (n = 1,2,\cdots)$$

因此

$$v(x,t) = \sum_{n=1}^{\infty} C_n \cos\frac{an\pi}{l}t\sin\frac{n\pi}{l}x$$

于是定解问题的解为

$$u(x,t) = -\frac{A}{2a^2}x^2 + \left(\frac{Al}{2a^2} + \frac{B}{l}\right)x + \sum_{n=1}^{\infty} C_n \cos\frac{an\pi}{l}t\sin\frac{n\pi}{l}x$$

3.4 周期性条件的定解问题

本节将讨论圆形区域内的二维位势方程的定解问题. 在使用分离变量法时,圆形区域不能像矩形区域那样在直角坐标系中把边界表达成仅用一个变量表示的曲线. 为此,我们需采用极坐标系,即作自变量变换

$$\begin{cases} x = \rho\cos\theta \\ y = \rho\sin\theta \end{cases}$$

就可以把 xOy 平面上的圆形区域 $x^2 + y^2 \leqslant \rho_0^2$ 化为 $\rho O\theta$ 平面上的矩形区域 $0 \leqslant \rho \leqslant \rho_0$, $0 \leqslant \theta \leqslant 2\pi$,如图 3-4 所示.

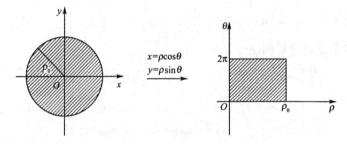

图 3-4

由于 $\rho O\theta$ 平面上的点 (ρ,θ) 与 $(\rho,\theta+2\pi)$ 对应于 xOy 平面上的同一点,所以这时需附加上所谓的周期性条件. 下面通过举例说明用分离变量法解具有周期性条件的定解问题的步骤.

例 1 一个半径为 ρ_0 的薄圆盘,上下两面绝热,内部无热源,圆周边缘温度分布已知为 $F(x,y)$. 求已达到稳定状态时圆盘内的温度分布.

解 设圆盘上坐标为 (x,y) 的点处的温度为 $u(x,y)$,则上述问题归结为下述定解问题:

$$\begin{cases} \dfrac{\partial^2 u}{\partial x^2} + \dfrac{\partial^2 u}{\partial y^2} = 0 \quad (x^2 + y^2 < \rho_0^2) \\ u\big|_{x^2+y^2=\rho_0^2} = F(x,y) \end{cases}$$

为了使边界条件能进行变量分离, 我们采用极坐标系, 即作自变量变换

$$x = \rho\cos\theta, \quad y = \rho\sin\theta$$

此时, 方程化为

$$\frac{1}{\rho}\frac{\partial}{\partial\rho}\left(\rho\frac{\partial u}{\partial\rho}\right) + \frac{1}{\rho^2}\frac{\partial^2 u}{\partial\theta^2} = 0 \quad (0 < \rho < \rho_0, 0 < \theta < 2\pi) \tag{3.4.1}$$

边界条件化为

$$u\big|_{\rho=\rho_0} = F(\rho_0\cos\theta, \rho_0\sin\theta) = f(\theta) \quad (0 < \theta \leqslant 2\pi) \tag{3.4.2}$$

此外, 由于 (ρ,θ) 与 $(\rho,\theta+2\pi)$ 实际上表示同一点, 故而有**周期条件**

$$u(\rho,\theta) = u(\rho,\theta+2\pi) \tag{3.4.3}$$

因为自变量 ρ 的取值范围是 $[0,\rho_0]$, 圆盘中心点的温度绝不可能是无穷的, 所以还应有**有界条件**

$$\lim_{\rho\to 0} u(\rho,\theta) < \infty \tag{3.4.4}$$

周期条件和有界条件通常也称为**自然边界条件**. 因为它们是由问题的实际意义所自然决定的.

这样, 原定解问题就转化为定解问题 (3.4.1) ~ (3.4.4). 令

$$u(\rho,\theta) = R(\rho)\Phi(\theta)$$

代入方程 (3.4.1), 得

$$R''(\rho)\Phi(\theta) + \frac{1}{\rho}R'(\rho)\Phi(\theta) + \frac{1}{\rho^2}R(\rho)\Phi''(\theta) = 0$$

即

$$\frac{\rho^2 R''(\rho) + \rho R'(\rho)}{R(\rho)} = -\frac{\Phi''(\theta)}{\Phi(\theta)}$$

令其比值为常数 λ, 即得两个常数 λ 的常微分方程:

$$\rho^2 R''(\rho) + \rho R'(\rho) - \lambda R(\rho) = 0 \tag{3.4.5}$$

$$\Phi''(\theta) + \lambda\Phi(\theta) = 0 \tag{3.4.6}$$

再由条件 (3.4.3)、(3.4.4), 可得

$$\Phi(\theta) = \Phi(\theta+2\pi) \tag{3.4.7}$$

和

$$\lim_{\rho\to 0} R(\rho) < \infty \tag{3.4.8}$$

这样, 我们得到了两个常微分方程的定解问题:

$$\begin{cases} \Phi''(\theta) + \lambda\Phi(\theta) = 0 \\ \Phi(\theta) = \Phi(\theta+2\pi) \end{cases}$$

与

$$\begin{cases} \rho^2 R''(\rho) + \rho R'(\rho) - \lambda R(\rho) = 0 \\ \lim_{\rho\to 0} R(\rho) < \infty \end{cases}$$

为了能确定出固有值和固有函数,我们先解问题(3.4.6),(3.4.7).

下面对 λ 的三种可能取值范围分别讨论.

(1) 当 $\lambda < 0$ 时,方程(3.4.6)的通解为

$$\Phi(\theta) = A e^{\sqrt{-\lambda}\theta} + B e^{-\sqrt{-\lambda}\theta}$$

由条件(3.4.7),唯有 $A = B = 0$,即只有零解,$\Phi(\theta) \equiv 0$. 所以,当 $\lambda < 0$ 时无固有值.

(2) 当 $\lambda = 0$ 时,方程(3.4.6)的通解为

$$\Phi(\theta) = A\theta + B$$

由条件(3.4.7),得

$$A\theta + B = A(\theta + 2\pi) + B$$

由此可见 $A = 0$,B 可取任意值. 所以

$$\lambda = 0$$

是固有值,相应的固有函数为

$$\Phi_0(\theta) = B_0 \quad (\text{非零常数})$$

(3) 当 $\lambda > 0$ 时,方程(3.4.6)的通解为

$$\Phi(\theta) = A\cos\sqrt{\lambda}\theta + B\sin\sqrt{\lambda}\theta$$

由条件(3.4.7)得 $\sqrt{\lambda}$ 必须是整数 n,故固有值为

$$\lambda = \lambda_n = n^2 \quad (n = 1, 2, \cdots) \tag{3.4.9}$$

相应的固有函数为

$$\Phi_n(\theta) = A_n\cos n\theta + B_n\sin n\theta \quad (n = 1, 2, \cdots) \tag{3.4.10}$$

现在把确定出的固有值(3.4.9)代入方程(3.4.5).

当 $\lambda = 0$ 时,式(3.4.5) 化为

$$\rho^2 R''(\rho) + \rho R'(\rho) = 0$$

它的通解为

$$R_0(\rho) = C_0 + D_0\ln\rho$$

当 $\lambda = n^2$ 时,式(3.4.5) 化为

$$\rho^2 R''(\rho) + \rho R'(\rho) - n^2 R = 0$$

这是一个欧拉(Euler) 方程,其通解为

$$R_n(\rho) = C_n\rho^n + D_n\rho^{-n} \quad (n = 1, 2, \cdots)$$

由条件(4.4.8),必须有

$$D_n = 0 \quad (n = 1, 2, \cdots)$$

因此我们得到满足方程(3.4.1)和条件(3.4.3)、(3.4.4)的变量分离形式的特解:

$$\begin{cases} u_0(\rho, \theta) = R_0(\rho)\Phi_0(\theta) = \dfrac{a_0}{2} \\ u_n(\rho, \theta) = R_n(\rho)\Phi_n(\theta) = \rho^n(a_n\cos n\theta + b_n\sin n\theta) \end{cases} \quad (n = 1, 2, \cdots)$$

其中 $a_0 = 2B_0C_0$,$a_n = A_nC_n$,$b_n = B_nC_n$ 都是任意常数.

再利用叠加原理,满足方程(3.4.1)和边界条件(3.4.3)、(3.4.4)的解可设为级数形式

$$u(\rho,\theta) = \frac{a_0}{2} + \sum_{n=1}^{\infty} \rho^n (a_n \cos n\theta + b_n \sin n\theta)$$

最后,利用边界条件(3.4.2)来确定系数 a_n 和 b_n.

$$u\big|_{\rho=\rho_0} = \frac{a_0}{2} + \sum_{n=1}^{\infty} \rho_0^n (a_n \cos n\theta + b_n \sin n\theta) = f(\theta)$$

由此可见 $a_0, \rho_0^n a_n, \rho_0^n b_n$ 就是函数 $f(\theta)$ 在 $[0,2\pi]$ 上展开为傅里叶级数的系数,即

$$\begin{cases} a_0 = \dfrac{1}{\pi} \displaystyle\int_0^{2\pi} f(\tau)\,\mathrm{d}\tau \\[2mm] a_n = \dfrac{1}{\rho_0^n \pi} \displaystyle\int_0^{2\pi} f(\tau)\cos n\tau\,\mathrm{d}\tau \quad (n=1,2,\cdots) \\[2mm] b_n = \dfrac{1}{\rho_0^n \pi} \displaystyle\int_0^{2\pi} f(\tau)\sin n\tau\,\mathrm{d}\tau \quad (n=1,2,\cdots) \end{cases}$$

所以,定解问题(3.4.1)~(3.4.4)的解为

$$u(\rho,\theta) = \frac{a_0}{2} + \sum_{n=1}^{\infty} \rho^n (a_n \cos n\theta + b_n \sin n\theta) \tag{3.4.11}$$

其中

$$\begin{cases} a_0 = \dfrac{1}{\pi} \displaystyle\int_0^{2\pi} f(\tau)\,\mathrm{d}\tau \\[2mm] a_n = \dfrac{1}{\rho_0^n \pi} \displaystyle\int_0^{2\pi} f(\tau)\cos n\tau\,\mathrm{d}\tau \quad (n=1,2,\cdots) \\[2mm] b_n = \dfrac{1}{\rho_0^n \pi} \displaystyle\int_0^{2\pi} f(\tau)\sin n\tau\,\mathrm{d}\tau \quad (n=1,2,\cdots) \end{cases}$$

我们还可以将级数形式的解改写成另一种形式. 为此将系数 a_n 和 b_n 代入式(3.4.11),经过化简后可得

$$u(\rho,\theta) = \frac{1}{\pi} \int_0^{2\pi} f(\tau) \left[\frac{1}{2} + \sum_{n=1}^{\infty} \left(\frac{\rho}{\rho_0}\right)^n \cos n(\theta-\tau) \right] \mathrm{d}\tau$$

利用下面已知的恒等式

$$\frac{1}{2} + \sum_{n=1}^{\infty} k^n \cos n(\theta-\tau) = \frac{1-k^2}{2[1-2k\cos(\theta-\tau)+k^2]} \quad (|k|<1)$$

可将解 $u(\rho,\theta)$ 的表达式写为

$$u(\rho,\theta) = \frac{1}{2\pi} \int_0^{2\pi} f(\tau) \frac{\rho_0^2 - \rho^2}{\rho_0^2 + \rho^2 - 2\rho_0\rho\cos(\theta-\tau)} \mathrm{d}\tau \tag{3.4.12}$$

公式(3.4.12)称为**圆域内的泊松公式**. 它的作用在于把解写成了积分形式.

若把解(3.4.12)还原到变量 x,y,则解为

$$u(\rho,\theta) = \frac{a_0}{2} + \sum_{n=1}^{\infty} \mathrm{Re}\left[(a_n - \mathrm{i}b_n)(x+\mathrm{i}y)^n\right]$$

其中 a_n, b_n 为系数.

例 2　在环域 $a \leqslant \sqrt{x^2+y^2} \leqslant b$ 内求解下列定解问题

$$\begin{cases} \dfrac{\partial^2 u}{\partial x^2} + \dfrac{\partial^2 u}{\partial y^2} = 12(x^2-y^2) \\[3mm] u\big|_{\sqrt{x^2+y^2}=a} = 0, \quad \dfrac{\partial u}{\partial n}\bigg|_{\sqrt{x^2+y^2}=b} = 0 \end{cases}$$

其中 n 是环域边界的外法线方向.

解 由于求解区域是圆环,所以我们选用极坐标系,即作自变量变换

$$\begin{cases} x = \rho\cos\theta \\ y = \rho\sin\theta \end{cases}$$

可将环形区域 $a \leqslant \sqrt{x^2+y^2} \leqslant b$ 变成 $\rho O\theta$ 平面上的矩形域:

$$a \leqslant \rho \leqslant b, \quad 0 \leqslant \theta \leqslant 2\pi$$

如图 3-5 所示,把定解问题化为求 $u(\rho,\theta)$,使其满足

$$\frac{\partial^2 u}{\partial \rho^2} + \frac{1}{\rho}\frac{\partial u}{\partial \rho} + \frac{1}{\rho^2}\frac{\partial^2 u}{\partial \theta^2} = 12\rho^2 \cos 2\theta \tag{3.4.13}$$

$$u\big|_{\rho=a} = 0, \frac{\partial u}{\partial \rho}\bigg|_{\rho=b} = 0 \tag{3.4.14}$$

$$u(\rho,\theta) = u(\rho,\theta+2\pi) \tag{3.4.15}$$

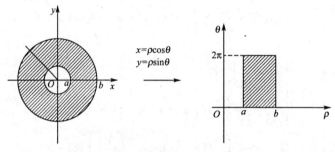

图 3-5

方程(3.4.13)对应的齐次方程为

$$\frac{\partial^2 u}{\partial \rho^2} + \frac{1}{\rho}\frac{\partial u}{\partial \rho} + \frac{1}{\rho^2}\frac{\partial^2 u}{\partial \theta^2} = 0$$

及周期性条件,采用例 1 中的固有函数法,令

$$u(\rho,\theta) = \frac{A_0(\rho)}{2} + \sum_{n=1}^{\infty}\left[A_n(\rho)\cos n\theta + B_n(\rho)\sin n\theta\right] \tag{3.4.16}$$

式(3.4.16)必须满足条件(3.4.15). 为满足条件(3.4.13)和条件(3.4.14),把式(3.4.16)代入式(3.4.13),得

$$\frac{1}{2}\left[A_0''(\rho) + \frac{1}{\rho}A_0'(\rho)\right] +$$

$$\sum_{n=1}^{\infty}\left\{\left[A_n''(\rho) + \frac{1}{\rho}A_n'(\rho) - \frac{n^2}{\rho^2}A_n(\rho)\right]\cos n\theta + \left[B_n''(\rho) + \frac{1}{\rho}B_n' - \frac{n^2}{\rho^2}B_n(\rho)\right]\sin n\theta\right\}$$

$$= 12\rho^2\cos 2\theta$$

比较两端关于 $\cos n\theta, \sin n\theta$ 的系数,可得

$$A_2''(\rho) + \frac{1}{\rho}A_2'(\rho) - \frac{4}{\rho^2}A_2(\rho) = 12\rho^2 \tag{3.4.17}$$

$$A_n''(\rho) + \frac{1}{\rho}A_n'(\rho) - \frac{n^2}{\rho^2}A_n(\rho) = 0 \quad (n \neq 2, n = 0,1,3,\cdots) \tag{3.4.18}$$

$$B_n''(\rho) + \frac{1}{\rho}B_n'(\rho) - \frac{n^2}{\rho^2}B_n(\rho) = 0 \quad (n = 0,1,2,\cdots) \tag{3.4.19}$$

将式(3.4.16)代入条件(3.4.14),得

$$u\big|_{\rho=a} = \frac{1}{2}A_0(a) + \sum_{n=1}^{\infty}[A_n(a)\cos n\theta + B_n(a)\sin n\theta] = 0$$

$$\frac{\partial u}{\partial \rho}\bigg|_{\rho=b} = \frac{1}{2}A'_0(b) + \sum_{n=1}^{\infty}[A'_n(b)\cos n\theta + B'_n(b)\sin n\theta] = 0$$

所以

$$A_n(a) = 0, A'_n(b) = 0 \quad (n = 1,3,4,\cdots) \tag{3.4.20}$$

$$B_n(a) = 0, B'_n(b) = 0 \quad (n = 1,2,\cdots) \tag{3.4.21}$$

方程(3.4.18)、(3.4.19)都是齐次欧拉方程,利用条件(3.4.20)、(3.4.21),得

$$A_n(\rho) = 0 \quad (n = 1,3,4,\cdots)$$

$$B_n(\rho) = 0 \quad (n = 1,2,\cdots) \tag{3.4.22}$$

方程(3.4.17)是一个非齐次欧拉方程,它的通解是

$$A_2(\rho) = C_1\rho^2 + C_2\rho^{-2} + \rho^4$$

由条件(3.4.20),得

$$A_2(a) = C_1 a^2 + C_2 a^{-2} + a^4 = 0$$

$$A'_2(b) = 2C_1 b - 2C_2 b^{-3} + 4b^3 = 0$$

解此方程组,得

$$C_1 = -\frac{a^6 + 2b^6}{a^4 + b^4}, \quad C_2 = -\frac{a^4 b^4(a^2 - 2b^2)}{a^4 + b^4}$$

所以

$$A_2(\rho) = -\frac{a^6 + 2b^6}{a^4 + b^4}\rho^2 + \frac{a^4 b^4(2b^2 - a^2)}{a^4 + b^4}\rho^{-2} + \rho^4 \tag{3.4.23}$$

把式(3.4.22)、(3.4.23)代入式(3.4.16)即得定解问题(3.4.13)～(3.4.15)的解

$$u(\rho,\theta) = -\frac{1}{a^4 + b^4}[(a^6 + 2b^6)\rho^2 + a^4 b^4(a^2 - 2b^2)\rho^{-2} - (a^4 + b^4)\rho^4]\cos 2\theta$$

$$\tag{3.4.24}$$

本例还可以采用一种简便的解法. 比较式(3.4.13)与(3.4.15),可见式(3.4.13)右方的因子 $\cos 2\theta$ 恰为(3.4.16)中的一项因子,考虑到方程(3.4.13)的特性,可令

$$u(\rho,\theta) = A_2(\rho)\cos 2\theta \tag{3.4.25}$$

通过 3.1～3.4 节的讨论,我们对分离变量有了一个初步的了解,归纳起来主要步骤为:

(1)根据边界的形状选取适当的坐标系,使在此坐标系中边界条件能变量分离. 圆、圆环、扇型等区域采用极坐标系较为方便.

(2)若边界条件是非齐次的,又没有周期条件,则不论方程是否齐次,需作未知函数的代换 $u = v + w$,适当地选取 w,使 v 满足齐次边界条件及相应的方程和其他条件.

(3)对于齐次方程齐次边界条件的定解问题,通过变量分离先求满足方程与齐次边界的一元函数乘积形式的特解,再将求得的所有特解叠加,得到级数形式的一般解,最后由其余的定解条件确定级数解中的系数.

(4)对于非齐次方程非齐次边界条件的定解问题,先对相应的齐次方程用分离变量

法,得到一个固有函数系,再将未知函数及非齐次项按固有函数系展开,得到一个常微分方程的初值问题.最后求出这个初值问题的解,就可得到原定解问题的解

3.5　固有值问题

在用分离变量法解偏微分方程的定解问题时,必然要解常微分方程的边值问题.而且,这是一种带有参数的边值问题,称为固有值问题.固有值问题的有关理论也是分离变量法的重要理论基础.本节着重介绍二阶常微分方程的固有值问题,即斯图姆－刘维尔(Sturm-Liouville)边值问题的一般理论.

3.5.1　斯图姆－刘维尔问题和固有值问题的概念

现在我们讨论二阶常微分方程固有值问题的更一般形式.容易证明,任何一个含有待定参数 λ 的二阶线性齐次常微分方程

$$A(x)y''(x) + B(x)y'(x) + C(x)y(x) + \lambda y(x) = 0 \tag{3.5.1}$$

在作变换

$$p(x) = e^{\int \frac{B}{A}dx}, \quad q(x) = -\frac{C}{A}p, \quad s(x) = \frac{1}{A}p$$

后(这里 A,B,C,p 都是 x 的函数)可化为

$$\frac{d}{dx}\left[p(x)\frac{dy}{dx}\right] - q(x)y + \lambda s(x)y = 0 \tag{3.5.2}$$

若定义线性微分算子

$$L = -\frac{d}{dx}\left[p(x)\frac{d}{dx}\right] + q(x) \tag{3.5.3}$$

则方程(3.5.2)可写成简略形式

$$Ly - \lambda s(x)y = 0 \tag{3.5.4}$$

方程(3.5.4)称为斯图姆－刘维尔方程(简写为 S-L 方程).

在斯图姆－刘维尔方程中,λ 是一个与 x 无关的参数,且 $p(x)$、$s(x)$、$q(x)$ 都是实函数.为保证解存在,方程的系数在闭区间 $[a,b]$ 上需满足条件:

（Ⅰ）$p(x)$、$p'(x)$、$s(x)$、$q(x)$ 在 $[a,b]$ 上连续;

（Ⅱ）在 $[a,b]$ 上,$p(x) > 0, q(x) \geqslant 0, s(x) > 0$.

满足上述条件的 S-L 方程称为是**正则**的.正则的 S-L 方程(3.5.2)连同分离边界条件

$$a_1 y(a) + a_2 y'(a) = 0 \tag{3.5.5}$$
$$b_1 y(b) + b_2 y'(b) = 0 \tag{3.5.6}$$

(其中 a_1、a_2、b_1、b_2 是实常数,且 $a_1^2 + a_2^2 \neq 0, b_1^2 + b_2^2 \neq 0$) 称为**正则斯图姆－刘维尔问题**.

当 $p(a) = p(b)$ 时,允许给定周期边界条件

$$y(a) = y(b), \quad y'(a) = y'(b) \tag{3.5.7}$$

正则的 S-L 方程连同周期边界条件组成的定解问题称为**周期正则斯图姆－刘维尔问题**.

这种含有待定参数的常微分方程的齐次边值问题称为**固有值问题**.使固有值问题有

非零解的 λ 的值称为**固有值**. 固有值对应的非零解称为**固有函数**.

3.5.2　斯图姆 - 刘维尔问题的几个重要性质

斯图姆 - 刘维尔问题的固有值和固有函数有以下几个重要的性质, 现在把它们叙述成定理的形式.

定理 1　斯图姆 - 刘维尔问题存在无穷多个实的固有值, 它们构成一个递增数列, 即

$$\lambda_1 \leqslant \lambda_2 \leqslant \cdots \leqslant \lambda_n \leqslant \cdots, \qquad \text{且} \lim_{n \to \infty} \lambda_n = \infty$$

本定理的证明要用到较高深的数学知识, 超出本书的范围, 故略去.

定理 2（拉格朗日（Lagrange）恒等式）　设函数 $u(x)$ 和 $v(x)$ 在区间 $a \leqslant x \leqslant b$ 上有连续的二阶导数, 则有**拉格朗日恒等式**如下:

$$\int_a^b (vLu - uLv)\mathrm{d}x = - p(x)\big[u'(x)v(x) - u(x)v'(x)\big]\Big|_a^b \qquad (3.5.8)$$

证明

$$\int_a^b vLu\,\mathrm{d}x = \int_a^b \big[-v(pu')' + vqu\big]\mathrm{d}x$$

$$= - v(x)p(x)u'(x)\big|_a^b + \int_a^b (v'pu' + vqu)\mathrm{d}x$$

$$= \big[-v(x)p(x)u'(x) + v'(x)p(x)u(x)\big]\big|_a^b +$$

$$\int_a^b \big[-u(pv')' + uqv\big]\mathrm{d}x$$

$$= - p(x)\big[u'(x)v(x) - u(x)v'(x)\big]\big|_a^b + \int_a^b uLv\,\mathrm{d}x$$

因此有

$$\int_a^b (vLu - uLv)\mathrm{d}x = - p(x)\big[u'(x)v(x) - u(x)v'(x)\big]\big|_a^b$$

特别地, 若函数 $u(x)$ 和 $v(x)$ 都满足分离边界条件(3.5.5)、(3.5.6), 且假定 $a_2 \neq 0$, $b_2 \neq 0$. 则有

$$- p(x)\big[u'(x)v(x) - u(x)v'(x)\big]\big|_a^b$$

$$= - p(b)\big[u'(b)v(b) - u(b)v'(b)\big] +$$

$$p(a)\big[u'(a)v(a) - u(a)v'(a)\big]$$

$$= - p(b)\Big[- \frac{b_1}{b_2}u(b)v(b) + \frac{b_1}{b_2}u(b)v(b)\Big] +$$

$$p(a)\Big[- \frac{a_1}{a_2}u(a)v(a) + \frac{a_1}{a_2}u(a)v(a)\Big] = 0$$

如果 a_1 和 b_2 为零, 同样的结论也是成立的. 又若 u 和 v 满足周期边界条件(3.5.7), 也有同样的结论, 于是对由式(3.5.3)定义的微分算子 L, 如果函数 u 和 v 满足边界条件(3.5.5)、(3.5.6) 或(3.5.7), 拉格朗日恒等式成为

$$\int_a^b (vLu - uLv)\mathrm{d}x = 0 \qquad (3.5.9)$$

式(3.5.9)称为**自共轭关系式**, 自共轭关系式成立的边值问题称为**自共轭边值问题**.

定理 3 斯图姆 - 刘维尔问题不同的固有值所对应的固有函数在区间 $[a,b]$ 上带权函数 $s(x)$ 互相正交,即当 $\lambda_j \neq \lambda_k$ 时,有

$$\int_a^b s(x)y_j(x)y_k(x)\mathrm{d}x = 0 \tag{3.5.10}$$

证明 因为函数 $y_j(x)$ 和 $y_k(x)$ 分别是相对应于固有值 λ_j 和 λ_k 的固有函数,所以它们分别满足方程

$$Ly_j(x) = \lambda_j sy_j$$

和

$$Ly_k(x) = \lambda_k sy_k$$

利用关系式 (3.5.9),并令 $u = y_j, v = y_k$,得

$$(\lambda_j - \lambda_k)\int_a^b s(x)y_j(x)y_k(x)\mathrm{d}x = 0$$

由假设 $\lambda_j \neq \lambda_k$,所以式 (3.5.10) 成立.

定理 4 正则斯图姆 - 刘维尔问题的固有值都是单重的,即不计常数因子时,每一个固有值所对应的固有函数是唯一确定的.

证明 用反证法.假设正则 S-L 问题某一个固有值 λ,相应地有两个线性无关的固有函数 $\Phi_1(x)$ 和 $\Phi_2(x)$.其郎斯基(Wronski) 行列式为

$$W(\Phi_1, \Phi_2) = \begin{vmatrix} \Phi_1(x) & \Phi_2(x) \\ \Phi_1'(x) & \Phi_2'(x) \end{vmatrix} = \Phi_1(x)\Phi_2'(x) - \Phi_2(x)\Phi_1'(x)$$

又由于 $\Phi_1(x)$、$\Phi_2(x)$ 应满足边界条件 (3.5.5),且假定 $a_2 \neq 0$,则

$$\Phi_1(a)\Phi_2'(a) - \Phi_2(a)\Phi_1'(a) = -\frac{a_1}{a_2}\Phi_1(a)\Phi_2(a) + \frac{a_1}{a_2}\Phi_2(a)\Phi_1(a) = 0$$

若 $a_2 = 0$,则 $\Phi_1(a) = \Phi_2(a) = 0$.显然有

$$\Phi_1(a)\Phi_2'(a) - \Phi_2(a)\Phi_1'(a) = 0$$

故总有在 $x = a$ 处,$W(\Phi_1, \Phi_2) = 0$. 又因 $\Phi_1(x)$、$\Phi_2(x)$ 都是方程 (3.5.2) 的解,由此导出函数 $\Phi_1(x)$、$\Phi_2(x)$ 必线性相关,这与假设矛盾,定理得证.

定理 4 对于周期斯图姆 - 刘维尔问题是不成立的.

定理 5 正则斯图姆 - 刘维尔问题,若边界条件中的系数满足 $-\dfrac{a_1}{a_2}$ 和 $\dfrac{b_1}{b_2}$ 皆非负,则其所有的固有值是非负的.

证明 设 $y(x)$ 是固有值 λ 对应的固有函数,则有

$$(py')' - qy + \lambda sy = 0$$

$$\lambda\int_a^b sy^2\mathrm{d}x = \int_a^b [-y(py')' + qy^2]\mathrm{d}x$$

$$= -ypy'\,|_a^b - \int_a^b (py'^2 + qy^2)\mathrm{d}x$$

若边界条件 (3.5.5)、(3.5.6) 中的 $a_2 \neq 0, b_2 \neq 0$,则有

$$-ypy'\,|_a^b = y(a)p(a)y'(a) - y(b)p(b)y'(b)$$

$$= -\frac{a_1}{a_2}p(a)y^2(a) + \frac{b_1}{b_2}p(b)y^2(b)$$

$$\lambda \int_a^b sy^2 \mathrm{d}x = \int_a^b (py'^2 + qy^2)\mathrm{d}x + \frac{b_1}{b_2}p(b)y^2(b) - \frac{a_1}{a_2}p(a)y^2(a)$$

由假设 $\frac{b_1}{b_2} \geqslant 0, -\frac{a_1}{a_2} \geqslant 0$ 及在 $[a,b]$ 上 $p(x) > 0, q(x) \geqslant 0$，故有 $\lambda \int_a^b sy^2 \mathrm{d}x \geqslant 0$. 又因在 $[a,b]$ 上 $s(x) > 0$，从而有 $\lambda \geqslant 0$.

若 $a_2 = 0$ 或 $b_2 = 0$，则有 $y(a) = 0$ 或 $y(b) = 0$，相应地有

$$\lambda \int_a^b sy^2 \mathrm{d}x = \int_a^b (py'^2 + qy^2)\mathrm{d}x + \frac{b_1}{b_2}p(b)y^2(b)$$

或

$$\lambda \int_a^b sy^2 \mathrm{d}x = \int_a^b (py'^2 + qy^2)\mathrm{d}x - \frac{a_1}{a_2}p(a)y^2(a)$$

同样地可导出 $\lambda \geqslant 0$.

可以证明定理 5 的条件下，周期斯图姆 - 刘维尔问题的所有固有值也是非负的，

定理 6　斯图姆 - 刘维尔问题的固有函数是完备的，即任意一个区间 $[a,b]$ 上具有连续的一阶导数和分段连续的二阶导数的函数 $f(x)$，若满足 S-L 问题中同样的边界条件，则它可按固有函数 $\{y_n(x)\}$ 展开为绝对且一致收敛的级数

$$f(x) = \sum_{n=1}^{\infty} c_n y_n(x) \tag{3.5.11}$$

其中

$$c_n = \frac{\int_a^b f(x)y_n(x)s(x)\mathrm{d}x}{\int_a^b y_n^2(x)s(x)\mathrm{d}x} \quad (n = 1, 2, \cdots) \tag{3.5.12}$$

级数 (3.5.11) 称为**广义傅立叶级数**，系数 c_n 称为**广义傅立叶系数**. 上述定理的证明要用到较多的数学知识，从略.

如果上述定理中减弱对函数 $f(x)$ 的要求，有如下定理：

定理 7　若函数 $f(x)$ 在区间 $[a,b]$ 上满足狄里克莱条件，即 $f(x)$ 在 $[a,b]$ 上连续或只有有限个第一类间断点，且只有有限个第一类间断点，只有有限个极值点，则它按斯图姆 - 刘维尔问题的固有函数系 $\{y_n\}$ 展成的广义傅立叶级数在函数 $f(x)$ 的连续点 x 处收敛到 $f(x)$，在 $f(x)$ 的间断点 x_0 处收敛到 $\frac{1}{2}[f(x_0+0) + f(x_0-0)]$，即

$$\sum_{n=1}^{\infty} c_n y_n(x) = \frac{1}{2}[f(x+0) + f(x-0)]$$

其中

$$c_n = \frac{\int_a^b f(x)y_n(x)s(x)\mathrm{d}x}{\int_a^b y_n^2(x)s(x)\mathrm{d}x} \quad (n = 1, 2, \cdots)$$

习题 3

1. 设弦的两端固定于 $x = 0$ 及 $x = l$，弦的初始位移如图 3-5 所示，初速度为零，没有

外力作用,求弦作横振动时的位移函数 $u(x,t)$.

2. 解弦的自由振动方程,其初始条件和边界条件为

$$\begin{cases} u(x,0) = 0, u_t(x,0) = x(l-x) \\ u(0,t) = 0, u(l,t) = 0 \end{cases}$$

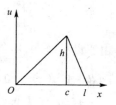

图 3-5

3. 试求适合下列初始条件和边界条件的一维齐次热传导方程的解.

$$\begin{cases} u \mid_{t=0} = x(l-x) \\ u \mid_{x=0} = u \mid_{x=l} = 0 \end{cases}$$

4. 求解下述定解问题

$$\begin{cases} u_{xx} + u_{yy} = 0 & (0 < x < a, 0 < y < b) \\ u(0,y) = f(y), u(a,y) = 0 & (0 \leqslant y \leqslant b) \\ u(x,0) = g(x), u(x,b) = 0 & (0 \leqslant x \leqslant a) \end{cases}$$

5. 求解定解问题

$$\begin{cases} u_{tt} = a^2 u_{xx} & (0 < x < l, t > 0) \\ u \mid_{t=0} = \dfrac{e}{l}x, u_t \mid_{t=0} = 0 & (0 \leqslant x \leqslant l) \\ u \mid_{x=0} = 0, u_x \mid_{x=l} = 0 & (t \geqslant 0) \end{cases}$$

6. 求解定解问题

$$\begin{cases} u_{tt} = a^2 u_{xx} & (0 < x < l, t > 0) \\ u_x \mid_{x=0} = 0, u \mid_{x=l} = 0 & (t \geqslant 0) \\ u \mid_{t=0} = x^3, u_t \mid_{t=0} = 0 & (0 \leqslant x \leqslant l) \end{cases}$$

7. 解一维齐次热传导方程,其初始条件和边界条件为

$$\begin{cases} u \mid_{t=0} = x \\ u_x \mid_{x=0} = 0, u_x \mid_{x=l} = 0 \end{cases}$$

8. 求解定解问题

$$\begin{cases} u_{tt} - a^2 u_{xx} = 0 & (0 < x < \pi, t > 0) \\ u_x(0,t) = 0, u_x(\pi,t) = 0 & (t \geqslant 0) \\ u_x(x,0) = \sin x, u_t(x,0) = 0 & (0 \leqslant x \leqslant \pi) \end{cases}$$

9. 在矩形域 $0 \leqslant x \leqslant a, 0 \leqslant y \leqslant b$ 内求拉普拉斯方程的解,使满足边界条件

$$\begin{cases} u \mid_{x=0} = 0, u \mid_{x=a} = Ay \\ u_y \mid_{y=0} = 0, u_y \mid_{y=b} = 0 \end{cases}$$

10. 求解定解问题

$$\begin{cases} u_{tt} = a^2 u_{xx} + \sin \dfrac{2\pi}{l}x \sin \dfrac{2a\pi}{l}t & (0 < x < l, t > 0) \\ u \mid_{x=0} = u \mid_{x=l} = 0 & (t \geqslant 0) \\ u \mid_{t=0} = u_t \mid_{t=0} = 0 & (0 \leqslant x \leqslant l) \end{cases}$$

11. 求解定解问题

$$\begin{cases} u_t = a^2 u_{xx} + A & (0 < x < l, t > 0, A \text{ 为常数}) \\ u \mid_{x=0} = u \mid_{x=l} = 0 & (t \geqslant 0) \\ u \mid_{t=0} = 0 & (0 \leqslant x \leqslant l) \end{cases}$$

12. 求解定解问题

$$\begin{cases} u_{tt} = a^2 u_{xx} + x(l - x) & (0 < x < l, t > 0) \\ u \mid_{x=0} = u \mid_{u=l} = 0 & (t \geqslant 0) \\ u \mid_{t=0} = 0, u_t \mid_{t=0} = 0 & (0 \leqslant x \leqslant l) \end{cases}$$

13. 求解定解问题

$$\begin{cases} u_{tt} = a^2 u_{xx} + \sin \omega t & (0 < x < l, t > 0) \\ u \mid_{x=0} = u \mid_{x=l} = 0 & (t \geqslant 0) \\ u \mid_{t=0} = u_t \mid_{t=0} & (0 \leqslant x \leqslant l) \end{cases}$$

14. 试解放射性衰变问题

$$\begin{cases} u_{xx} - a^2 u_t + A e^{-ax} = 0 & (0 < x < l, t > 0) \\ u \mid_{x=0} = 0, u \mid_{x=l} = 0 & (t \geqslant 0) \\ u \mid_{t=0} = T & (0 \leqslant x \leqslant l) \end{cases}$$

其中 A, a, T 都是常数.

15. 解二维泊松方程的齐次边值问题

$$\begin{cases} u_{xx} + u_{yy} = f(x, y) & (0 < x < a, 0 < y < b) \\ u \mid_{x=0} = 0, u \mid_{x=a} = 0 & (0 \leqslant y \leqslant b) \\ u \mid_{y=0} = 0, u \mid_{y=b} = 0 & (0 \leqslant x \leqslant a) \end{cases}$$

16. 证明方程

$$\Delta u \equiv u_{xx} + u_{yy} = 0$$

通过自变量变换

$$x = \rho \cos \theta, y = \rho \sin \theta$$

可化为

$$\Delta u \equiv \frac{\partial^2 u}{\partial \rho^2} + \frac{1}{\rho} \frac{\partial u}{\partial \rho} + \frac{1}{\rho^2} \frac{\partial^2 u}{\partial \theta^2} = 0$$

17. 求解单位圆内泊松方程的狄利克雷问题

$$\begin{cases} u_{xx} + u_{yy} = -xy & (x^2 + y^2 < 1) \\ u \mid_{x^2 + y^2 = 1} = 0 \end{cases}$$

18. 一半径为 a 的半圆形平板,其圆周边界上的温度保持 $u(a, \theta) = T\theta(\pi - \theta)$,其中 T 为常数,而直径边界上的温度保持为 0°C,板的侧面绝缘. 试求稳恒状态下的温度分布规律 $u(\rho, \theta)$.

19. 一圆环形平板,内半径为 r_1,外半径为 r_2,侧面绝缘. 若内圆温度保持 0°C,外缘温度保持为 1°C,试求稳恒状态下的温度分布规律 $u(r, \theta)$.

20. 在扇形区域:$0 \leqslant \rho \leqslant \rho_0, 0 \leqslant \theta \leqslant \theta_0$ 内求下列定解问题

$$\begin{cases} \Delta u = 0 \\ u \mid_{\theta=0} = u \mid_{\theta=\theta_0} = 0 \\ u \mid_{\rho=\rho_0} = f(\theta) \end{cases}$$

21. 求解圆环域内拉普拉斯方程的诺伊曼问题

$$\begin{cases} \Delta u = 0 & (1 < r < 2, 0 < \theta < 2\pi) \\ \dfrac{\partial u}{\partial r}\Big|_{r=1} = \sin\theta, \dfrac{\partial u}{\partial r}\Big|_{r=2} = 0 & (0 \leqslant \theta \leqslant 2\pi) \end{cases}$$

22. 有一根长为 l 而初始温度为 $60℃$ 的均匀细杆,杆内无热源,在它的一端 $x=l$ 处温度为 $0℃$,而在另一端 $x=0$ 处温度随时间直线增加,即 $u(0,t)=At$(A 为常数),试求杆的温度分布规律 $u(x,t)$.

23. 解下列定解问题

$$\begin{cases} u_{tt} = a^2 u_{xx} & (0 < x < l, t > 0) \\ u \mid_{x=0} = 0, u \mid_{x=l} = \sin\omega t & (t \geqslant 0) \\ u \mid_{t=0} = 0, u_t \mid_{t=0} = 0 & (0 \leqslant x \leqslant l) \end{cases}$$

24. 解下列定解问题

$$\begin{cases} u_{tt} = a^2 u_{xx} & (0 < x < l, t > 0) \\ u \mid_{x=0} = A, u \mid_{x=l} = B & (t \geqslant 0, A、B \text{ 是常数}) \\ u \mid_{t=0} = \varphi(x), u_t \mid_{t=0} = \psi(x) & (0 \leqslant x \leqslant l) \end{cases}$$

25. 解下述定解问题的解

$$\begin{cases} u_t = a^2 u_{xx} & (0 < x < l, t > 0) \\ u \mid_{x=0} = u_0, u_x \mid_{x=l} = 0 & (t \geqslant 0, u_0 \text{ 是常数}) \\ u \mid_{t=0} = 0 & (0 \leqslant x \leqslant l) \end{cases}$$

26. 试确定下述定解问题的解

$$\begin{cases} u_t = a^2 u_{xx} + f(x) & (0 < x < l, t > 0) \\ u \mid_{x=0} = A, u \mid_{x=l} = B & (t \geqslant 0, A、B \text{ 是常数}) \\ u \mid_{t=0} = g(x) & (0 \leqslant x \leqslant l) \end{cases}$$

第 4 章 傅立叶变换法

在研究无限区域的定解问题时,常常需求助于傅立叶积分变换法. 积分变换法的基本想法是把多个变量的线性偏微分方程变为含有较少变量的线性偏微分方程或者常微分方程,从而使问题得到简化. 傅立叶变换方法是法国数学家 Joseph Fourier 于 1801 年在解释圆环面周围热流动时首次提出来的,此后,傅立叶变换方法就成为许多学科用来解决无界区域上的微分方程定解问题的一个重要工具. 本章主要介绍傅立叶变换的一些基本性质以及这种积分变换在解偏微分方程定解问题中的应用.

4.1 傅立叶积分与傅立叶变换

4.1.1 傅立叶积分

在高等数学中我们知道,如果一个函数 $f(x)$ 在区间 $[-l, l]$ 上满足狄里克莱条件,那么 $f(x)$ 在区间 $[-l, l]$ 上可以展开成一个以 $2l$ 为周期的傅立叶级数,而且在函数 $f(x)$ 的连续点 x 处,成立

$$f(x) = \frac{a_0}{2} + \sum_{n=1}^{\infty} \left(a_n \cos \frac{n\pi x}{l} + b_n \sin \frac{n\pi x}{l} \right) \tag{4.1.1}$$

其中系数 a_0, a_n, b_n 为

$$a_0 = \frac{1}{l} \int_{-l}^{l} f(\xi) \, d\xi$$

$$a_n = \frac{1}{l} \int_{-l}^{l} f(\xi) \cos \frac{n\pi \xi}{l} d\xi \quad (n = 1, 2, \cdots)$$

$$b_n = \frac{1}{l} \int_{-l}^{l} f(\xi) \sin \frac{n\pi \xi}{l} d\xi \quad (n = 1, 2, \cdots)$$

利用欧拉公式

$$\cos \varphi = \frac{e^{i\varphi} + e^{-i\varphi}}{2}, \quad \sin \varphi = \frac{e^{i\varphi} - e^{-i\varphi}}{2i}$$

可把展开式(4.1.1)写成复数形式

$$f(x) = \sum_{n=-\infty}^{+\infty} c_n e^{i\frac{n\pi x}{l}} \tag{4.1.2}$$

其中

$$c_n = \frac{1}{2l} \int_{-l}^{l} f(\xi) e^{-i\frac{n\pi \xi}{l}} d\xi \quad (n = 0, \pm 1, \pm 2, \cdots)$$

如果 $f(x)$ 是定义在无穷区间 $(-\infty, +\infty)$ 上的非周期函数,它就不能展成傅立叶级数的形式. 这时我们可把 $f(x)$ 的周期设想为是无穷,即在区间 $[-l, l]$ 上定义 $f_l(x) \equiv f(x)$,其余区间 $f_l(x)$ 是把 $[-l, l]$ 上的函数以 $2l$ 为周期进行延拓,如图 4-1 所示. 显然,l 取得越大,$f_l(x)$ 与 $f(x)$ 相同的范围也越大,这表明

$$\lim_{l \to +\infty} f_l(x) = f(x)$$

所以,对非周期函数 $f(x)$ 就有

$$f(x) = \lim_{l \to +\infty} \frac{1}{2l} \sum_{n=-\infty}^{+\infty} \left[\int_{-l}^{l} f(\xi) e^{-i\frac{n\pi\xi}{l}} d\xi \right] e^{i\frac{n\pi x}{l}}$$

我们记 $\lambda_n = \dfrac{n\pi}{l}$, $\Delta\lambda_n = \lambda_{n+1} - \lambda_n = \dfrac{\pi}{l}$,则

$$f(x) = \lim_{\substack{l \to +\infty \\ \Delta\lambda_n \to 0}} \frac{1}{2\pi} \sum_{n=-\infty}^{+\infty} \left[\int_{-l}^{l} f(\xi) e^{-i\lambda_n\xi} d\xi \right] e^{i\lambda_n x} \Delta\lambda_n$$

$$= \frac{1}{2\pi} \int_{-\infty}^{+\infty} \left[\int_{-\infty}^{+\infty} f(\xi) e^{-i\lambda\xi} d\xi \right] e^{i\lambda x} d\lambda \tag{4.1.3}$$

式(4.1.3) 称为函数 $f(x)$ 的**傅立叶积分公式**.

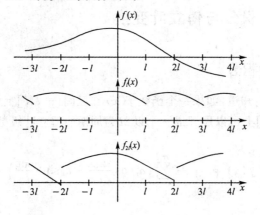

图 4-1

应该指出,上述推导是形式上的,因为我们把极限过程与求和过程交换了次序,并且把极限过程分成两段来做. 实际上傅立叶积分公式的成立是有条件的,我们不加证明地引用下面的定理.

定理 1(傅立叶积分定理)　设函数 $f(x)$ 在 $(-\infty, +\infty)$ 内有定义且满足:

(1) $f(x)$ 在任意有限区间上都满足狄里克莱条件;

(2) $f(x)$ 在 $(-\infty, +\infty)$ 内绝对可积,即 $\int_{-\infty}^{+\infty} |f(x)| dx < +\infty$. 则在 $f(x)$ 的连续点 x 处有

$$f(x) = \frac{1}{2\pi} \int_{-\infty}^{+\infty} \left[\int_{-\infty}^{+\infty} f(\xi) e^{-i\lambda\xi} d\xi \right] e^{i\lambda x} d\lambda$$

特别地,在 $f(x)$ 的间断点 x_0 处有

$$\frac{1}{2} \left[f(x_0 - 0) + f(x_0 + 0) \right] = \frac{1}{2\pi} \int_{-\infty}^{+\infty} \left[\int_{-\infty}^{+\infty} f(\xi) e^{-i\lambda\xi} d\xi \right] e^{i\lambda x} d\lambda$$

说明

(1) 傅立叶公式还有各种等价形式,如:

$$f(x) = \frac{1}{\pi}\int_0^{+\infty}\int_{-\infty}^{+\infty} f(\xi)\cos\lambda(x-\xi)\,\mathrm{d}\xi\mathrm{d}\lambda$$

或

$$f(x) = \int_0^{+\infty}[A(\lambda)\cos\lambda x + B(\lambda)\sin\lambda x]\,\mathrm{d}\lambda$$

其中

$$A(\lambda) = \frac{1}{\pi}\int_{-\infty}^{+\infty} f(\xi)\cos\lambda\xi\,\mathrm{d}\xi$$

$$B(\lambda) = \frac{1}{\pi}\int_{-\infty}^{+\infty} f(\xi)\sin\lambda\xi\,\mathrm{d}\xi$$

$$f(x) = \frac{1}{2\pi}\int_{-\infty}^{+\infty}\left[\int_{-\infty}^{+\infty} f(\xi)\mathrm{e}^{\mathrm{i}\lambda\xi}\,\mathrm{d}\xi\right]\mathrm{e}^{-\mathrm{i}\lambda x}\,\mathrm{d}\lambda$$

(2) 上述各种形式中的广义积分都是主值意义下的积分,即

$$\int_{-\infty}^{+\infty} f(x)\,\mathrm{d}x = \lim_{N\to+\infty}\int_{-N}^{N} f(x)\,\mathrm{d}x$$

(3) 若 $f(x)$ 为奇函数,其傅立叶积分公式为

$$f(x) = \frac{2}{\pi}\int_0^{+\infty}\left[\int_0^{+\infty} f(\xi)\sin\lambda\xi\,\mathrm{d}\xi\right]\sin\lambda x\,\mathrm{d}\lambda$$

若 $f(x)$ 为偶函数,其傅立叶积分公式为

$$f(x) = \frac{2}{\pi}\int_0^{+\infty}\left[\int_0^{+\infty} f(\xi)\cos\lambda\xi\,\mathrm{d}\xi\right]\cos\lambda x\,\mathrm{d}\lambda$$

4.1.2　傅立叶变换及其逆变换

我们定义傅立叶变换式如下:

定义 1　设函数 $f(x)$ 在区间$(-\infty, +\infty)$上的任一有限区间上满足狄里克莱条件,在$(-\infty, +\infty)$上绝对可积,则称广义积分

$$F(\lambda) = \int_{-\infty}^{+\infty} f(\xi)\mathrm{e}^{-\mathrm{i}\lambda\xi}\,\mathrm{d}\xi$$

为函数 $f(x)$ 的**傅立叶变换式**,简称**傅立叶变换**,或者称为 $f(x)$ 的**象函数**,通常记作

$$F[f(x)] = F(\lambda) = \int_{-\infty}^{+\infty} f(\xi)\mathrm{e}^{-\mathrm{i}\lambda\xi}\,\mathrm{d}\xi \tag{4.1.4}$$

从而也得到

$$f(x) = \frac{1}{2\pi}\int_{-\infty}^{+\infty} F(\lambda)\mathrm{e}^{\mathrm{i}\lambda x}\,\mathrm{d}\lambda \tag{4.1.5}$$

称式(4.1.5)为函数 $F(\lambda)$ 的**傅立叶逆变换式**,简称**傅立叶逆变换**,$f(x)$ 称为 $F(\lambda)$ 的**象原函数**,通常记作

$$F^{-1}[F(\lambda)] = f(x) = \frac{1}{2\pi}\int_{-\infty}^{+\infty} F(\lambda)\mathrm{e}^{\mathrm{i}\lambda x}\,\mathrm{d}\lambda$$

从式(4.1.3)可看出,函数 $F(x)$ 和 $f(x)$ 可以通过积分相互表达,它们组成一个**傅立叶变**

换对. 因此, 当函数 $f(x)$ 满足傅立叶积分定理条件时, 傅立叶积分公式就成为

$$f(x) = F^{-1}\{ F[f(x)]\} \tag{4.1.6}$$

傅立叶变换还有很多变化形式.

形式 1

傅立叶变换

$$F[f(x)] = F(\lambda) = \int_{-\infty}^{+\infty} f(\xi) e^{i\lambda\xi} d\xi$$

傅立叶逆变换

$$F^{-1}[F(\lambda)] = f(x) = \frac{1}{2\pi} \int_{-\infty}^{+\infty} F(\lambda) e^{-i\lambda x} d\lambda$$

形式 2

傅立叶变换

$$F[f(x)] = F(\lambda) = \frac{1}{\sqrt{2\pi}} \int_{-\infty}^{+\infty} f(\xi) e^{-i\lambda\xi} d\xi$$

傅立叶逆变换

$$F^{-1}[F(\lambda)] = f(x) = \frac{1}{\sqrt{2\pi}} \int_{-\infty}^{+\infty} F(\lambda) e^{i\lambda x} d\lambda$$

形式 3   若 $f(x)$ 为奇函数, 我们定义傅立叶正弦变换

傅立叶正弦变换

$$F_s(\lambda) = F_s[f(x)] = \int_0^{+\infty} f(\xi) \sin \lambda\xi d\xi$$

傅立叶正弦逆变换

$$f(x) = F^{-1}[F_s(\lambda)] = \frac{2}{\pi} \int_0^{+\infty} F_s(\lambda) \sin \lambda x d\lambda$$

形式 4   若 $f(x)$ 为偶函数, 我们定义傅立叶余弦变换.

傅立叶余弦变换

$$F_c(\lambda) = \int_0^{+\infty} f(\xi) \cos \lambda\xi d\xi$$

傅立叶余弦逆变换

$$f(x) = \frac{2}{\pi} \int_0^{+\infty} F_c(\lambda) \cos \lambda x d\lambda$$

4.1.3   高维傅立叶变换及其逆变换

我们可以完全类似地定义 n 个自变量函数的傅立叶变换和逆变换.

定义 2   设 $x = (x_1, x_2, \cdots, x_n) \in \mathbf{R}^n, \lambda = (\lambda_1, \lambda_2, \cdots, \lambda_n), x \cdot \lambda = x_1\lambda_1 + x_2\lambda_2 + \cdots + x_n\lambda_n, dx = dx_1 dx_2 \cdots dx_n$, 如果 $f(x) = f(x_1, x_2, \cdots, x_n)$ 在 $\mathbf{R}^n$ 上连续, 分片光滑且绝对可积, 记

$$F(\lambda) = \int_{\mathbf{R}^n} f(x) e^{-i\lambda \cdot x} dx$$

则对一切 $x \in \mathbf{R}^n$, 有

72

$$f(x) = \frac{1}{2\pi}\int_{\mathbf{R}^n} F(\lambda)e^{i\lambda\cdot x}\mathrm{d}\lambda$$

我们称 $F(\lambda)$ 为 $f(x)$ 的 **n 维傅立叶变换**,而称 $f(x)$ 为 $F(\lambda)$ 的 **n 维傅立叶逆变换**,通常记作

$$F(\lambda) = F[f(x)]$$

和

$$f(x) = F^{-1}[F(\lambda)]$$

例 1　求指数衰减函数

$$f(x) = \begin{cases} 0, & x < 0 \\ e^{-\beta x}, & x \geqslant 0 \end{cases} \quad (\beta > 0)$$

的傅立叶变换和傅立叶积分.

解　根据傅立叶变换的定义

$$F[f(x)] = F(\lambda) = \int_{-\infty}^{+\infty} f(x)e^{-i\lambda x}\mathrm{d}x = \int_0^{+\infty} e^{-\beta x}\cdot e^{-i\lambda x}\mathrm{d}x$$

$$= \int_0^{+\infty} e^{-(\beta+i\lambda)x}\mathrm{d}x = \frac{-1}{\beta+i\lambda}e^{-(\beta+i\lambda)x}\bigg|_0^{+\infty} = \frac{1}{\beta+i\lambda} = \frac{\beta-i\lambda}{\beta^2+\lambda^2}$$

这一步用到条件 $\beta > 0$. 由傅立叶积分定理知,当 $x \neq 0$ 时,

$$f(x) = F^{-1}[F(\lambda)] = \frac{1}{2\pi}\int_{-\infty}^{+\infty} F(\lambda)e^{i\lambda x}\mathrm{d}\lambda$$

$$= \frac{1}{2\pi}\int_{-\infty}^{+\infty} \frac{\beta-i\lambda}{\beta^2+\lambda^2}e^{i\lambda x}\mathrm{d}\lambda$$

$$= \frac{1}{2\pi}\int_{-\infty}^{+\infty} \frac{\beta-i\lambda}{\beta^2+\lambda^2}(\cos\lambda x + i\sin\lambda x)\mathrm{d}\lambda$$

由于 $i\beta\sin\lambda x$,$i\lambda\cos\lambda x$ 都是 λ 的奇函数;$\beta\cos\lambda x$,$\lambda\sin\lambda x$ 都是 λ 的偶函数,故

$$f(x) = \frac{1}{\pi}\int_0^{+\infty} \frac{\beta\cos\lambda x + \lambda\sin\lambda x}{\beta^2+\lambda^2}\mathrm{d}\lambda, \quad x \neq 0$$

由本例附带地可导出下述积分结果:

$$\int_0^{+\infty} \frac{\beta\cos\lambda x + \lambda\sin\lambda x}{\beta^2+\lambda^2}\mathrm{d}\lambda = \begin{cases} 0, & x < 0 \\ \dfrac{\pi}{2}, & x = 0 \\ \pi e^{-\beta x}, & x > 0 \end{cases}$$

例 2　求 $f(x) = e^{-a|x|}$ $(a > 0)$ 的傅立叶变换.

解　根据傅立叶变换的定义

$$F[f(x)] = F(\lambda) = \int_{-\infty}^{+\infty} f(x)e^{-i\lambda x}\mathrm{d}x = \int_{-\infty}^{+\infty} e^{-a|x|}e^{-i\lambda x}\mathrm{d}x$$

$$= \int_{-\infty}^0 e^{(a-i\lambda)x}\mathrm{d}x + \int_0^{+\infty} e^{-(a+i\lambda)x}\mathrm{d}x$$

$$= \frac{1}{a-i\lambda} + \frac{1}{a+i\lambda} = \frac{2a}{a^2+\lambda^2}$$

例 3　求函数 $f(x) = e^{-Ax^2}$ $(A > 0)$ 的傅立叶变换.

解　根据傅立叶变换的定义

$$F[e^{-Ax^2}] = \int_{-\infty}^{+\infty} e^{-Ax^2} \cdot e^{-i\lambda x} dx$$

$$= \int_{-\infty}^{+\infty} e^{-A\left(x^2 + i\frac{\lambda}{A}x + \frac{i^2\lambda^2}{4A^2}\right) - \frac{\lambda^2}{4A}} \cdot dx$$

$$= \int_{-\infty}^{+\infty} e^{-\frac{\lambda^2}{4A}} \cdot e^{-A\left(x + \frac{i\lambda}{2A}\right)^2} \cdot dx$$

考虑复平面上的闭路积分,取闭路 Γ_N 如图 4-2 所示($\lambda > 0$),由柯西积分定理知

$$\oint_{\Gamma_N} e^{-Az^2} dz = 0$$

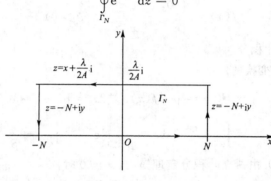

图 4-2

而

$$\oint_{\Gamma_N} e^{-Az^2} dz = \int_{-N}^{N} e^{-Ax^2} dx + \int_{0}^{\frac{\lambda}{2A}} e^{-A(N+iy)^2} i dy + \int_{N}^{-N} e^{-A\left(x + \frac{i\lambda}{2A}\right)^2} dx + \int_{\frac{\lambda}{2A}}^{0} e^{-A(-N+iy)^2} i dy$$

$$= I_1 + I_2 + I_3 + I_4$$

因为

$$|I_2| \leqslant \int_{0}^{\frac{\lambda}{2A}} | e^{-A(N^2 - y^2)} \cdot e^{-2ANyi} i | dy$$

$$\leqslant e^{-AN^2 + \frac{A\lambda^2}{4A^2}} \cdot \frac{\lambda}{2A}$$

$$= e^{-AN^2 + \frac{\lambda^2}{4A}} \cdot \frac{\lambda}{2A} \to 0 \quad (\text{当 } N \to +\infty \text{ 时})$$

$$|I_4| \leqslant \int_{\frac{\lambda}{2A}}^{0} | e^{-A(N^2 - y^2)} \cdot e^{2ANyi} i | dy$$

$$\leqslant e^{-AN^2 + \frac{\lambda^2}{4A}} \cdot \frac{\lambda}{2A} \to 0 \quad (\text{当 } N \to +\infty \text{ 时})$$

又

$$\lim_{N \to +\infty} I_1 = \int_{-\infty}^{+\infty} e^{-Ax^2} dx$$

令

$$t = \sqrt{A} x \quad (A > 0)$$

$$\lim_{N \to +\infty} I_1 = \frac{1}{\sqrt{A}} \int_{-\infty}^{+\infty} e^{-t^2} dt = \sqrt{\frac{\pi}{A}}$$

$$\lim_{N \to +\infty} I_3 = \int_{+\infty}^{-\infty} e^{-A\left(x + \frac{i\lambda}{2A}\right)^2} dx = -\int_{-\infty}^{+\infty} e^{-A\left(x + \frac{i\lambda}{2A}\right)^2} dx$$

所以,当 $N \to +\infty$ 时,有

$$0 = \sqrt{\frac{\pi}{A}} - \int_{-\infty}^{+\infty} e^{-A\left(x + \frac{i\lambda}{2A}\right)^2} dx$$

即

$$\int_{-\infty}^{+\infty} e^{-A\left(x + \frac{i\lambda}{2A}\right)^2} dx = \sqrt{\frac{\pi}{A}}$$

$$F\left[e^{-Ax^2}\right] = \sqrt{\frac{\pi}{A}} e^{-\frac{\lambda^2}{4A}}$$

例 4 求 $F(\lambda) = \dfrac{1}{i\lambda}$ 的傅立叶逆变换.

解 根据傅立叶逆变换的定义

$$F^{-1}\left[\frac{1}{i\lambda}\right] = \frac{1}{2\pi} \int_{-\infty}^{+\infty} \frac{1}{i\lambda} e^{i\lambda x} d\lambda$$

$$= \frac{1}{2\pi} \int_{-\infty}^{+\infty} \frac{1}{i\lambda} (\cos \lambda x + i\sin \lambda x) d\lambda$$

$$= \frac{1}{2\pi} \int_{-\infty}^{+\infty} \frac{\sin \lambda x}{\lambda} d\lambda = \frac{1}{\pi} \int_0^{+\infty} \frac{\sin \lambda x}{\lambda} d\lambda$$

已知狄里克莱积分

$$\int_0^{+\infty} \frac{\sin x}{x} dx = \frac{\pi}{2}$$

当 $x > 0$ 时,令 $u = \lambda x$,则

$$\int_0^{+\infty} \frac{\sin \lambda x}{\lambda} d\lambda = \int_0^{+\infty} \frac{\sin u}{u} du = \frac{\pi}{2}$$

当 $x < 0$ 时,令 $u = -\lambda x$,则

$$\int_0^{+\infty} \frac{\sin \lambda x}{\lambda} d\lambda = \int_0^{+\infty} \frac{\sin(-u)}{u} du = -\frac{\pi}{2}$$

即有

$$\int_0^{+\infty} \frac{\sin \lambda x}{\lambda} d\lambda = \begin{cases} -\dfrac{\pi}{2}, & x < 0 \\[2mm] 0, & x = 0 \\[2mm] \dfrac{\pi}{2}, & x > 0 \end{cases}$$

$$F^{-1}\left[\frac{1}{i\lambda}\right] = \begin{cases} -\dfrac{1}{2}, & x < 0 \\[2mm] 0, & x = 0 \\[2mm] \dfrac{1}{2}, & x > 0 \end{cases}$$

从上面的一些例题可见,求一个函数的傅立叶变换(或逆变换),实际上就是计算一个含参数的广义积分.一般说来,这种计算是比较困难的.常见的一些函数的傅立叶变换

也可以查傅立叶变换表.

4.2 傅立叶变换的基本性质

在这节中我们将介绍傅立叶变换的几个重要的基本性质,这些性质对于求函数的傅立叶变换以及解偏微分方程的定解问题都有很大用处.为了叙述方便起见,假定在这些性质中,凡是需要求傅立叶变换的函数都满足傅立叶积分定理中的条件.

4.2.1 傅立叶变换的运算性质

性质 1(线性性质) 设 $F(\lambda) = F[f(x)]$,$G(\lambda) = F[g(x)]$,且 a、b 为任意常数,则有

$$F[af(x) + bg(x)] = aF[f(x)] + bF[g(x)]$$
$$F^{-1}[aF(\lambda) + bG(\lambda)] = af(x) + bg(x)$$

证明 根据傅立叶变换的定义

$$
\begin{aligned}
F[af(x) + bg(x)] &= \int_{-\infty}^{+\infty} [af(x) + bg(x)] e^{-i\lambda x} dx \\
&= a\int_{-\infty}^{+\infty} f(x) e^{-i\lambda x} dx + b\int_{-\infty}^{+\infty} g(x) e^{-i\lambda x} dx \\
&= aF[f(x)] + bF[g(x)]
\end{aligned}
$$

同理可推得逆变换式.

性质 2(位移性质) 对任意的实数 c,有

$$F[f(x \pm c)] = e^{\pm i\lambda c} F[f(x)]$$
$$F^{-1}[F(\lambda \pm c)] = e^{\mp i cx} F^{-1}[F(\lambda)] = e^{\mp i cx} f(x)$$

证明 根据定义

$$F[f(x+c)] = \int_{-\infty}^{+\infty} f(x+c) e^{-i\lambda x} dx$$

令 $\xi = x + c$,则

$$
\begin{aligned}
F[f(x+c)] &= \int_{-\infty}^{+\infty} f(\xi) e^{-i\lambda(\xi-c)} d\xi \\
&= e^{i\lambda c} \int_{-\infty}^{+\infty} f(\xi) e^{-i\lambda\xi} d\xi \\
&= e^{i\lambda c} F[f(x)]
\end{aligned}
$$

同样方法可证得

$$F[f(x-c)] = e^{-i\lambda c} F[f(x)]$$

上两式也可以改写成

$$F^{-1}[e^{\pm i\lambda c} F(\lambda)] = f(x \pm c)$$

类似地可证明

$$F^{-1}[F(\lambda \pm c)] = e^{\mp i cx} F^{-1}[F(\lambda)] = e^{\mp i cx} f(x)$$

上式也可以改写成

$$F[e^{\mp icx}f(x)] = F(\lambda \pm c)$$

性质 3（相似性质） 如果 $F(\lambda) = F[f(x)]$，c 为非零实数，则有

$$F[f(cx)] = \frac{1}{|c|}F\left[\frac{\lambda}{c}\right]$$

证明 根据定义，并令 $\xi = cx$，

$$F[f(cx)] = \int_{-\infty}^{+\infty} f(cx)e^{-i\lambda x}dx$$

$$= \int_{-\infty}^{+\infty} f(\xi)e^{-i\lambda\frac{\xi}{c}}d\frac{\xi}{|c|} = \frac{1}{|c|}F\left[\frac{\lambda}{c}\right]$$

性质 4（微分性质） 函数 $f(x)$、$f'(x)$ 在区间 $(-\infty, +\infty)$ 上的任一有限区间上满足狄里克莱条件，在 $(-\infty, +\infty)$ 上 $f(x)$、$f'(x)$ 绝对可积，并且当 $|x| \to +\infty$ 时，$f(x) \to 0$，那么

$$F[f'(x)] = i\lambda F[f(x)]$$

证明 根据定理及分部积分公式有

$$F[f'(x)] = \int_{-\infty}^{+\infty} f'(x)e^{-i\lambda x}dx$$

$$= f(x)e^{-i\lambda x}\Big|_{-\infty}^{+\infty} + i\lambda\int_{-\infty}^{+\infty} f(x)e^{-i\lambda x}dx$$

由于 $f(x)$ 绝对可积，可证得 $\lim\limits_{|x|\to+\infty} f(x) = 0$. 因此

$$F[f'(x)] = i\lambda\int_{-\infty}^{+\infty} f(x)e^{-i\lambda x}dx = i\lambda F[f(x)]$$

推论 $F[f''(x)] = i\lambda F[f'(x)] = (i\lambda)^2 F[f(x)]$

一般地，如果 $f(x)$ 和它的直到 $(n-1)$ 阶的导数都连续，$f(x)$ 的 n 阶导数分片连续且绝对可积，则有

$$F[f^{(n)}(x)] = (i\lambda)^n F[f(x)]$$

性质 5（象函数的微分性质） 设 $F(\lambda) = F[f(x)]$，则有

$$F[xf(x)] = i\frac{d}{d\lambda}F[\lambda]$$

证明 根据定理及分部积分公式有

$$F[xf(x)] = \int_{-\infty}^{+\infty} xf(x)e^{-i\lambda x}dx = i\frac{d}{d\lambda}\int_{-\infty}^{+\infty} f(x)e^{-i\lambda x}dx = i\frac{d}{d\lambda}F[\lambda]$$

推论 $F[x^n f(x)] = i^n \dfrac{d^n}{d\lambda^n}F[\lambda] \quad (n = 1, 2, 3, \cdots)$

性质 6（积分性质）

$$F\left[\int_{-\infty}^{x} f(\xi)d\xi\right] = \frac{1}{i\lambda}F[f(x)]$$

证明 因为

$$f(x) = \frac{d}{dx}\int_{-\infty}^{x} f(\xi)d\xi$$

所以

$$F[f(x)] = F\left[\frac{\mathrm{d}}{\mathrm{d}x}\int_{-\infty}^{x} f(\xi)\mathrm{d}\xi\right] = \mathrm{i}\lambda F\left[\int_{-\infty}^{x} f(\xi)\mathrm{d}\xi\right]$$

即有

$$F\left[\int_{-\infty}^{x} f(\xi)\mathrm{d}\xi\right] = \frac{1}{\mathrm{i}\lambda}F[f(x)]$$

4.2.2　卷积及其性质

定义 1　积分 $\int_{-\infty}^{+\infty} f(\xi)g(x-\xi)\mathrm{d}\xi$ 为函数 $f(x)$ 与 $g(x)$ 的卷积,记作 $f(x)*g(x)$,或简记为 $f*g$,即

$$f(x)*g(x) = \int_{-\infty}^{+\infty} f(\xi)g(x-\xi)\mathrm{d}\xi$$

定理 1　设函数 $f(x)$ 与 $g(x)$ 在区间 $(-\infty,+\infty)$ 上满足傅立叶变换存在条件,那么 $f(x)$ 与 $g(x)$ 的卷积

$$f(x)*g(x) = \int_{-\infty}^{+\infty} f(\xi)g(x-\xi)\mathrm{d}\xi$$

在 $(-\infty,+\infty)$ 上绝对可积,并且傅立叶变换存在.

卷积运算有下述性质:

(1) 交换律　　　　　　　$f(x)*g(x) = g(x)*f(x)$

(2) 结合律　　　$f(x)*[g(x)*h(x)] = [f(x)*g(x)]*h(x)$

(3) 分配律　　　$f(x)*[g(x)+h(x)] = f(x)*g(x)+f(x)*h(x)$

这些性质根据卷积定义,立即可以证出.如交换律的证明如下:

在卷积表达式中,令 $x-\xi=\eta$,于是

$$f(x)*g(x) = \int_{-\infty}^{+\infty} f(\xi)g(x-\xi)\mathrm{d}\xi$$

$$= \int_{+\infty}^{-\infty} f(x-\eta)g(\eta)(-\mathrm{d}\eta)$$

$$= \int_{-\infty}^{+\infty} g(\eta)f(x-\eta)\mathrm{d}\eta$$

$$= g(x)*f(x)$$

结合律和分配律的证明也类似,在此不予证明.

卷积的傅立叶变换有下述定理.

定理 2(卷积定理)　设函数 $f(x)$ 与 $g(x)$ 都满足傅立叶积分定理中的条件,并且 $F(\lambda)=F[f(x)]$,$G(\lambda)=F[g(x)]$,则有

$$F[f(x)*g(x)] = F[f(x)] \cdot F[g(x)] = F(\lambda)G(\lambda)$$

或者

$$F^{-1}[F(\lambda)G(\lambda)] = F^{-1}[F(\lambda)]*F^{-1}[G(\lambda)] = f(x)*g(x)$$

证明　根据定义

$$F[f(x)*g(x)] = \int_{-\infty}^{+\infty} [f(x)*g(x)]\mathrm{e}^{-\mathrm{i}\lambda x}\mathrm{d}x$$

$$= \int_{-\infty}^{+\infty} \left[\int_{-\infty}^{+\infty} f(\xi)g(x-\xi)\mathrm{d}\xi \right] \mathrm{e}^{-\mathrm{i}\lambda x}\mathrm{d}x$$

由于 $f(x)$ 与 $g(x)$ 都在 $(-\infty,+\infty)$ 内绝对可积,积分次序可交换,因此

$$F[f(x) * g(x)] = \int_{-\infty}^{+\infty} f(\xi) \left[\int_{-\infty}^{+\infty} g(x-\xi)\mathrm{e}^{-\mathrm{i}\lambda x}\mathrm{d}x \right] \mathrm{d}\xi$$

令 $x - \xi = \eta$,则

$$F[f(x) * g(x)] = \int_{-\infty}^{+\infty} f(\xi) \left[\int_{-\infty}^{+\infty} g(\eta)\mathrm{e}^{-\mathrm{i}\lambda(\xi+\eta)}\mathrm{d}\eta \right] \mathrm{d}\xi$$

$$= \int_{-\infty}^{+\infty} f(\xi)\mathrm{e}^{-\mathrm{i}\lambda\xi}\mathrm{d}\xi \cdot \int_{-\infty}^{+\infty} g(\eta)\mathrm{e}^{-\mathrm{i}\lambda\eta}\mathrm{d}\eta$$

$$= F[f(x)] \cdot F[g(x)]$$

定理 3(象函数卷积定理) 设

$$F(\lambda) = F[f(x)] , \quad G(\lambda) = F[g(x)]$$

则有

$$F[f(x)g(x)] = \frac{1}{2\pi}F[f(x)] * F[g(x)] = \frac{1}{2\pi}F(\lambda) * G(\lambda)$$

或者

$$F^{-1}[F(\lambda) * G(\lambda)] = 2\pi f(x)g(x)$$

证明 由定义得

$$F[f(x)g(x)] = \int_{-\infty}^{+\infty} [f(x)g(x)]\mathrm{e}^{-\mathrm{i}\lambda x}\mathrm{d}x$$

$$= \frac{1}{2\pi}\int_{-\infty}^{+\infty} \left[f(x)\int_{-\infty}^{+\infty} G(\eta)\mathrm{e}^{\mathrm{i}\eta x}\mathrm{d}\eta \right] \mathrm{e}^{-\mathrm{i}\lambda x}\mathrm{d}x$$

$$= \frac{1}{2\pi}\int_{-\infty}^{+\infty} \left[\int_{-\infty}^{+\infty} G(\eta)\mathrm{e}^{-\mathrm{i}(\lambda-\eta)x}f(x)\mathrm{d}x \right] \mathrm{d}\eta$$

$$= \frac{1}{2\pi}\int_{-\infty}^{+\infty} G(\eta)\int_{-\infty}^{+\infty} f(x)\mathrm{e}^{-\mathrm{i}(\lambda-\eta)x}\mathrm{d}x\mathrm{d}\eta$$

$$= \frac{1}{2\pi}\int_{-\infty}^{+\infty} G(\eta)F(\lambda-\eta)\mathrm{d}\eta = \frac{1}{2\pi}F(\lambda) * G(\lambda)$$

定理 4(Parseval 定理) 设 $F(\lambda) = F[f(x)]$,则有

$$\int_{-\infty}^{+\infty} |f(x)|^2\mathrm{d}x = \frac{1}{2\pi}\int_{-\infty}^{+\infty} |F(\lambda)|^2\mathrm{d}\lambda$$

证明 由卷积定理

$$f(x) * g(x) = F^{-1}[F(\lambda)G(\lambda)]$$

得

$$\int_{-\infty}^{+\infty} f(\xi)g(x-\xi)\mathrm{d}\xi = \frac{1}{2\pi}\int [F(\lambda)G(\lambda)]\mathrm{e}^{\mathrm{i}\lambda x}\mathrm{d}\lambda$$

令 $x = 0$,得

$$\int_{-\infty}^{+\infty} f(\xi)g(-\xi)\mathrm{d}\xi = \frac{1}{2\pi}\int [F(\lambda)G(\lambda)]\mathrm{d}\lambda$$

又设 $\overline{f(x)} = g(-x)$,那么

$$G(\lambda) = \int_{-\infty}^{+\infty} g(x) \mathrm{e}^{-\mathrm{i}\lambda x} \mathrm{d}x = \int_{-\infty}^{+\infty} \overline{f(-x)} \mathrm{e}^{-\mathrm{i}\lambda x} \mathrm{d}x$$

$$= \int_{-\infty}^{+\infty} \overline{f(t)} \mathrm{e}^{\mathrm{i}\lambda t} \mathrm{d}t = \overline{F(\lambda)}$$

故

$$\int_{-\infty}^{+\infty} |f(x)|^2 \mathrm{d}x = \frac{1}{2\pi} \int_{-\infty}^{+\infty} |F(\lambda)|^2 \mathrm{d}\lambda$$

4.2.3　高维傅立叶变换及其性质

对于 n 个自变量函数的傅立叶变换和逆变换,前面的性质也同样成立,只要把上述性质中出现的记号修改如下:

位移性质

$$F[f(x \pm c)] = \mathrm{e}^{\pm \mathrm{i}\lambda \cdot c} F[f(x)]$$

其中

$$c = (c_1, c_2, \cdots, c_n)$$

相似性质

$$F[f(ax)] = \frac{1}{|a|^n} F\left[\frac{\lambda}{a}\right]$$

其中常数 $a \neq 0$.

微分性质

$$F\left[\frac{\partial}{\partial x_j} f(x)\right] = \mathrm{i}\lambda_j F(\lambda)$$

其中 $j = 1, 2, \cdots, n$.

定理 5(卷积定理)　如果定义卷积运算

$$(f * g)(x) = \int_{\mathbf{R}^n} f(x - y) g(y) \mathrm{d}y$$

其中

$$y = (y_1, y_2, \cdots, y_n)$$

则成立卷积定理

$$F[f(x) * g(x)] = F[f(x)] \cdot F[g(x)] = F(\lambda)G(\lambda)$$

4.3　δ 函数及广义傅立叶变换

4.3.1　δ 函数

δ 函数在物理学和工程技术中常用来表示电源(点电源、点热源、……),集中载荷,脉冲和密度等一些集中分布的量.它是在 1927 年由狄拉克首先引进的. δ 函数已不是普通意义下的函数,而是一种广义函数.

我们以原点处放置一单位点电荷为例.设在整个数轴上,只在原点放一个单位点电荷,别处没有电荷,用 $F(x)$ 表示区间 $(-\infty, x]$ 上的电量,则

$$F(x) = \begin{cases} 1, & x \geqslant 0 \\ 0, & x < 0 \end{cases}$$

显然,电荷的密度函数 $\delta(x)$ 只在 $F'(x)$ 存在的点处有意义. 在 $x \neq 0$ 处,密度 $\delta(x) = 0$,而在 $x = 0$ 处,密度 $\delta(x)$ 为 ∞. 这样的密度函数 $\delta(x)$ 已不能被包含在经典数学分析的函数概念中. 简单地认为 $\delta(x)$ 几乎处处等于零是可以的,对于这种函数进行通常的微积分运算将导致错误. 例如它的积分 $\int_{-\infty}^{+\infty} \delta(x) \mathrm{d}x$ 按通常积分的意义当然是零,但是从直观上来说这个积分显然应等于总的电量 1,即密度函数 $\delta(x)$ 应具有性质:

(1) $$\delta(x) = \begin{cases} 0, & x \neq 0 \\ \infty, & x = 0 \end{cases} \qquad (4.3.1)$$

(2) $$\int_{-\infty}^{+\infty} \delta(x) \mathrm{d}x = 1 \qquad (4.3.2)$$

矛盾的产生说明函数的概念必须推广.

实际上,集中分布的量也只是一种"极限形象". 上述原点处放置一单位点电荷,可以近似看成在原点的小邻域内作用着一个电荷分布,密度为 $\delta_\epsilon(x)$,不妨取

$$\delta_\epsilon(x) = \begin{cases} \dfrac{1}{2\epsilon}, & |x| \leqslant \epsilon \\ 0, & |x| > 0 \end{cases}$$

其图形如图 4-3 所示. 显然

$$\lim_{\epsilon \to 0} \int_{-\infty}^{+\infty} \delta_\epsilon(x) \mathrm{d}x = \lim_{\epsilon \to 0} \int_{-\epsilon}^{\epsilon} \frac{1}{2\epsilon} \mathrm{d}x = 1$$

密度函数 $\delta(x)$ 应是上述函数 $\delta_\epsilon(x)$,当 $\epsilon \to 0$ 时的一种"极限",这已不是古典意义下的极限. 为此,我们需要扩充极限的概念和函数的概念.

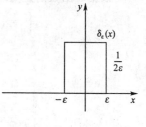

图 4-3

定义 1 若对于区间 $(-\infty, +\infty)$ 内绝对可积函数列 $\{u_n(x)\}$ 及任一函数 $\varphi(x) \in C_0^\infty(-\infty, +\infty)$,极限 $\lim\limits_{n \to \infty} \int_{-\infty}^{+\infty} u_n(x)\varphi(x)\mathrm{d}x$ 存在,且等于 $\int_{-\infty}^{+\infty} u(x)\varphi(x)\mathrm{d}x$,即

$$\lim_{n \to \infty} \int_{-\infty}^{+\infty} u_n(x)\varphi(x)\mathrm{d}x = \int_{-\infty}^{+\infty} u(x)\varphi(x)\mathrm{d}x \qquad (4.3.3)$$

则称函数列 $\{u_n(x)\}$ **弱收敛**于 $u(x)$,记作

$$\lim_{n \to \infty} u_n(x) \xrightarrow{\ \text{弱}\ } u(x) \ \text{或} \ u_n(x) \to u(x) \quad (n \to \infty) \qquad (4.3.4)$$

这样定义的函数 $u(x)$ 称为**广义函数**.

上述定义中的区间 $(-\infty, +\infty)$ 也可换成有限区间或半无限区间,即 $[a,b]$、$[a, +\infty)$ 或 $(-\infty, b]$. 定义中的函数列也可以是 $\{u_\epsilon(x)\}$,并令 $\epsilon \to 0$ 时的极限,即

$$\lim_{\epsilon \to 0} \int_{-\infty}^{+\infty} u_\epsilon(x)\varphi(x)\mathrm{d}x = \int_{-\infty}^{+\infty} u(x)\varphi(x)\mathrm{d}x$$

若函数列 $\{u_n(x)\}$,$\{v_n(x)\}$ 具有同一个弱极限函数,则称这两个函数是**等价的**.

定义 2 函数列 $\{\delta_\epsilon(x)\}$ 当 $\epsilon \to 0$ 时确定的弱极限函数,记作 $\delta(x)$,称为**狄拉克 δ 函**

数,简称 δ 函数,即

$$\lim_{\epsilon \to \infty} \delta_\epsilon(x) \xrightarrow{\ \text{弱}\ } \delta(x)$$

根据广义函数的定义,上式也可以表示为

$$\int_{-\infty}^{+\infty} \delta(x)\varphi(x)\mathrm{d}x = \lim_{\epsilon \to 0} \int_{-\infty}^{+\infty} \delta_\epsilon(x)\varphi(x)\mathrm{d}x , \quad \forall \varphi(x) \in C_0^\infty(-\infty, +\infty)$$

其中

$$\delta_\epsilon(x) = \begin{cases} \dfrac{1}{2\epsilon}, & |x| \leqslant \epsilon \\[2mm] 0, & |x| > 0 \end{cases}$$

根据函数列的等价性,定义 $\delta(x)$ 的函数列 $\{\delta_\epsilon(x)\}$ 还可以有多种形式,如

$$\delta_\epsilon(x) = \begin{cases} 0, & x < 0 \\[2mm] \dfrac{1}{\epsilon}, & 0 \leqslant x \leqslant \epsilon \\[2mm] 0, & x > \epsilon \end{cases}$$

等.

由于函数列 $\{\delta_\epsilon(x)\}$ 中的函数当 $|x|$ 较大时其值为零,所以在 δ 函数的定义中,**试探函数空间 C_0^∞ 可改为 C^∞**.

根据 δ 函数的定义,有

$$\begin{aligned}
\int_{-\infty}^{+\infty} \delta(x)\varphi(x)\mathrm{d}x &= \lim_{\epsilon \to 0} \int_{-\infty}^{+\infty} \delta_\epsilon(x)\varphi(x)\mathrm{d}x \\
&= \lim_{\epsilon \to 0} \int_{-\infty}^{+\infty} \frac{1}{2\epsilon}\varphi(x)\mathrm{d}x \\
&= \lim_{\epsilon \to 0} \frac{1}{2\epsilon}\varphi(\theta x)2\epsilon \quad (-1 < \theta < 1) \\
&= \lim_{\epsilon \to 0} \varphi(\theta x) = \varphi(0)
\end{aligned}$$

更一般地可证得

$$\int_{-\infty}^{+\infty} \delta(x-x_0)\varphi(x)\mathrm{d}x = \varphi(x_0) \tag{4.3.5}$$

这是函数 $\delta(x)$ 的一个重要性质,我们也可以把这个性质作为 δ 函数的另一种定义.

定义 3(δ 函数的定义之二) 对任一函数 $\varphi(x) \in C^\infty(-\infty, +\infty)$,使积分式 $\int_{-\infty}^{+\infty} f(x)\varphi(x)\mathrm{d}x$ 有意义且积分值为 $\varphi(0)$ 的函数 $f(x)$ 称为 δ 函数,记作 $\delta(x)$.

$$\int_{-\infty}^{+\infty} \delta(x)\varphi(x)\mathrm{d}x = \varphi(0), \quad \varphi(x) \in C^\infty(-\infty, +\infty) \tag{4.3.6}$$

类似地可定义多维空间的 δ 函数.以三维空间为例,我们用 $\delta(x,y,z)$ 表示三维空间的狄拉克 δ 函数,这时对于任意的具有任意阶连续偏导数的函数 $\varphi(x,y,z)$,都有

$$\int_{-\infty}^{+\infty}\int_{-\infty}^{+\infty}\int_{-\infty}^{+\infty} \delta(x,y,z)\varphi(x,y,z)\mathrm{d}x\mathrm{d}y\mathrm{d}z = \varphi(0,0,0) \tag{4.3.7}$$

又因

$$\int_{-\infty}^{+\infty}\int_{-\infty}^{+\infty}\int_{-\infty}^{+\infty} \delta(x)\delta(y)\delta(z)\varphi(x,y,z)\mathrm{d}x\mathrm{d}y\mathrm{d}z$$

$$= \int_{-\infty}^{+\infty} \int_{-\infty}^{+\infty} \delta(y)\delta(z)\left[\int_{-\infty}^{+\infty} \delta(x)\varphi(x,y,z)dx\right]dydz$$

$$= \int_{-\infty}^{+\infty} \delta(z)\left[\int_{-\infty}^{+\infty} \delta(y)\varphi(0,y,z)dy\right]dz$$

$$= \int_{-\infty}^{+\infty} \delta(z)\varphi(0,0,z)dz = \varphi(0,0,0)$$

比较可得

$$\delta(x,y,z) = \delta(x)\delta(y)\delta(z) \tag{4.3.8}$$

即三维 δ 函数可看作三个一维 δ 函数的乘积.

一般地,对点 $P(x,y,z),P(x_0,y_0,z_0)$,有

$$\delta(P-P_0) = \delta(x-x_0,y-y_0,z-z_0)$$
$$= \delta(x-x_0)\delta(y-y_0)\delta(z-z_0) \tag{4.3.9}$$

4.3.2 广义傅立叶变换

由于 δ 函数是一个广义函数,因此它的傅立叶变换就不再是古典意义的. 又由傅立叶积分定理条件知,函数 $1,\sin ax,\cos ax,\cdots$ 都不满足在 $(-\infty,+\infty)$ 绝对可积的条件. 为使 δ 函数和上述一些不满足傅立叶积分定理条件的函数也能实行类似的变换,有必要推广傅立叶变换的定义.

定义 4 若函数列 $\{u_n(x)\}$ 具有弱极限函数 $u(x)$,并且函数列 $\{F[u_n(x)]\}$ 的弱极限函数也存在,设为 $\tilde{u}(\lambda)$,则称 $\tilde{u}(\lambda)$ 为 $u(x)$ 的**广义傅立叶变换**,记作

$$F[u(x)] = \tilde{u}(\lambda) \tag{4.3.10}$$

可以证明,对于广义傅立叶变换仍具有古典傅立叶变换的一些基本性质,需注意的是积分性质略有不同. 广义傅立叶变换的积分性质为

$$F\left[\int_{-\infty}^{x} f(\xi)d\xi\right] = \frac{F(\lambda)}{i\lambda} + \pi F(0)\delta(\lambda) \tag{4.3.11}$$

其中

$$F(\lambda) = F[f(x)]$$

广义傅立叶变换也可形式地写为

$$F[u(x)] = \int_{-\infty}^{+\infty} u(x)e^{-i\lambda x}dx \tag{4.3.12}$$

类似地可定义广义傅立叶逆变换,形式地写为

$$F^{-1}[\tilde{u}(x)] = u(x) = \frac{1}{2\pi}\int_{-\infty}^{+\infty} \tilde{u}(\lambda)e^{i\lambda x}d\lambda \tag{4.3.13}$$

例 1 求 δ 函数的(广义)傅立叶变换.

解 可以证明 $\delta(x)$ 也是速降函数列 $\left\{\sqrt{\dfrac{n}{\pi}}e^{-nx^2}\right\}$ 确定的弱极限函数,而 1 可表示成是速降函数列 $\{e^{-\frac{\lambda^2}{4n}}\}$ 确定的弱极限函数,由 4.1 节例 3 知,

$$F\left[\sqrt{\frac{n}{\pi}}e^{-nx^2}\right] = e^{-\frac{\lambda^2}{4n}}$$

于是,根据广义傅立叶变换的定义,有

$$F[\delta(x)] = 1$$

或形式地应用广义傅立叶变换的记号及 δ 函数的性质,有

$$F[\delta(x)] = \int_{-\infty}^{+\infty} \delta(x) e^{-i\lambda x} dx = e^{-i\lambda x} \mid_{x=0} = 1$$

因此

$$F^{-1}[1] = \delta(x)$$

类似地,我们有

$$F[\delta(x-x_0)] = e^{-i\lambda x_0}, \quad F^{-1}[e^{-i\lambda x_0}] = \delta(x-x_0)$$

例 2　求 $\delta(\lambda)$ 的(广义)傅立叶逆变换.

解　我们形式地应用广义傅立叶逆变换的记号及 δ 函数的性质,有

$$F^{-1}[\delta(\lambda)] = \frac{1}{2\pi}\int_{-\infty}^{+\infty} \delta(\lambda) e^{i\lambda x} d\lambda$$

$$= \frac{1}{2\pi} e^{i\lambda x} \mid_{\lambda=0} = \frac{1}{2\pi}$$

由此可见

$$F^{-1}[2\pi\delta(\lambda)] = 1, \quad F[1] = 2\pi\delta(\lambda)$$

例 3　求单位阶跃函数(也称**海维赛德函数**)$H(x) = \begin{cases} 0, & x < 0 \\ 1, & x > 0 \end{cases}$ 的(广义)傅立叶变换.

解　由例 2 和 4.1 节的例 4,我们有

$$F^{-1}\left[\pi\delta(\lambda) + \frac{1}{i\lambda}\right] = \frac{1}{2} + \begin{cases} -\dfrac{1}{2}, & x < 0 \\ \dfrac{1}{2}, & x < 0 \end{cases}$$

$$= \begin{cases} 0, & x < 0 \\ 1, & x > 0 \end{cases}$$

所以

$$F[H(x)] = \pi\delta(\lambda) + \frac{1}{i\lambda}$$

4.4　傅立叶变换的应用

本节利用傅立叶变换的概念和基本性质,求解偏微分方程的柯西问题.

例 1　求解一维齐次热传导方程的柯西问题

$$\begin{cases} \dfrac{\partial u}{\partial t} = a^2 \dfrac{\partial^2 u}{\partial x^2} & (-\infty < x < +\infty, t > 0) \\ u\mid_{t=0} = \varphi(x) & (-\infty < x < +\infty) \end{cases}$$

解　首先对未知函数 $u(x,t)$ 和初始条件中的函数 $\varphi(x)$ 关于变量 x 作傅立叶变换,并分别记作

$$U(\lambda,t) = F\left[u(x,t)\right] = \int_{-\infty}^{+\infty} u(x,t)\mathrm{e}^{-\mathrm{i}\lambda x}\,\mathrm{d}x$$

$$\Phi(\lambda) = F\left[\varphi(x)\right] = \int_{-\infty}^{+\infty} \varphi(x)\mathrm{e}^{-\mathrm{i}\lambda x}\,\mathrm{d}x$$

然后,对方程两边关于 x 作傅立叶变换,并利用微分性质,得

$$\frac{\mathrm{d}U}{\mathrm{d}t} = a^2(\mathrm{i}\lambda)^2 U$$

即

$$\frac{\mathrm{d}U}{\mathrm{d}t} + (a\lambda)^2 U = 0$$

这是一个含参数 λ 的一阶齐次线性微分方程,对初始条件也作同样的变换,得

$$U\mid_{t=0} = \Phi(\lambda)$$

解常微分方程初值问题,其解为

$$U(\lambda,t) = \Phi(\lambda)\mathrm{e}^{-a^2\lambda^2 t}$$

对上式两端关于 λ 作傅立叶逆变换,左端为

$$F^{-1}\left[U(\lambda,t)\right] = u(x,t)$$

而右端根据卷积定理有

$$F^{-1}\left[\Phi(\lambda)\mathrm{e}^{-a^2\lambda^2 t}\right] = F^{-1}\left[\Phi(\lambda)\right] * F^{-1}\left[\mathrm{e}^{-a^2\lambda^2 t}\right]$$

由于 $F^{-1}\left[\Phi(\lambda)\right] = \varphi(x)$,又查傅立叶变换表可得

$$F^{-1}\left[\mathrm{e}^{-a^2\lambda^2 t}\right] = \frac{1}{2a\sqrt{\pi t}} \cdot \mathrm{e}^{-\frac{x^2}{4a^2 t}}$$

故原定解问题的解为

$$u(x,t) = \varphi(x) * \frac{1}{2a\sqrt{\pi t}} \cdot \mathrm{e}^{-\frac{x^2}{4a^2 t}} = \frac{1}{2a\sqrt{\pi t}}\int_{-\infty}^{+\infty} \varphi(\xi)\mathrm{e}^{-\frac{(x-\xi)^2}{4a^2 t}}\,\mathrm{d}\xi$$

例 2　求解一维非齐次热传导方程的柯西问题

$$\begin{cases} \dfrac{\partial u}{\partial t} = a^2\dfrac{\partial^2 u}{\partial x^2} + f(x,t) & (-\infty < x < +\infty,\ t > 0) \\ u\mid_{t=0} = \varphi(x) & (-\infty < x < +\infty) \end{cases}$$

解　记

$$U(\lambda,t) = \int_{-\infty}^{+\infty} u(x,t)\mathrm{e}^{-\mathrm{i}\lambda x}\,\mathrm{d}x$$

$$G(\lambda,t) = \int_{-\infty}^{+\infty} f(x,t)\mathrm{e}^{-\mathrm{i}\lambda x}\,\mathrm{d}x$$

对方程及初始条件两端分别关于 x 作傅立叶变换,得到 $U(\lambda,t)$ 满足的常微分方程柯西问题:

$$\begin{cases} \dfrac{\mathrm{d}U}{\mathrm{d}t} + a^2\lambda^2 U = G(\lambda,t) & (t > 0) \\ U\mid_{t=0} = 0 \end{cases}$$

其解为

$$U(\lambda,t) = \int_0^t G(\lambda,\tau) e^{-a^2\lambda^2(t-\tau)} \mathrm{d}\tau$$

上式两端关于参数 λ 作傅立叶逆变换,得

$$u(x,t) = F^{-1}\left[\int_0^t G(\lambda,\tau) e^{-a^2\lambda^2(t-\tau)} \mathrm{d}\tau\right]$$

$$= \int_0^t F^{-1}\left[G(\lambda,\tau) e^{-a^2\lambda^2(t-\tau)}\right] \mathrm{d}\tau$$

由卷积定律

$$F^{-1}\left[G(\lambda,\tau) e^{-a^2\lambda^2(t-\tau)}\right] = F^{-1}\left[G(\lambda,\tau)\right] * F^{-1}\left[e^{-a^2\lambda^2(t-\tau)}\right]$$

而

$$F^{-1}\left[G(\lambda,\tau)\right] = f(x,\tau)$$

$$F^{-1}\left[e^{-a^2\lambda^2(t-\tau)}\right] = \frac{1}{2a\sqrt{\pi(t-\tau)}} \cdot e^{-\frac{x^2}{4a^2(t-\tau)}}$$

故定解问题的解为

$$u(x,t) = \int_0^t\left[f(x,\tau) * \frac{1}{2a\sqrt{\pi(t-\tau)}} e^{-\frac{x^2}{4a^2(t-\tau)}}\right]\mathrm{d}\tau$$

$$= \frac{1}{2a\sqrt{\pi}} \int_{-\infty}^{+\infty}\int_{-\infty}^{+\infty} \frac{f(\xi,\tau)}{\sqrt{t-\tau}} e^{-\frac{(x-\xi)^2}{4a^2(t-\tau)}} \mathrm{d}\xi\mathrm{d}\tau$$

习题 4

1. 求下列函数的傅立叶变换:

(1) $f(x) = \begin{cases} A, & 0 \leqslant t \leqslant \tau (A \text{ 为常数}) \\ 0, & \text{其他} \end{cases}$;

(2) $f(x) = e^{-|x|}$.

2. 求下列函数的傅立叶积分:

(1) $f(x) = \begin{cases} 1-x^2, & |x| < 1 \\ 0, & |x| > 1 \end{cases}$;

(2) $f(x) = \begin{cases} 0, & t < 0 \\ e^{-t}\sin 2t, & t \geqslant 0 \end{cases}$.

3. 求 $F(\lambda) = e^{-A\lambda^2}$ $(A>0)$ 的傅立叶逆变换.

4. 若 $F(\lambda) = \mathscr{F}[f(x)]$,证明:

(1) $\mathscr{F}[f(x)\cos ax] = \frac{1}{2}[F(\lambda+a) + F(\lambda-a)]$;

(2) $\mathscr{F}[f(x)\sin ax] = \frac{i}{2}[F(\lambda+a) - F(\lambda-a)]$.

5. 设 $f(x) = \begin{cases} 0, & x < 0 \\ e^{-x}, & x \geqslant 0 \end{cases}$, $g(x) = \begin{cases} \sin x, & 0 \leqslant x \leqslant \frac{\pi}{2} \\ 0, & \text{其他} \end{cases}$,求 $f(x) * g(x)$.

6. 设函数 $f(x)$ 和 $g(x)$ 都满足傅立叶积分定理中的条件,证明:

$$\mathscr{F}[f(x) \cdot g(x)] = \frac{1}{2\pi}\mathscr{F}[f(x)] * \mathscr{F}[g(x)]$$

7. 求下列函数的傅立叶变换($\beta > 0$):

(1) $f(x) = \sin x \cos x$;

(2) $f(x) = \sin ax \cdot H(x)$;

(3) $f(x) = e^{-\beta x}\cos ax \cdot H(x)$;

(4) $f(x) = e^{iax} \cdot H(x)$.

8. 用傅立叶变换求上半平面内静电场的电位 u 所满足的定解问题:

$$\begin{cases} \dfrac{\partial^2 u}{\partial x^2} + \dfrac{\partial^2 u}{\partial y^2} = 0 & (-\infty < x < +\infty, y > 0) \\[2mm] u\big|_{y=0} = f(x) & (-\infty < x < +\infty) \\[2mm] \lim_{r \to +\infty} u = 0 & (r = \sqrt{x^2 + y^2}) \end{cases}$$

9. 试用傅立叶变换法解一维波动方程的柯西问题:

$$\begin{cases} \dfrac{\partial^2 u}{\partial t^2} = a^2 \dfrac{\partial^2 u}{\partial x^2} & (-\infty < x < +\infty, t > 0) \\[2mm] u\big|_{t=0} = \varphi(x) & (-\infty < x < +\infty) \\[2mm] \dfrac{\partial u}{\partial t}\Big|_{t=0} = \phi(x) & (-\infty < x < +\infty) \end{cases}$$

第5章 拉普拉斯变换法

由傅立叶积分定理知,一个函数要满足一定条件才能保证傅立叶变换存在.而这些条件是比较强的,许多简单的函数如 $1,x^n,e^x$ 和 $\sin x$ 等这些基本初等函数都不满足在 $(-\infty,+\infty)$ 内绝对可积的条件;而且在工程技术的实际应用中,许多以时间 t 为自变量的函数仅在 $[0,+\infty)$ 上才有定义.因此,傅立叶变换的应用范围受到了很大的限制.为了克服傅立叶变换的这些缺点,需要适当地把傅立叶变换加以改造,于是就导出了拉普拉斯(Laplace)变换.拉普拉斯变换对函数的要求比傅立叶变换的要求弱得多,因此,在工程技术中,拉普拉斯变换的适用范围比傅立叶变换更广泛.

5.1 拉普拉斯变换

5.1.1 拉普拉斯变换的定义

对于任意的一个函数 $f(t)$,为了能进行傅立叶变换,我们乘以函数 $H(t)e^{-\beta t}$,其中 $\beta>0,H(t)$ 是单位阶跃函数,即

$$H(t) = \begin{cases} 0, & t<0 \\ 1, & t\geqslant 0 \end{cases}$$

选择适当大的实数 β,有可能使所得新函数的傅立叶变换存在,即积分

$$\int_{-\infty}^{+\infty} f(t)H(t)e^{-\beta t} \cdot e^{-i\lambda t}\,dt = \int_0^{+\infty} f(t)e^{-\beta t} \cdot e^{-i\lambda t}\,dt = \int_0^{+\infty} f(t)e^{-(\beta+i\lambda)t}\,dt$$

收敛.若记 $p=\beta+i\lambda$,则上述积分为

$$\int_0^{+\infty} f(t)e^{-pt}\,dt$$

它把函数 $f(t)$ 变换成一个 p 的函数,我们称这种变换为拉普拉斯变换.

定义1 设函数 $f(t)$ 当 $t\geqslant 0$ 时有定义,且积分

$$\int_0^{+\infty} f(t)e^{-pt}\,dt$$

在 $p(p$ 为复数$)$ 的某一域内收敛,则由此积分所确定的函数记为 $F(p)$,即

$$F(p) = \int_0^{+\infty} f(t)e^{-pt}\,dt \tag{5.1.1}$$

称式(5.1.1)为函数 $f(t)$ 的**拉普拉斯变换式**.

函数 $f(t)$ 的拉普拉斯变换式也可记作

$$L[f(t)] = F(p) = \int_0^{+\infty} f(t)e^{-pt}dt \qquad (5.1.2)$$

并称 $F(p)$ 为 $f(t)$ 的拉普拉斯变换（或称象函数），称 $f(t)$ 为 $F(p)$ 的拉普拉斯逆变换（或称象原函数），记作

$$f(t) = L^{-1}[F(p)] \qquad (5.1.3)$$

显然有关系式

$$f(t) = L^{-1}\{L[f(t)]\}$$

例 1　求幂函数 $f(t) = t^2$ 的拉普拉斯变换.

解　根据定义和分步积分，得

$$L[t^2] = \int_0^{+\infty} t^2 e^{-pt}dt = -\frac{1}{p}\int_0^{+\infty} t^2 de^{-pt}$$

$$= -\frac{t^2 e^{-pt}}{p}\Big|_0^{+\infty} + \frac{1}{p^2}\int_0^{+\infty} e^{-pt}\cdot 2t dt$$

因为

$$\lim_{t\to\infty} t^2 e^{-pt} = 0 \text{ 和 } \lim_{t\to\infty} te^{-pt} = 0 \quad [\operatorname{Re}(p) = \beta > 0]$$

所以

$$L[t^2] = \frac{2}{p}\left(-\frac{t^2 e^{-pt}}{p}\right)\Big|_0^{+\infty} + \frac{2}{p^2}\int_0^{+\infty} e^{-pt}dt$$

$$= -\frac{2e^{-pt}}{p^3}\Big|_0^{+\infty} = \frac{2}{p^3}$$

例 2　求正弦函数 $f(t) = \sin \omega t$ 和 $\sin^3 2t$ 的拉普拉斯变换.

解　$\quad L[\sin \omega t] = \int_0^{+\infty} \sin \omega t \cdot e^{-pt}dt$

$$= -\frac{e^{-pt}}{p}\sin \omega t \Big|_0^{+\infty} + \frac{1}{p}\int_0^{+\infty} e^{-pt}\cdot \omega\cos \omega t dt$$

$$= \frac{\omega}{p}\left(-\frac{e^{-pt}}{p}\cos \omega t\right)\Big|_0^{+\infty} - \frac{\omega^2}{p^2}\int_0^{+\infty} e^{-pt}\sin \omega t dt$$

$$= \frac{\omega}{p^2} - \frac{\omega^2}{p^2}L[\sin \omega t]$$

所以

$$L[\sin \omega t] = \frac{\omega}{p^2 + \omega^2} \quad [\operatorname{Re}(p) > 0]$$

因为

$$\sin 6t = \sin 3(2t) = 3\sin 2t - 4\sin^3 2t$$

所以

$$\sin^3 2t = \frac{1}{4}(3\sin 2t - \sin 6t)$$

所以

$$L[\sin^3 2t] = \frac{1}{4}L[3\sin 2t - \sin 6t] = \frac{48}{(p^2 + 4)(p^2 + 36)}$$

以上两例表明，在复数域 $\operatorname{Re}(p) > 0$ 内，函数 t^2 和 $\sin \omega t$ 的拉普拉斯变换都存在，可

见拉普拉斯变换存在条件要比傅立叶变换存在条件弱得多. 但是, 一个函数的拉普拉斯变换存在还是要有一些条件的.

5.1.2 拉普拉斯变换的存在定理

在拉普拉斯变换的定义中, 要求积分 $\int_0^{+\infty} f(t)\mathrm{e}^{-pt}\mathrm{d}t$ 收敛, 这就需要对函数 $f(t)$ 有所要求, 于是有

定理 1(拉普拉斯变换的存在定理) 若函数 $f(t)$ 满足下述条件:

(1) 在 $t \geqslant 0$ 的任一有限区间上分段连续;

(2) 当 t 充分大后, $f(t)$ 的增长速度不超过某一指数型函数, 即存在实常数 M 和 C, 使 $|f(t)| \leqslant M\mathrm{e}^{Ct}$(其中 $M > 0$, $C \geqslant 0$, C 称为 $f(t)$ 的**增长指数**), 则在复数域 $\mathrm{Re}(p) > C$ 上, 有

(i) $f(t)$ 的拉普拉斯变换存在;

(ii) 积分 $\int_0^{+\infty} f(t)\mathrm{e}^{-pt}\mathrm{d}t$ 绝对且一致收敛;

(iii) 象函数 $F(p)$ 是解析函数.

证明 设 $\mathrm{Re}(p) = \beta$, 因为
$$|f(t)\mathrm{e}^{-pt}| \leqslant M\mathrm{e}^{Ct}\mathrm{e}^{-\beta t} = M\mathrm{e}^{-(\beta-C)t}, \quad t \geqslant 0$$
而当 $\beta > C$ 时, 积分 $\int_0^{+\infty} \mathrm{e}^{-(\beta-C)t}\mathrm{d}t$ 是绝对收敛的, 所以积分 $\int_0^{+\infty} f(t)\mathrm{e}^{-pt}\mathrm{d}t$ 在右半平面 $\mathrm{Re}(p) = \beta > C$ 上绝对收敛.

又因为对于 $n = 1, 2, \cdots$, 有
$$\left| \frac{\partial^n}{\partial p^n}[f(t)\mathrm{e}^{-pt}] \right| \leqslant |(-t)^n f(t)\mathrm{e}^{-pt}| \leqslant M t^n \mathrm{e}^{-(\beta-C)t}, \quad t \geqslant 0$$
而积分 $\int_0^{+\infty} t^n \mathrm{e}^{-(\beta-C)t}\mathrm{d}t$ 是绝对收敛的, 所以积分 $\int_0^{+\infty} \frac{\partial^n}{\partial p^n}[f(t)\mathrm{e}^{-pt}]\mathrm{d}t$ 在右半平面 $\mathrm{Re}(p) = \beta > C$ 上绝对收敛. 由此推得 $L[f(t)] = F(p) = \int_0^{+\infty} f(t)\mathrm{e}^{-pt}\mathrm{d}t$ 在右半平面 $\mathrm{Re}(p) = \beta > C$ 上有定义而且解析. 证毕.

当 $f(t)$ 在 $t = 0$ 处包含 δ 函数时, 则拉普拉斯变换的积分下限必须明确是 0^+ 还是 0^-, 因为
$$L_+[f(t)] = \int_{0^+}^{+\infty} f(t)\mathrm{e}^{-pt}\mathrm{d}t$$

$$L_-[f(t)] = \int_{0^-}^{+\infty} f(t)\mathrm{e}^{-pt}\mathrm{d}t = \int_{0^-}^{0^+} f(t)\mathrm{e}^{-pt}\mathrm{d}t + L_+[f(t)]$$

当 $f(t)$ 在 $t = 0$ 邻域内有界时, 则
$$L_+[f(t)] = L_-[f(t)]$$
当 $f(t)$ 在 $t = 0$ 处含有 δ 函数时, 则
$$L_+[f(t)] \neq L_-[f(t)]$$
为方便起见, 我们规定凡是 $f(t)$ 在 $t = 0$ 处含有 δ 函数时, 都把 $L[f(t)]$ 理解

为 $L_-[f(t)]$.

例 3　求单位脉冲函数 $\delta(t)$ 的拉普拉斯变换.

解　根据上述规定,并利用 δ 函数的性质

$$\int_{-\infty}^{+\infty} \delta(t)\varphi(t)\mathrm{d}t = \varphi(0)$$

有

$$L[\delta(t)] = \int_0^{+\infty} \delta(t)\mathrm{e}^{-pt}\mathrm{d}t = \int_{0^-}^{+\infty} \delta(t)\mathrm{e}^{-pt}\mathrm{d}t$$

$$= \int_{-\infty}^{+\infty} \delta(t)\mathrm{e}^{-pt}\mathrm{d}t = \mathrm{e}^{-pt}\big|_{t=0} = 1$$

求函数 $f(t)$ 的拉普拉斯变换,常归结为计算含复参变数的广义积分,运算较为复杂. 在实际工作中为方便起见,把一些常用函数的拉普拉斯变换制成表,需要的时候可以查询.

5.2　拉普拉斯变换的基本性质

拉普拉斯变换具有和傅立叶变换类似的一些性质.为叙述方便起见,假定在叙述的性质中,凡是需要求拉普拉斯变换的函数都满足存在定理中的条件,且假定这些函数有相同的增长指数 C.

5.2.1　拉普拉斯变换的运算性质

性质 1（线性性质）　设 $F(p) = L[f(t)]$,$G(p) = L[g(t)]$,且 a、b 为任意常数,则有
$$L[af(t) + bg(t)] = aL[f(t)] + bL[g(t)]$$
$$L^{-1}[aF(p) + bG(p)] = af(t) + bg(t)$$
这个性质由定义立即可证明.

性质 2（位移性质）　设 $F(p) = L[f(t)]$,则
$$L[\mathrm{e}^{at}f(t)] = F(p-a) \quad [\mathrm{Re}(p-a) > C]$$

证明　根据定义

$$L[\mathrm{e}^{at}f(t)] = \int_0^{+\infty} \mathrm{e}^{at}f(t)\mathrm{e}^{-pt}\mathrm{d}t$$

$$= \int_0^{+\infty} f(t)\mathrm{e}^{-(p-a)t}\mathrm{d}t = F(p-a)$$

例 1　求函数 $t^2\mathrm{e}^{-t}$ 和 $\mathrm{e}^{-t}\sin\omega t$ 的拉普拉斯变换.

解　因为 $L[t^2] = \dfrac{2}{p^3}$,由位移性质得

$$L[t^2\mathrm{e}^{-t}] = \frac{2}{(p+1)^3}$$

因为 $L[\sin\omega t] = \dfrac{\omega}{\omega^2 + p^2}$,由位移性质得

$$L[\mathrm{e}^{-t}\sin\omega t] = \frac{\omega}{\omega^2 + (p+1)^2}$$

性质 3（延迟性质）　设 $t < 0$ 时，$f(t) = 0$ 且 $\tau > 0$，则
$$L[f(t-\tau)] = e^{-p\tau}F(p) \quad [\operatorname{Re}(p) > C]$$

证明　因为 $t < 0$ 时，$f(t) = 0$，所以当 $t - \tau < 0$，即 $t < \tau$ 时，$f(t-\tau) = 0$. 于是有
$$\begin{aligned}
L[f(t-\tau)] &= \int_0^{+\infty} f(t-\tau)e^{-pt}\,\mathrm{d}t \\
&= \int_\tau^{+\infty} f(t-\tau)e^{-pt}\,\mathrm{d}t \quad (t-\tau = \xi) \\
&= \int_0^{+\infty} f(\xi)e^{-p(\xi+\tau)}\,\mathrm{d}\xi \\
&= e^{-p\tau}\int_0^{+\infty} f(\xi)e^{-p\xi}\,\mathrm{d}\xi \\
&= e^{-p\tau}F(p) \quad [\operatorname{Re}(p) > C]
\end{aligned}$$

性质 4（相似性质）　设 $c \geqslant 0$，则
$$L[f(ct)] = \frac{1}{c}F\left(\frac{p}{c}\right)$$

证明　根据定义有
$$L[f(ct)] = \int_0^{+\infty} f(ct)e^{-pt}\,\mathrm{d}t = \frac{1}{c}\int_0^{+\infty} f(\xi)e^{-p\frac{\xi}{c}}\,\mathrm{d}\xi = \frac{1}{c}F\left(\frac{p}{c}\right)$$

性质 5（微分性质）　设 $f(t)$ 在 $t \geqslant 0$ 上连续，则
$$L[f'(t)] = pL[f(t)] - f(0)$$

证明　根据定义及分部积分公式，有
$$\begin{aligned}
L[f'(t)] &= \int_0^{+\infty} f'(t)e^{-pt}\,\mathrm{d}t \\
&= f(t)e^{-pt}\Big|_0^{+\infty} + p\int_0^{+\infty} f(t)e^{-pt}\,\mathrm{d}t
\end{aligned}$$

由于 $|f(t)| \leqslant Me^{\alpha}$，因此
$$|f(t)e^{-pt}| \leqslant Me^{-(p-C)t}$$

当 $t \to +\infty$ 时，只需 $\operatorname{Re}(p) > C$ 就有 $f(t)e^{-pt} \to 0$，因此
$$L[f'(t)] = -f(0) + p\int_0^{+\infty} f(t)e^{-pt}\,\mathrm{d}t = pL[f(t)] - f(0)$$

推论　若 $f'(t)$ 在 $t \geqslant 0$ 上连续，则
$$\begin{aligned}
L[f''(t)] &= pL[f'(t)] - f'(0) \\
&= p\{pL[f(t)] - f(0)\} - f'(0) \\
&= p^2 L[f(t)] - pf(0) - f'(0)
\end{aligned}$$

一般地，若 $f'(t), f''(t), \cdots, f^{(n-1)}(t)$ 在 $t \geqslant 0$ 上连续，则
$$L[f^{(n)}(t)] = p^n L[f(t)] - p^{n-1}f(0) - \cdots - pf^{(n-2)}(0) - f^{(n-1)}(0)$$

性质 6（象函数的微分性质）　设 $F(p) = L[f(t)]$，则
$$L[tf(t)] = -\frac{\mathrm{d}}{\mathrm{d}p}L[f(t)]$$

证明　根据定理及分部积分公式有

$$L[f(t)] = F(p) = \int_0^{+\infty} f(t) e^{-pt} dt$$

$$\frac{d}{dp} L[f(t)] = \frac{d}{dp} \int_0^{+\infty} f(t) e^{-pt} dt = -\int_0^{+\infty} t f(t) e^{-pt} dt = -L[t f(t)]$$

所以

$$L[t f(t)] = -\frac{d}{dp} L[f(t)]$$

推论　　　　　　　　$$L[t^n f(t)] = (-1)^n \frac{d^n}{dp^n} L[f(t)]$$

例 2　求函数 $f(t) = t^2 \cos \omega t$ 的拉普拉斯变换.

解　因为

$$L[\sin \omega t] = \frac{\omega}{\omega^2 + p^2}, \quad (\sin \omega t)' = \omega \cos \omega t$$

由微分性质得

$$L[\cos \omega t] = \frac{1}{\omega} L[(\sin \omega t)'] = \frac{1}{\omega} \cdot p \cdot \frac{\omega}{\omega^2 + p^2} = \frac{p}{\omega^2 + p^2}$$

由象函数微分性质得

$$L[t^2 \cos \omega t] = (-1)^2 \frac{d^2}{dp^2} L[\cos \omega t] = \frac{d^2}{dp^2} \frac{p}{\omega^2 + p^2} = \frac{2p^3 - 6\omega^2 p}{(\omega^2 + p^2)^3}$$

性质 7（积分性质）

$$L\left[\int_0^t f(\tau) d\tau\right] = \frac{1}{p} L[f(t)]$$

证明　　　$$L[f(t)] = L\frac{d}{dt}\left[\int_0^t f(\tau) d\tau\right] = pL\left[\int_0^t f(\tau) d\tau\right] - \int_0^0 f(\tau) d\tau$$

$$= pL\left[\int_0^t f(\tau) d\tau\right]$$

即有

$$L\left[\int_0^t f(\tau) d\tau\right] = \frac{1}{p} L[f(t)]$$

一般地有

$$L\left[\int_0^t dt_{n-1} \int_0^{t_{n-1}} dt_{n-2} \cdots \int_0^{t_2} dt_1 \int_0^{t_1} f(\tau) d\tau\right] = \frac{1}{p^n} L[f(t)]$$

例 3　求下列函数的拉普拉斯逆变换：

(1) $L[f(t)] = \dfrac{1}{p^2(p^2 + \omega^2)}, \omega > 0$, 求 $f(t)$；

(2) $L[f(t)] = \ln \dfrac{1 + p^2}{p(p+1)}$, 求 $f(t)$.

解　(1) 因为

$$L[\sin \omega t] = \frac{\omega}{\omega^2 + p^2}$$

所以

$$L^{-1}\left[\frac{1}{\omega^2+p^2}\right]=\frac{\sin\omega t}{\omega}$$

由积分性质得

$$L^{-1}\left[\frac{1}{p}\cdot\frac{1}{\omega^2+p^2}\right]=\frac{1}{\omega}\int_0^t\sin\omega\tau\,\mathrm{d}\tau=\frac{1}{\omega^2}(1-\cos\omega t)$$

再用一次积分性质得

$$L^{-1}\left[\frac{1}{p^2}\cdot\frac{\omega}{\omega^2+p^2}\right]=\frac{1}{\omega^2}\int_0^t(1-\cos\omega\tau)\,\mathrm{d}\tau$$

$$=\frac{1}{\omega^2}(t\omega-\sin\omega t)$$

即

$$f(t)=\frac{1}{\omega^2}(1-\cos\omega t)$$

（2）因为

$$F'(p)=\frac{\mathrm{d}}{\mathrm{d}p}[L[f(t)]]=\frac{\mathrm{d}}{\mathrm{d}p}\ln\frac{1+p^2}{p(p+1)}=\frac{2p}{1+p^2}-\frac{1}{p}-\frac{1}{p+1}$$

所以由象函数的微分性质得

$$-tf(t)=L^{-1}[F'(p)]=L^{-1}\left[\frac{2p}{1+p^2}\right]-L^{-1}\left[\frac{1}{p}\right]-L^{-1}\left[\frac{1}{p+1}\right]$$

$$=-1-\mathrm{e}^{-t}+2\cos t$$

因此

$$f(t)=\frac{1}{t}(1+\mathrm{e}^{-t}-2\cos t)$$

性质 8（象函数的积分性质） 设 $F(p)=L[f(t)]$，则

$$L\left[\frac{f(t)}{t}\right]=\int_p^\infty F(s)\mathrm{d}s$$

证明 根据定义及分部积分公式有

$$L[f(t)]=F(p)=\int_0^{+\infty}f(t)\mathrm{e}^{-pt}\mathrm{d}t$$

两边同时积分得

$$\int_p^\infty F(s)\mathrm{d}s=\int_p^\infty\int_0^{+\infty}f(t)\mathrm{e}^{-st}\mathrm{d}t\mathrm{d}s=\int_0^{+\infty}\int_p^\infty f(t)\mathrm{e}^{-st}\mathrm{d}s\mathrm{d}t$$

$$=\int_0^{+\infty}f(t)\left.\frac{\mathrm{e}^{-st}}{-t}\right|_p^\infty\mathrm{d}t=\int_0^{+\infty}\frac{f(t)}{t}\mathrm{e}^{-pt}\mathrm{d}t=L\left[\frac{f(t)}{t}\right]$$

例 4 求函数 $f(t)=\dfrac{1-\cos t}{t}$ 的拉普拉斯变换.

解 由象函数的积分性质

$$L\left[\frac{1-\cos t}{t}\right]=\int_p^\infty L[1-\cos t]\mathrm{d}s=\int_p^\infty\left[\frac{1}{s}-\frac{s}{s^2+1}\right]\mathrm{d}s$$

$$=\ln\frac{\sqrt{1+p^2}}{p}$$

5.2.2　卷积及其性质

在讲傅立叶变换时引入过卷积的概念,当时定义函数 $f(t)$ 和 $g(t)$ 的卷积为

$$f(t) * g(t) = \int_{-\infty}^{+\infty} f(\tau)g(t-\tau)\mathrm{d}\tau$$

在目前的假设下,当 $t < 0$ 时, $f(t) = g(t) = 0$,于是上述积分就转化成

$$\int_{-\infty}^{+\infty} f(\tau)g(t-\tau)\mathrm{d}\tau = \int_{-\infty}^{0} f(\tau)g(t-\tau)\mathrm{d}\tau + \int_{0}^{t} f(\tau)g(t-\tau)\mathrm{d}\tau +$$

$$\int_{t}^{+\infty} f(\tau)g(t-\tau)\mathrm{d}\tau$$

$$= \int_{0}^{t} f(\tau)g(t-\tau)\mathrm{d}\tau$$

所以,现在卷积的定义是

$$f(t) * g(t) = \int_{0}^{t} f(\tau)g(t-\tau)\mathrm{d}\tau$$

卷积运算有下述性质:

交换律 $\qquad\qquad f(t) * g(t) = g(t) * f(t)$

结合律 $\qquad\quad f(t) * [g(t) * h(t)] = [f(t) * g(t)] * h(t)$

分配律 $\qquad\quad f(t) * [g(t) + h(t)] = f(t) * g(t) + f(t) * h(t)$

定理 1(卷积定理) 设函数 $f(t)$ 和 $g(t)$ 都满足拉普拉斯变换存在定理中的条件,则有

$$L[f(t) * g(t)] = L[f(t)] \cdot L[g(t)]$$

证明 根据定义

$$L[f(t) * g(t)] = \int_{0}^{+\infty} [f(t) * g(t)]\mathrm{e}^{-pt}\mathrm{d}t$$

$$= \int_{0}^{+\infty} \left[\int_{0}^{t} f(\tau)g(t-\tau)\mathrm{d}\tau\right]\mathrm{e}^{-pt}\mathrm{d}t$$

通过交换积分次序,我们有

$$L[f(t) * g(t)] = \int_{0}^{+\infty} \left[\int_{\tau}^{+\infty} f(\tau)g(t-\tau)\mathrm{e}^{-pt}\mathrm{d}t\right]\mathrm{d}\tau$$

$$= \int_{0}^{+\infty} f(\tau)\left[\int_{\tau}^{+\infty} g(t-\tau)\mathrm{e}^{-pt}\mathrm{d}t\right]\mathrm{d}\tau$$

对内层积分,令 $\eta = t - \tau$,则

$$L[f(t) * g(t)] = \int_{0}^{+\infty} f(\tau)\left[\int_{0}^{+\infty} g(\eta)\mathrm{e}^{-p(\eta+\tau)}\mathrm{d}\eta\right]\mathrm{d}\tau$$

$$= \int_{0}^{+\infty} f(\tau)\mathrm{e}^{-p\tau}\mathrm{d}\tau \cdot \int_{0}^{+\infty} g(\eta)\mathrm{e}^{-p\eta}\mathrm{d}\eta$$

$$= L[f(t)] \cdot L[g(t)]$$

例 5 求函数 $J_0(t), tJ_0(t), \mathrm{e}^{-at}J_0(t)$ 的拉普拉斯变换,这里 $J_0(t)$ 是零阶贝塞尔函数,即

$$J_0(t) = \sum_{k=0}^{\infty} \frac{(-1)^k}{(k!)^2}\left(\frac{t}{2}\right)^{2k}$$

解 （1）由定义

$$L[J_0(t)] = \sum_{k=0}^{\infty} \frac{(-1)^k}{(k!)^2} L\left[\left(\frac{t}{2}\right)^{2k}\right] = \sum_{k=0}^{\infty} \frac{(-1)^k}{(k!)^2}(4)^{-k} L[t^{2k}]$$

$$= \frac{1}{p}\left[1 - \frac{1}{2}\left(\frac{1}{p^2}\right) + \frac{1\times 3}{2\times 4}\left(\frac{1}{p^2}\right)^2 - \frac{1\times 3\times 5}{2\times 4\times 6}\left(\frac{1}{p^2}\right)^3 + \cdots\right]$$

$$= \frac{1}{p}\left(1 + \frac{1}{p^2}\right)^{-\frac{1}{2}} = \frac{1}{\sqrt{1+p^2}}$$

（2）由象函数的微分性质得

$$L[tJ_0(t)] = -\frac{\mathrm{d}}{\mathrm{d}p}\left(\frac{1}{\sqrt{1+p^2}}\right) = \frac{p}{(1+p^2)^{\frac{3}{2}}}$$

（3）由位移性质得

$$L[e^{-at}J_0(t)] = \frac{1}{\sqrt{1+(a+p)^2}}$$

5.3 拉普拉斯逆变换

由拉普拉斯变换概念的导出可知，函数 $f(t)$ 的拉普拉斯变换，实际上就是函数 $f(t)H(t)e^{-\beta t}$ 的傅立叶变换，即

$$L[f(t)] = F[f(t)H(t)e^{-\beta t}] \quad (\beta > 0)$$

于是，当 $f(t)H(t)e^{-\beta t}$ 满足傅立叶积分定理的条件时，在 $f(t)$ 的连续点处，有

$$f(t)H(t)e^{-\beta t} = \frac{1}{2\pi}\int_{-\infty}^{+\infty}\left[\int_{-\infty}^{+\infty} f(\tau)H(\tau)e^{-\beta\tau}\cdot e^{-i\lambda\tau}\mathrm{d}\tau\right]e^{i\lambda t}\mathrm{d}\lambda$$

$$= \frac{1}{2\pi}\int_{-\infty}^{+\infty}\left[\int_{0}^{+\infty} f(\tau)e^{-(\beta+i\lambda)\tau}\mathrm{d}\tau\right]e^{i\lambda t}\mathrm{d}\lambda$$

即有

$$f(t) = \frac{1}{2\pi}\int_{-\infty}^{+\infty}\left[\int_{0}^{+\infty} f(\tau)e^{-(\beta+i\lambda)\tau}\mathrm{d}\tau\right]e^{(\beta+i\lambda)t}\mathrm{d}\lambda \quad (t>0)$$

令 $p = \beta + i\lambda$，则 $\mathrm{d}p = i\mathrm{d}\lambda$，于是

$$f(t) = \frac{1}{2\pi i}\int_{\beta-i\infty}^{\beta+i\infty}\left[\int_{0}^{+\infty} f(\tau)e^{-p\tau}\mathrm{d}\tau\right]e^{pt}\mathrm{d}p$$

$$= \frac{1}{2\pi i}\int_{\beta-i\infty}^{\beta+i\infty} F(p)e^{pt}\mathrm{d}p \tag{5.3.1}$$

上式称为象函数 $F(p)$ 的**拉普拉斯逆变换式**，即

$$L^{-1}[F(p)] = f(t) = \frac{1}{2\pi i}\int_{\beta-i\infty}^{\beta+i\infty} F(p)e^{pt}\mathrm{d}p \quad (t>0) \tag{5.3.2}$$

在 $f(t)$ 的间断点 $t_0(t_0 > 0)$ 处，上式中的 $f(t)$ 应换为 $\frac{1}{2}[f(t_0-0)+f(t_0+0)]$. 式

（5.3.1）右端的积分称为**拉普拉斯反演积分**. 这是一个复变函数的积分，一般都较难计算，但当 $F(p)$ 满足一定条件时，可以用留数的方法来计算.

定理1 若 $p_1, p_2, \cdots, p_n$ 是函数 $F(p)$ 的所有奇点，且 $\lim\limits_{p\to\infty} F(p) = 0$，适当选取 β，使这

些奇点全在 $\mathrm{Re}(p) < \beta$ 的范围内, 则有

$$\frac{1}{2\pi\mathrm{i}}\int_{\beta-\mathrm{i}\infty}^{\beta+\mathrm{i}\infty} F(p)\mathrm{e}^{pt}\,\mathrm{d}p = \sum_{k=1}^{n}\mathrm{Res}[F(p)\mathrm{e}^{pt}, p_k] \tag{5.3.3}$$

即 $F(p)$ 的像原函数 $f(t)$ 为 $\mathrm{e}^{pt}F(p)$ 的所有留数的和,

$$f(t) = \sum_{k=1}^{n}\mathrm{Res}[F(p)\mathrm{e}^{pt}, p_k] \quad (t > 0)$$

其中:

(1) 若 p_k 是函数 $F(p)$ 的一阶极点, 则

$$\mathrm{Res}[F(p)\mathrm{e}^{pt}, p_k] = \lim_{p\to p_k}(p - p_k)F(p)\mathrm{e}^{pt}$$

(2) 若 p_k 是函数 $F(p)$ 的 $k(k \geqslant 2)$ 阶极点, 则

$$\mathrm{Res}[F(p)\mathrm{e}^{pt}, p_k] = \frac{1}{(k-1)!}\lim_{p\to p_k}\frac{\mathrm{d}^{k-1}}{\mathrm{d}p^{k-1}}(p - p_k)^k F(p)\mathrm{e}^{pt}$$

证明　如图 5-1 所示, 作闭曲线 $C = L + C_R$, 其中 C_R 是以 $\beta + \mathrm{i}0$ 为中心, 适当大的 R 为半径的圆弧, 使 $F(p)$ 的所有奇点都包含在闭曲线 C 所围的区域内. 由于 e^{pt} 在整个复平面上解析, 所以, $F(p) \cdot \mathrm{e}^{pt}$ 的奇点就是 $F(p)$ 的奇点, 根据留数定理, 得

$$\oint_C F(p) \cdot \mathrm{e}^{pt}\,\mathrm{d}p = 2\pi\mathrm{i}\sum_{k=1}^{n}\mathrm{Res}[F(p)\mathrm{e}^{pt}, p_k]$$

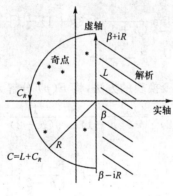

图 5-1

即

$$\frac{1}{2\pi\mathrm{i}}\left[\int_{\beta-\mathrm{i}R}^{\beta+\mathrm{i}R} F(p)\mathrm{e}^{pt}\,\mathrm{d}p + \int_{C_R} F(p) \cdot \mathrm{e}^{pt}\,\mathrm{d}p\right] = \sum_{k=1}^{n}\mathrm{Res}[F(p)\mathrm{e}^{pt}, p_k]$$

当 $R \to \infty$ 时, 对于 $t > 0$, 根据复变函数中的约当引理, 有

$$\lim_{R\to+\infty}\int_{C_R} F(p) \cdot \mathrm{e}^{pt}\,\mathrm{d}p = 0$$

从而

$$\frac{1}{2\pi\mathrm{i}}\int_{\beta-\mathrm{i}\infty}^{\beta+\mathrm{i}\infty} F(p)\mathrm{e}^{pt}\,\mathrm{d}p = \sum_{k=1}^{n}\mathrm{Res}[F(p)\mathrm{e}^{pt}, p_k]$$

定理证毕.

当 $F(p)$ 为有理函数时, 我们有下述计算拉普拉斯变换 $f(t)$ 的较为方便的公式.

海维赛德展开式　设函数 $F(p)$ 为有理函数,即 $F(p) = \dfrac{A(p)}{B(p)}$,若其中 $A(p)$ 与 $B(p)$ 是不可约多项式,且 $A(p)$ 的次数比 $B(p)$ 的次数低,则 $F(p)$ 的拉普拉斯逆变换 $f(t)$ 如下:

(1) 当 $B(p)$ 只有 n 个一级零点 $p_1, p_2, \cdots, p_n$ 时,

$$f(t) = \sum_{k=1}^{n} \frac{A(p_k)}{B'(p_k)} e^{p_k t} \quad (t > 0) \tag{5.3.4}$$

(2) 当 p_1 是 $B(p)$ 的一个 m 级零点,$p_{m+1}, p_{m+2}, \cdots, p_n$ 是 $B(p)$ 的一级零点时,

$$f(t) = \frac{1}{(m-1)!} \lim_{p \to p_1} \frac{\mathrm{d}^{m-1}}{\mathrm{d} p^{m-1}} \left[(p - p_1)^m \frac{A(p)}{B(p)} e^{pt} \right] + \sum_{k=m+1}^{n} \frac{A(p_k)}{B'(p_k)} e^{p_k t} \quad (t > 0)$$

$$\tag{5.3.5}$$

证明　只需利用计算复变函数在极点处留数的规则即得,这里从略.

例1　求 $F(p) = \dfrac{1}{(p+1)(p-2)^2}$ 的拉普拉斯逆变换.

解法1　这里 $A(p) = 1, B(p) = (p+1)(p-2)^2, p_1 = -1, p_2 = 2$ 分别是其一级和二级零点,由海维赛德展开式(5.3.4),得

$$\begin{aligned}
f(t) = L^{-1}[F(p)] &= \frac{e^{pt}}{3p(p-2)} \Big|_{p=-1} + \lim_{p \to 2} \frac{\mathrm{d}}{\mathrm{d} p} \left[\frac{1}{p+1} e^{pt} \right] \\
&= \frac{1}{9} e^{-t} + \lim_{p \to 2} \frac{e^{pt}}{(p+1)^2} [t(p+1) - 1] \\
&= \frac{1}{9} \mathrm{e}^{-t} + \frac{1}{3} t e^{2t} - \frac{1}{9} e^{2t}
\end{aligned}$$

解法2　采用查拉普拉斯变换表的方法,将 $F(p)$ 分解为部分分式,得

$$\frac{1}{(p+1)(p-2)^2} = \frac{1}{9(p+1)} - \frac{1}{9(p-2)} + \frac{1}{3(p-2)^2}$$

查表即得

$$\begin{aligned}
L^{-1}[F(p)] &= \frac{1}{9} L^{-1} \left[\frac{1}{p+1} \right] - \frac{1}{9} L^{-1} \left[\frac{1}{p-2} \right] + \frac{1}{3} L^{-1} \left[\frac{1}{(p-2)^2} \right] \\
&= \frac{1}{9} e^{-t} + \frac{1}{3} t e^{2t} - \frac{1}{9} e^{2t}
\end{aligned}$$

解法3　利用卷积定理,得

$$\begin{aligned}
L^{-1}[F(p)] &= L^{-1} \left[\frac{1}{p+1} \cdot \frac{1}{(p-2)^2} \right] = L^{-1} \left[\frac{1}{p+1} \right] * L^{-1} \left[\frac{1}{(p-2)^2} \right] \\
&= e^{-t} * t e^{2t} = t e^{2t} * e^{-t} = \int_0^t \tau e^{2\tau} \cdot e^{-(t-\tau)} \mathrm{d}\tau \\
&= \frac{1}{3} \int_0^t \tau \mathrm{d} e^{3\tau - t} = \frac{1}{3} \tau e^{3\tau - t} \Big|_0^t - \frac{1}{3} \int_0^t e^{3\tau - t} \mathrm{d}\tau \\
&= \frac{1}{9} e^{-t} + \frac{1}{3} t e^{2t} - \frac{1}{9} e^{2t}
\end{aligned}$$

例2　求 $F(p) = \dfrac{1}{p(1 + e^{ap})} (a > 0)$ 的拉普拉斯逆变换.

解　函数 $F(p)$ 在 $p=0$ 有一级极点,而 $1+e^{ap}=0$ 表明

$$e^{ap}=-1=e^{(2n-1)\pi i}, \quad n=0,\pm 1,\pm 2,\cdots$$

因此 $p_n=\left(\dfrac{2n-1}{a}\right)\pi i$ 是 $F(p)$ 的一级极点. 由于

$$\mathrm{Res}[F(p)e^{pt},0]=\lim_{p_n\to 0}pF(p)e^{pt}=\frac{1}{2}$$

而

$$\mathrm{Res}[F(p)e^{pt},p_n]=\lim_{p\to p_n}(p-p_n)F(p)e^{pt}=\frac{e^{tp_n}}{[p(1+e^{ap})]'\,|_{p=p_n}}$$

$$=\frac{e^{tp_n}}{ap_ne^{ap_n}}=\frac{e^{t\frac{2n-1}{a}\pi i}}{(2n-1)\pi i}$$

所以

$$f(t)=\frac{1}{2}-\sum_{n=-\infty}^{+\infty}\frac{e^{t\frac{2n-1}{a}\pi i}}{(2n-1)\pi i}$$

$$=\frac{1}{2}-\frac{2}{\pi}\sum_{n=1}^{+\infty}\frac{1}{(2n-1)}\sin\left(\frac{2n-1}{a}\right)\pi t$$

下面我们利用拉普拉斯变换的微分性质,建立函数 $pF(p)$ 和 $F(p)$ 的拉普拉斯逆变换之间的关系,作为微分性质又一个推论. 这个推论对于求某些函数的拉普拉斯逆变换将是有用的.

推论　设 $L^{-1}[F(p)]=f(t)$,且 $f(0)=0$,则有

$$L^{-1}[pF(p)]=f'(t)$$

证明　由拉普拉斯变换的微分性质知

$$L[f'(t)]=pL[f(t)]-f(0)$$

当 $f(0)=0$ 时,则有

$$L[f'(t)]=pL[f(t)]=pF(p).$$

所以

$$L^{-1}[pF(p)]=f'(t)$$

5.4　拉普拉斯变换的应用

利用拉普拉斯变换求解定解问题的主要步骤是:

(1) 对方程进行拉普拉斯变换,并且考虑初始条件和边界条件;

(2) 从变换后的方程中求出象函数;

(3) 对象函数作拉普拉斯逆变换,得到的像原函数就是原问题的解.

例 1　用拉普拉斯变换,求解下列初值问题:

$$y''(t)+4y'(t)+3y(t)=0,t>0,y(0)=3,y'(0)=1$$

解　设 $Y(p)=L[y(t)]$,对微分方程两边取拉普拉斯变换,得

$$p^2Y(p)-py(0)-y'(0)+4pY(p)-4y(0)+3Y(p)=0$$

即

$$(p+3)(p+1)Y(p) = 3p + 13$$

$$Y(p) = \frac{3p+13}{(p+3)(p+1)} = \frac{-2}{p+3} + \frac{5}{p+1}$$

取拉普拉斯逆变换,得本初值问题

$$y(t) = L^{-1}[Y(p)] = L^{-1}\left[\frac{-2}{p+3}\right] + L^{-1}\left[\frac{5}{p+1}\right] = 5e^{-t} - 2e^{-3t}$$

例 2　用拉普拉斯变换解下述有外力作用的半无限长弦振动的定解问题:

$$\begin{cases} u_{tt} = a^2 u_{xx} + f_0 & (0 < x < +\infty, t > 0, a > 0) \\ u\mid_{t=0} = 0, u_t\mid_{t=0} = 0 & (x \geqslant 0) \\ u\mid_{x=0} = 0, \lim\limits_{x \to \infty} u_x(x,t) = 0 & (t \geqslant 0) \end{cases}$$

其中 f_0 是常数.

解　设 $U(x,p)$ 是函数 $u(x,t)$ 关于变量 t 的拉普拉斯变换,即

$$U(x,p) = \int_0^{+\infty} u(x,t)e^{-pt}\,dt$$

对方程两端关于变量 t 取拉普拉斯变换,并利用拉普拉斯变换微分性和初始条件,得

$$L[u_{tt}] = p^2 L[u] - pu\mid_{t=0} - u_t\mid_{t=0} = p^2 U(x,p)$$

$$L[a^2 u_{xx} + f_0] = a^2 L[u_{xx}] + L[f_0] = a^2 U_{xx}(x,p) + \frac{f_0}{p} \quad [\mathrm{Re}(p) > 0]$$

即有

$$\frac{d^2 U}{dx^2} - \frac{p^2}{a^2}U = -\frac{f_0}{a^2 p}$$

这个常微分方程的通解是

$$U(x,p) = Ae^{\frac{p}{a}x} + Be^{-\frac{p}{a}x} + \frac{f_0}{p^3}$$

对边界条件关于 t 取拉普拉斯变换后,得

$$U(0,p) = 0, \quad \lim_{x \to +\infty} U_x(x,p) = 0$$

由此应有 $A = 0$ 以及

$$U(0,p) = B + \frac{f_0}{p^3} = 0, \quad B = -\frac{f_0}{p^3}$$

$$U(x,p) = \left(1 - e^{-\frac{p}{a}x}\right)\frac{f_0}{p^3}$$

为求得原定解问题的解 $u(x,t)$,需对 $U(x,p)$ 关于 p 取拉普拉斯逆变换,即

$$u(x,t) = L^{-1}[U(x,p)] = f_0 L^{-1}\left[\frac{1}{p^3}\right] - f_0 L^{-1}\left[e^{-\frac{x}{a}p} \cdot \frac{1}{p^3}\right]$$

查表得 $L^{-1}\left[\dfrac{1}{p^3}\right] = \dfrac{t^2}{2}$,而由延迟性质知

$$L^{-1}\left[e^{-\frac{x}{a}p} \cdot \frac{1}{p^3}\right] = \begin{cases} \dfrac{1}{2}\left(t - \dfrac{x}{a}\right)^2, & t \geqslant \dfrac{x}{a} \\ 0, & t < \dfrac{x}{a} \end{cases}$$

故定解问题的解为

$$u(x,t) = \begin{cases} \dfrac{f_0}{2}\left[t^2 - \left(t - \dfrac{x}{a}\right)^2\right], & t \geqslant \dfrac{x}{a} \\[3mm] \dfrac{f_0}{2}t^2, & 0 \leqslant t < \dfrac{x}{a} \end{cases}$$

例 3　求解半无限长棒的热传导问题:

$$\begin{cases} \dfrac{\partial u}{\partial t} = a^2 \dfrac{\partial^2 u}{\partial x^2} & (x > 0, t > 0, a > 0) \\[2mm] u\,|_{t=0} = 0 & (x \geqslant 0) \\[2mm] u\,|_{x=0} = f(t),\ |u(x \to \infty)| < M & (t \geqslant 0) \end{cases}$$

解　令

$$U(x,p) = \int_0^{+\infty} u(x,t)\mathrm{e}^{-pt}\,\mathrm{d}t, \quad F(p) = \int_0^{+\infty} f(t)\mathrm{e}^{-pt}\,\mathrm{d}t$$

对方程两边关于变量 t 作拉普拉斯变换,并由初始条件得

$$L\left[\frac{\partial u}{\partial t}\right] = pL[u] - u\,|_{t=0} = pU$$

$$L\left[a^2\,\frac{\partial^2 u}{\partial x^2}\right] = a^2 L\left[\frac{\partial^2 u}{\partial x^2}\right] = a^2\,\frac{\mathrm{d}^2 U}{\mathrm{d}x^2}$$

即有

$$\frac{\mathrm{d}^2 U}{\mathrm{d}x^2} - \frac{p}{a^2}U = 0$$

这个常微分方程的通解是

$$U(x,p) = A\mathrm{e}^{\frac{\sqrt{p}}{a}x} + B\mathrm{e}^{-\frac{\sqrt{p}}{a}x}$$

边界条件关于 t 取拉普拉斯变换后,得

$$U(0,p) = F(p), \quad \lim_{x \to +\infty} U(x,p) \text{ 有界}$$

所以应有 $A = 0$ 和 $B = F(p)$,于是

$$U(x,p) = F(p)\mathrm{e}^{-\frac{\sqrt{p}}{a}x}$$

对上式两端关于 p 作拉普拉斯逆变换并利用卷积定理,得

$$u(x,t) = L^{-1}\left[F(p)\mathrm{e}^{-\frac{\sqrt{p}}{a}x}\right] = L^{-1}[F(p)] * L^{-1}\left[\mathrm{e}^{-\frac{\sqrt{p}}{a}x}\right]$$

$$= f(t) * L^{-1}\left[\mathrm{e}^{-\frac{\sqrt{p}}{a}x}\right]$$

下面我们来求 $L^{-1}\left[\mathrm{e}^{-\frac{\sqrt{p}}{a}x}\right]$. 由拉普拉斯变换简表只可查得

$$L^{-1}\left[\frac{1}{p}\mathrm{e}^{-\frac{\sqrt{p}}{a}x}\right] = \mathrm{erfc}\left(\frac{x}{2a\sqrt{t}}\right) = \frac{2}{\sqrt{\pi}}\int_{\frac{x}{2a\sqrt{t}}}^{+\infty} \mathrm{e}^{-y^2}\,\mathrm{d}y$$

令

$$g(t) = \mathrm{erfc}\left(\frac{x}{2a\sqrt{t}}\right)$$

则

$$g(0) = \frac{2}{\sqrt{\pi}} \int_{-\infty}^{+\infty} e^{-y^2} dy = 0$$

因此有

$$L^{-1}\left[e^{-\frac{\sqrt{p}}{a}x}\right] = L^{-1}\left[p \cdot \frac{1}{p} e^{-\frac{\sqrt{p}}{a}x}\right] = \frac{d}{dt}\left[\frac{2}{\sqrt{\pi}} \int_{\frac{x}{2a\sqrt{t}}}^{+\infty} e^{-y^2} dy\right]$$

$$= -\frac{2}{\sqrt{\pi}} e^{-\frac{x^2}{4a^2 t}} \cdot \left(\frac{x}{2a\sqrt{t}}\right)'_t = \frac{x}{2a\sqrt{\pi} t^{\frac{3}{2}}} \cdot e^{-\frac{x^2}{4a^2 t}}$$

于是得原定解问题的解为

$$u(x,t) = f(t) * \frac{x}{2a\sqrt{\pi} t^{\frac{3}{2}}} \cdot e^{-\frac{x^2}{4a^2 t}}$$

$$= \frac{x}{2a\sqrt{t}} \int_0^t f(\tau) \frac{1}{(t-\tau)^{\frac{3}{2}}} \cdot e^{-\frac{x^2}{4a^2(t-\tau)}} d\tau$$

例4 设有一长为 l 的均匀杆,其一段固定,另一端由静止状态开始受力 $F = A\sin\omega t$ 的作用,力 F 的方向和杆的轴线一致,求杆作纵振动的规律.

解 本例可归结为下述定解问题:

$$\begin{cases} \dfrac{\partial^2 u}{\partial t^2} = a^2 \dfrac{\partial^2 u}{\partial x^2} & (0 < x < l, t > 0) \\[2mm] u\Big|_{t=0} = 0, \dfrac{\partial u}{\partial t}\Big|_{t=0} = 0 & (0 < x < l) \\[2mm] u\Big|_{x=0} = 0, \dfrac{\partial u}{\partial x}\Big|_{x=l} = \dfrac{A}{SE}\sin\omega t \end{cases}$$

其中, $a^2 = \dfrac{E}{P}$; E 为弹性模量; ρ 为体密度; S 为杆的横截面积.

令

$$U(x,p) = L[u(x,t)] = \int_0^{+\infty} u(x,t) e^{-pt} dt$$

对方程两边关于变量 t 作拉普拉斯变换,并由初始条件得

$$\frac{d^2 U(x,p)}{dx^2} = \frac{p^2}{a^2} U(x,p)$$

对边界条件取相应的拉普拉斯变换,得

$$U(x,p)\Big|_{x=0} = 0, \quad \frac{dU(x,p)}{dx}\Big|_{x=l} = \frac{A}{SE} \frac{\omega}{p^2 + \omega^2}$$

常微分方程边值问题的解为

$$U(x,p) = \frac{A a\omega \, \mathrm{sh}\dfrac{p}{a}x}{SEp(p^2 + \omega^2)\mathrm{ch}\dfrac{p}{a}l}$$

对上式取拉普拉斯逆变换,得

$$u(x,t) = L^{-1}\left[\frac{A a\omega \, \mathrm{sh}\dfrac{p}{a}x}{SEp(p^2 + \omega^2)\mathrm{ch}\dfrac{p}{a}l}\right]$$

$$= \sum_k \mathrm{Res} \left[\frac{Aa\omega \,\mathrm{sh}\, \dfrac{p}{a}x}{SEp(p^2+\omega^2)\mathrm{ch}\dfrac{p}{a}l} \cdot \mathrm{e}^{pt}, p_k \right]$$

其中 p_k 是 $U(x,p)$ 的奇点,也即是使 $p(p^2+\omega^2)\mathrm{ch}\dfrac{p}{a}l = 0$ 的点,这些点是

$$p = 0, \pm \mathrm{i}\omega, \pm \mathrm{i}\frac{a}{l}\left(k-\frac{1}{2}\right)\pi \quad (k = 1,2,\cdots)$$

其中 $p = 0$ 是可去奇点,其余都是一级极点. 通过计算函数 $U\mathrm{e}^{pt}$ 在这些奇点处的留数,可得

$$\mathrm{Res}[U(x,p)\mathrm{e}^{pt}, 0] = 0$$

$$\mathrm{Res}[U(x,p)\mathrm{e}^{pt}, \mathrm{i}\omega] = -\frac{Aa\,\mathrm{sh}\dfrac{\mathrm{i}\omega x}{a}\mathrm{e}^{\mathrm{i}\omega t}}{2SE\omega\,\mathrm{ch}\dfrac{\mathrm{i}\omega l}{a}} = -\frac{\mathrm{i}Aa\sin\dfrac{\omega x}{a}\mathrm{e}^{\mathrm{i}\omega t}}{2SE\omega\cos\dfrac{\omega l}{a}}$$

$$\mathrm{Res}[U(x,p)\mathrm{e}^{pt}, -\mathrm{i}\omega] = -\frac{\mathrm{i}Aa\sin\dfrac{\omega x}{a}\mathrm{e}^{-\mathrm{i}\omega t}}{2SE\omega\cos\dfrac{\omega l}{a}}$$

$$\mathrm{Res}\left[U(x,p)\mathrm{e}^{pt}, \mathrm{i}\frac{(2k-1)a\pi}{2l}\right]$$

$$= (-1)^{k-1}\frac{8Aa\omega l^2\sin\dfrac{(2k-1)\pi}{2l}x \cdot \mathrm{e}^{\frac{\mathrm{i}(2k-1)a\pi}{2l}t}}{\mathrm{i}SE\pi(2k-1)[4l^2\omega^2 - a^2\pi^2(2k-1)^2]}$$

$$\mathrm{Res}\left[U(x,p)\mathrm{e}^{pt}, -\mathrm{i}\frac{(2k-1)a\pi}{2l}\right]$$

$$= -(-1)^{k-1}\frac{8Aa\omega l^2\sin\dfrac{(2k-1)\pi}{2l}x \cdot \mathrm{e}^{-\frac{\mathrm{i}(2k-1)a\pi}{2l}t}}{\mathrm{i}SE\pi(2k-1)[4l^2\omega^2 - a^2\pi^2(2k-1)^2]}$$

所以原问题的解为

$$u(x,t) = \frac{Aa}{SE\omega} \cdot \frac{1}{\cos\dfrac{\omega}{a}l} \cdot \sin\omega t \cdot \sin\frac{\omega}{a}x +$$

$$\sum_{k=1}^{\infty}(-1)^{k-1}\frac{16\omega Al^2}{SE\pi} \cdot \frac{\sin\dfrac{(2k-1)\pi}{2l}x \cdot \sin\dfrac{(2k-1)a\pi}{2l}t}{(2k-1)[4l^2\omega^2 - a^2\pi^2(2k-1)^2]}$$

例 5 用拉普拉斯变换解下述混合问题:

$$\begin{cases} u_t = a^2 u_{xx} & (0 < x < l, t > 0) \\ u\,|_{t=0} = 0 & (0 < x < l) \\ u\,|_{x=0} = 0, u\,|_{x=l} = g(t) \end{cases}$$

解 令

$$U(x,p) = \int_0^{+\infty} u(x,t)\mathrm{e}^{-pt}\mathrm{d}t$$

$$F(p) = \int_0^{+\infty} f(t) e^{-pt} dt$$

对方程两边关于变量 t 作拉普拉斯变换,并由初始条件得

$$L\left[\frac{\partial u}{\partial t}\right] = pL[u] - u\mid_{t=0} = pU$$

$$L\left[a^2 \frac{\partial^2 u}{\partial x^2}\right] = a^2 L\left[\frac{\partial^2 u}{\partial x^2}\right] = a^2 \frac{d^2 U}{dx^2}$$

即有

$$\frac{d^2 U}{dx^2} - \frac{p}{a^2} U = 0$$

这个常微分方程的通解是

$$U(x,p) = A\cosh\frac{\sqrt{p}}{a}x + B\sinh\frac{\sqrt{p}}{a}x$$

边界条件关于 t 取拉普拉斯变换后,得

$$U(0,p) = 0, \quad U(l,p) = G(p)$$

所以应有 $A = 0$ 和 $G(p) = B\sinh\frac{\sqrt{p}}{a}l$,因此

$$U(x,p) = \frac{G(p)\sinh\frac{\sqrt{p}}{a}x}{\sinh\frac{\sqrt{p}}{a}l}$$

对上式两端关于 p 作拉普拉斯逆变换得所求的解

$$u(x,t) = L^{-1}[U(x,p)] = \frac{1}{2\pi i}\int_{\beta-i\infty}^{\beta+i\infty} e^{pt} G(p) \frac{\sinh\frac{\sqrt{p}}{a}x}{\sinh\frac{\sqrt{p}}{a}l} dp$$

设 $G(p)$ 无极点,那么被积函数有极点当且仅当 $\sinh\frac{\sqrt{p}}{a}l = 0$,即

$$\sinh\frac{\sqrt{p}}{a}l = 0 = e^{\frac{\sqrt{p}}{a}l} - e^{-\frac{\sqrt{p}}{a}l}$$

也就是

$$e^{2\frac{\sqrt{p}}{a}l} = 1 = e^{2n\pi i}$$

这表明极点 $p_n = -\left(\frac{an\pi}{l}\right)^2 (n = 0, \pm 1, \pm 2, \cdots)$ 是一阶的,极点 $p = 0$ 的留数是零,极点 $p = p_n$ 的留数是

$$\lim_{p \to p_n} e^{pt} G(p) \frac{\sinh\frac{\sqrt{p}}{a}x}{\left(\sinh\frac{\sqrt{p}}{a}l\right)'} = \frac{2in\pi a^2}{l^2} \frac{G(p_n)}{\cosh(in\pi)} e^{p_n t} \sinh\left(\frac{in\pi x}{l}\right)$$

利用公式 $\cosh(in\pi) = \cos n\pi$ 和 $\sinh\left(\frac{in\pi x}{l}\right) = i\sin\left(\frac{in\pi x}{l}\right)$,得

$$u(x,t) = \frac{2\pi a^2}{l^2} \sum_{n=1}^{+\infty} n(-1)^n G\left(-\left(\frac{n\pi a}{l}\right)^2\right) \sin\left(\frac{n\pi x}{l}\right) \exp\left[-\left(\frac{n\pi a}{l}\right)^2 t\right]$$

这个结果与用分离变量法解题的结果一致.

习题 5

1. 求下列函数的拉普拉斯变换.

(1) $f(t) = \cos \pi t$; (2) $f(t) = e^{-2t}$;

(3) $f(t) = t^n$(n 是正整数); (4) $f(t) = \text{sh } kt$ (k 为实数).

2. 用拉普拉斯变换的性质和查表法,求下列函数的拉普拉斯变换:

(1) $f(t) = t^2 + te^t$; (2) $f(t) = e^{3t} \sin 4t$;

(3) $f(t) = \sin t \cos t$; (4) $f(t) = \cos^2 t$.

3. 求下列函数的拉普拉斯逆变换:

(1) $F(p) = \dfrac{5}{p+2}$; (2) $F(p) = \dfrac{4p-3}{p^2+4}$;

(3) $F(p) = \dfrac{1}{p^2+2p}$; (4) $F(p) = \dfrac{p+3}{(p+1)(p-3)}$.

4. 利用海维赛德展开式求下列函数的拉普拉斯逆变换:

(1) $F(p) = \dfrac{1}{p^2(p^2-1)}$; (2) $F(p) = \dfrac{1}{(p^2+2p+2)^2}$.

5. 试用拉普拉斯变换法求解定解问题:

$$\begin{cases} \dfrac{\partial^2 u}{\partial x \partial y} = 1 & (x > 0, y > 0) \\ u\big|_{x=0} = y + 1 \\ u\big|_{y=0} = 1 \end{cases}$$

6. 试用拉普拉斯变换法解下述定解问题:

$$\begin{cases} \dfrac{\partial u}{\partial t} = a^2 \dfrac{\partial u}{\partial x^2} + f(x,t) & (-\infty < x < +\infty, t > 0 \text{ 且 } a > 0) \\ u\big|_{t=0} = \varphi(x) & (-\infty < x < +\infty) \\ u\big|_{x \to \pm\infty} \text{ 有界} \end{cases}$$

7. 用拉普拉斯变换法求解定解问题:

$$\begin{cases} \dfrac{\partial u}{\partial t} = a^2 \dfrac{\partial^2 u}{\partial x^2} + hu & (0 < x < 1, t > 0) \\ u\big|_{t=0} = 3\sin 2\pi x & (0 \leqslant x \leqslant 1) \\ u\big|_{x=0} = 0, u\big|_{x=1} = 0 & (t \geqslant 0) \end{cases}$$

8. 用拉普拉斯变换法求解定解问题:

$$\begin{cases} \dfrac{\partial u}{\partial t} = a^2 \dfrac{\partial^2 u}{\partial x^2} - hu & (x > 0, t > 0 \text{ 且 } a > 0) \\ u\big|_{t=0} = 0 & (x \geqslant 0) \\ u\big|_{x=0} = u_0, \lim_{n \to +\infty} u = 0 & (t \geqslant 0) \end{cases}$$

9. 试用拉普拉斯变换解一维波动方程的柯西问题：

$$\begin{cases} \dfrac{\partial^2 u}{\partial t^2} = a^2 \dfrac{\partial^2 u}{\partial x^2} & (-\infty < x < +\infty, t > 0) \\[2mm] u \mid_{t=0} = \varphi(x) & (-\infty < x < +\infty) \\[2mm] \dfrac{\partial u}{\partial t} \mid_{t=0} = \phi(x) & (-\infty < x < +\infty) \end{cases}$$

第6章 格林函数法

格林函数是根据英国数学家和物理学家乔治－格林(George-Green)而命名的.1828年格林提出了格林函数的概念,格林函数不仅有直接的物理意义,而且是一种有力的数学工具,它不仅可以把拉普拉斯方程和泊松方程表示出来,而且已经在电磁学、声学、固体物理、量子力学和其他近代数学和物理中有广泛的应用.

数学上,格林函数可以用来求解线性非齐次偏微分方程和方程组,自变量可以任意多个,格林函数法提供的不只是一种解法,还可以把一个物理中的偏微分方程变成一个积分表达式.

格林函数法的基本思想是把一个线性非齐次偏微分方程和带有非齐次边界条件的定解问题转化成为求一个特殊的边值问题,这个问题的解称为格林函数.这个方法的优点在于,只要求出定解问题的格林函数,将它代入相应的求解公式,定解问题就可以解决了.对于一般的区域,求格林函数不是一件容易的事情,但是对于一些规则的区域,却可以用初等方法构造出格林函数.

事实上,人们以格林函数为工具,已经成功求解电磁学中的 Maxwell 方程,光学中的 Helmhotz 方程,量子力学中的 Schrodinger 方程,流体力学中的黏性流体(viscous fluid)方程和相对粒子动力学中的 Klein-Gordon 方程等著名的数学物理方程.

格林函数法是给出偏微分方程定解问题以积分形式解的一种方法. 本章仅限于介绍位势方程的格林函数法,主要讨论拉普拉斯算子第一边值问题的格林函数,并用格林函数法求解在几种特殊区域中位势方程的狄里克莱问题.

6.1 格林公式

格林公式是联系曲面积分和三重积分之间的关系 —— 高斯公式的直接推论,为了用格林函数求解位势方程的定解问题,我们先建立几个积分公式.设 $\Omega \in \mathbf{R}^3$ 有界,边界曲面 $\Gamma = \partial\Omega$ 光滑或者分片光滑,$\overline{\Omega} = \Omega \bigcup \partial\Omega$,记 $C^{(n)}(\Omega)$ 为区域 Ω 上所有 n 阶偏导数连续的函数组成的集合,$C(\overline{\Omega})$ 为闭区域 $\overline{\Omega}$ 上所有连续函数组成的集合.

6.1.1 格林第一公式和格林第二公式

定理 1 设 Ω 是有界区域,其边界面 Γ 分片光滑,函数 $u, v \in C^{(1)}(\overline{\Omega}) \bigcap C^{(2)}(\Omega)$,则有

(1) $\displaystyle\iiint_{\Omega} u\triangle v\mathrm{d}\Omega = \iint_{\Gamma} u\,\frac{\partial v}{\partial n}\mathrm{d}S - \iiint_{\Omega} \nabla u \cdot \nabla v\mathrm{d}\Omega;$ (6.1.1)

(2) $\displaystyle\iiint_{\Omega}(u\triangle v - v\triangle u)\mathrm{d}\Omega = \iint_{\Gamma}\left(u\,\frac{\partial v}{\partial n} - v\,\frac{\partial u}{\partial n}\right)\mathrm{d}S,$ (6.1.2)

其中 n 为边界面 Γ 的外法向.

公式(6.1.1) 和(6.1.2) 分别称为**格林第一公式**和**格林第二公式**.

证明 由高斯公式知,若 $a = \{a_1, a_2, a_3\}$ 的分量 $a_1, a_2, a_3 \in C(\overline{\Omega}) \bigcap C^{(1)}(\Omega)$,则有

$$\iiint\left(\frac{\partial a_1}{\partial x} + \frac{\partial a_2}{\partial y} + \frac{\partial a_3}{\partial z}\right)\mathrm{d}\Omega = \iint_{\Gamma}[a_1\cos(n,x) + a_2\cos(n,y) + a_3\cos(n,z)]\mathrm{d}S$$

其矢量形式为

$$\iiint_{\Omega} \nabla \cdot a\mathrm{d}\Omega = \iint_{\Gamma} a \cdot n\mathrm{d}S \qquad\qquad(6.1.3)$$

其中

$$\nabla \cdot = \mathbf{grad}\cdot = \left(\frac{\partial \cdot}{\partial x} + \frac{\partial \cdot}{\partial y} + \frac{\partial \cdot}{\partial z}\right) = \frac{\partial \cdot}{\partial x}\boldsymbol{i} + \frac{\partial \cdot}{\partial y}\boldsymbol{j} + \frac{\partial \cdot}{\partial z}\boldsymbol{k}$$

为梯度算子.

令 $a = u\nabla v$,即

$$a_1 = u\,\frac{\partial v}{\partial x}, \quad a_2 = u\,\frac{\partial v}{\partial y}, \quad a_3 = u\,\frac{\partial v}{\partial z}$$

并利用恒等式

$$\nabla \cdot (u\,\nabla v) = u\triangle v + \nabla u \cdot \nabla v$$

就有

$$\begin{aligned}
\iiint_{\Omega} u\triangle v\mathrm{d}\Omega &= \iiint_{\Omega} \nabla \cdot (u\,\nabla v)\mathrm{d}\Omega - \iiint_{\Omega} \nabla u \cdot \nabla v\mathrm{d}\Omega \\
&= \iint_{\Gamma} u\nabla v \cdot n\mathrm{d}S - \iiint_{\Omega} \nabla u \cdot \nabla v\mathrm{d}\Omega \\
&= \iint_{\Gamma} u\,\frac{\partial v}{\partial n}\mathrm{d}S - \iiint_{\Omega} \nabla u \cdot \nabla v\mathrm{d}\Omega
\end{aligned}$$

此即式(6.1.1).

同样的方法可证得

$$\iiint_{\Omega} v\triangle u\mathrm{d}\Omega = \iint_{\Gamma} v\,\frac{\partial u}{\partial n}\mathrm{d}S - \iiint_{\Omega} \nabla v \cdot \nabla u\mathrm{d}\Omega$$

式(6.1.1) 减去上式,即得

$$\iiint_{\Omega}(u\triangle v - v\triangle u)\mathrm{d}\Omega = \iint_{\Gamma}\left(u\,\frac{\partial v}{\partial n} - v\,\frac{\partial u}{\partial n}\right)\mathrm{d}S$$

此即式(6.1.2).

6.1.2　基本积分公式

我们先介绍一下拉普拉斯方程基本解的概念.

定义 1 函数

$$v(x,y,z) = \frac{1}{\sqrt{(x-x_0)^2 + (y-y_0)^2 + (z-z_0)^2}} = \frac{1}{r_{PP_0}}$$

称为**三维拉普拉斯方程的基本解**,其中 $P_0(x_0,y_0,z_0)$ 是三维空间 $\mathbf{R}^3$ 中某一固定点.容易验证,函数 $v(P) = \dfrac{1}{r_{PP_0}}$ 在三维空间 $\mathbf{R}^3$ 中除点 $P = P_0$ 外,处处满足拉普拉斯方程,即

$$\Delta\left(\frac{1}{r_{PP_0}}\right) = 0 \quad (P \neq P_0)$$

根据高斯公式,有

$$\iiint_{\mathbf{R}^3} \Delta\left(\frac{1}{r_{PP_0}}\right) \mathrm{d}V = \iiint_{\Omega_0} \Delta\left(\frac{1}{r_{PP_0}}\right) \mathrm{d}V = \iint_{S_0} \nabla\left(\frac{1}{r_{PP_0}}\right) \cdot \mathrm{d}S$$

$$= \iint_{S_0} -\frac{1}{r_{PP_0}^3} r \cdot \mathrm{d}S = -\frac{1}{a^2}\iint_{S_0} r^0 \cdot \mathrm{d}S = -\frac{1}{a^2}\iint_{S_0}\mathrm{d}S = -4\pi$$

其中 Ω_0 是以点 P_0 为中心,半径为 a 的球形域,S_0 为 Ω_0 的边界面.r 是始点在 P_0,终点在 P 的矢量.r^0 为 r 的单位矢量.

综上所述,可见

$$-\Delta\left(\frac{1}{4\pi r_{PP_0}}\right) = \delta(P - P_0)$$

其中 $\delta(P-P_0)$ 为三维空间的狄拉克 δ 函数.因此,通常也称函数 $v(P) = \dfrac{1}{4\pi r_{PP_0}}$ 为三维拉普拉斯方程的**基本解**.

对于二维拉普拉斯方程,其基本解定义为

$$v(x,y) = \frac{1}{2\pi}\ln\frac{1}{\sqrt{(x-x_0)^2 + (y-y_0)^2}} = \frac{1}{2\pi}\ln\frac{1}{r_{PP_0}}$$

类似地可证明

$$-\Delta\left(\frac{1}{2\pi}\ln\frac{1}{r_{PP_0}}\right) = \delta(P - P_0)$$

这里的 $\delta(P-P_0)$ 为二维空间的狄拉克 δ 函数.

定理 2 设 Ω 是有界区域,其边界面 Γ 分片光滑,函数 $u(P) = u(x,y,z) \in C^{(1)}(\overline{\Omega})$ $\bigcap C^{(2)}(\Omega)$,则在区域 Ω 内任一点 $P_0(x_0,y_0,z_0)$ 处,有

$$u(P_0) = -\frac{1}{4\pi}\iint_{\Gamma}\left[u(P)\frac{\partial}{\partial n}\left(\frac{1}{r_{PP_0}}\right) - \frac{1}{r_{PP_0}}\cdot\frac{\partial u(P)}{\partial n}\right]\mathrm{d}S - \frac{1}{4\pi}\iiint_{\Omega}\frac{\Delta u(P)}{r_{PP_0}}\mathrm{d}\Omega \tag{6.1.4}$$

其中

$$r_{PP_0} = \sqrt{(x-x_0)^2 + (y-y_0)^2 + (z-z_0)^2}$$

n 为边界面 Γ 上的外法向.

证明 以点 P_0 为球心,以小于 P_0 到边界面 Γ 的距离 ε 为半径,作小球 K_ε,小球面为 Γ_ε.记闭区域 $\overline{K_\varepsilon} = K_\varepsilon + \Gamma_\varepsilon$,$\Omega \setminus \overline{K_\varepsilon}$ 表示区域 Ω 除去闭区域 $\overline{K_\varepsilon}$,如图 6-1 所示.

对函数 u、$v = \dfrac{1}{r_{PP_0}}$ 在区域 $\Omega \setminus \overline{K_\varepsilon}$ 上用格林第二公式,得

$$\iiint_{\Omega\setminus\overline{K_\varepsilon}}\left[u\Delta\left(\frac{1}{r_{PP_0}}\right) - \frac{1}{r_{PP_0}}\Delta u\right]\mathrm{d}\Omega = \iint_{\Gamma+\Gamma_\varepsilon}\left[u\frac{\partial}{\partial n}\left(\frac{1}{r_{PP_0}}\right) - \frac{1}{r_{PP_0}}\frac{\partial u}{\partial n}\right]\mathrm{d}S$$

由于在 $\Omega \backslash \overline{K_\varepsilon}$ 上，$\Delta\left(\dfrac{1}{r_{PP_0}}\right)=0$，而在 Γ_ε 上，

$$\frac{\partial}{\partial n}\left(\frac{1}{r_{PP_0}}\right)=-\frac{\partial}{\partial r}\left(\frac{1}{r_{PP_0}}\right)=\frac{1}{r_{PP_0}^2}=\frac{1}{\varepsilon^2}$$

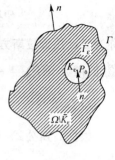

图 6-1

故有

$$-\iiint\limits_{\Omega\backslash\overline{K_\varepsilon}}\frac{\Delta u}{r_{PP_0}}\mathrm{d}\Omega=\iint\limits_{\Gamma}\left[u\frac{\partial}{\partial n}\left(\frac{1}{r_{PP_0}}\right)-\frac{1}{r_{PP_0}}\frac{\partial u}{\partial n}\right]\mathrm{d}S+$$

$$\frac{1}{\varepsilon^2}\iint\limits_{\Gamma_\varepsilon}u\,\mathrm{d}S-\frac{1}{\varepsilon}\iint\limits_{\Gamma_\varepsilon}\frac{\partial u}{\partial n}\mathrm{d}S \qquad (6.1.5)$$

由积分中值公式

$$\frac{1}{\varepsilon^2}\iint\limits_{\Gamma_\varepsilon}u\,\mathrm{d}S=\frac{1}{\varepsilon^2}\,\overline{u}\cdot4\pi\varepsilon^2=4\pi\,\overline{u}$$

$$\frac{1}{\varepsilon}\iint\limits_{\Gamma_\varepsilon}\frac{\partial u}{\partial n}\mathrm{d}S=\frac{1}{\varepsilon}\,\overline{\left(\frac{\partial u}{\partial n}\right)}\cdot4\pi\varepsilon^2=4\pi\varepsilon\,\overline{\left(\frac{\partial u}{\partial n}\right)}$$

其中 $\overline{u}$、$\overline{\left(\dfrac{\partial u}{\partial n}\right)}$ 分别表示 u 和 $\dfrac{\partial u}{\partial n}$ 在球面 Γ_ε 上的平均值，代入式(6.1.5)，得

$$-\iiint\limits_{\Omega\backslash\overline{K_\varepsilon}}\frac{\Delta u}{r_{PP_0}}\mathrm{d}\Omega=\iint\limits_{\Gamma}\left[u\frac{\partial}{\partial n}\left(\frac{1}{r_{PP_0}}\right)-\frac{1}{r_{PP_0}}\frac{\partial u}{\partial n}\right]\mathrm{d}S+4\pi\,\overline{u}-4\pi\varepsilon\,\overline{\left(\frac{\partial u}{\partial n}\right)}$$

令 $\varepsilon\to0$，由于 $u(P)\in C^{(1)}(\overline{\Omega})\bigcap C^{(2)}(\Omega)$，所以 $\lim\limits_{\varepsilon\to0}\overline{u}=u(P_0)$，且 $\dfrac{\partial u}{\partial n}$ 有界，因此

$$\lim\limits_{\varepsilon\to0}4\pi\varepsilon\,\overline{\left(\frac{\partial u}{\partial n}\right)}=0$$

根据广义积分定义，有

$$\lim\limits_{\varepsilon\to0}\iiint\limits_{\Omega\backslash\overline{K_\varepsilon}}\frac{\Delta u}{r_{PP_0}}\mathrm{d}\Omega=\iiint\limits_{\Omega}\frac{\Delta u}{r_{PP_0}}\mathrm{d}\Omega$$

于是得

$$-\iiint\limits_{\Omega}\frac{\Delta u}{r_{PP_0}}\mathrm{d}\Omega=\iint\limits_{\Gamma}\left[u\frac{\partial}{\partial n}\left(\frac{1}{r_{PP_0}}\right)-\frac{1}{r_{PP_0}}\frac{\partial u}{\partial n}\right]\mathrm{d}S+4\pi u(P_0)$$

即

$$u(P_0)=-\frac{1}{4\pi}\iint\limits_{\Gamma}\left[u\frac{\partial}{\partial n}\left(\frac{1}{r_{PP_0}}\right)-\frac{1}{r_{PP_0}}\frac{\partial u}{\partial n}\right]\mathrm{d}S-\frac{1}{4\pi}\iiint\limits_{\Omega}\frac{\Delta u}{r_{PP_0}}\mathrm{d}\Omega$$

证毕.

公式(6.1.4) 称为调和函数的基本积分公式，或称为格林第三公式.

推论 若点 $P_0(x_0,y_0,z_0)$ 取在区域 $\overline{\Omega}$ 之外部，或取在边界面 Γ 上，可得另外两个公式，把它们和式(6.1.4) 合在一起可写为

$$-\iint\limits_{\Gamma}\left[u(P)\frac{\partial}{\partial n}\left(\frac{1}{r_{PP_0}}\right)-\frac{1}{r_{PP_0}}\frac{\partial u(P)}{\partial n}\right]\mathrm{d}S-\iiint\limits_{\Omega}\frac{\Delta u}{r_{PP_0}}\mathrm{d}\Omega=\begin{cases}4\pi u(P_0),&P_0\in\Omega\\2\pi u(P_0),&P_0\in\Gamma\\0,&P_0\notin\overline{\Omega}\end{cases} \qquad (6.1.6)$$

说明 在定理 2 的证明中，如果应用 δ 函数的性质，则

$$\Delta v = \Delta\left(\frac{1}{r_{PP_0}}\right) = -4\pi\delta(P - P_0)$$

$$\iiint\limits_{\Omega} u\Delta v\,\mathrm{d}\Omega = -4\pi\iiint\limits_{\Omega} u\delta(P - P_0)\,\mathrm{d}\Omega = -4\pi u(P_0)$$

由格林第二公式,得

$$-4\pi u(P_0) = \iint\limits_{\Gamma}\left[u\frac{\partial}{\partial n}\left(\frac{1}{r_{PP_0}}\right) - \frac{1}{r_{PP_0}}\frac{\partial u}{\partial n}\right]\mathrm{d}S + \iiint\limits_{\Omega}\frac{\Delta u}{r_{PP_0}}\,\mathrm{d}\Omega$$

两边除以 -4π,即得式(6.1.4). 但是,这时函数 $v = \dfrac{1}{r_{PP_0}}$ 在 $\overline{\Omega}$ 上已不符合定理1的条件,格林公式的条件要作相应的修改.

定理 3 在定理2的条件下,若函数 u 在区域 Ω 内还满足 $\Delta u = 0$,则对区域 Ω 内任一点 P_0,有

$$u(P_0) = -\frac{1}{4\pi}\iint\limits_{\Gamma}\left[u(P)\frac{\partial}{\partial n}\left(\frac{1}{r_{PP_0}}\right) - \frac{1}{r_{PP_0}}\frac{\partial u(P)}{\partial n}\right]\mathrm{d}S \tag{6.1.7}$$

公式(6.1.7)表明,调和函数在区域内一点处的值,可由这个函数本身及其法向导数在区域边界面上的值来表示. 我们称式(6.1.7)为**调和函数的基本积分公式**.

定理 4 设 Ω 是有界区域,其边界面 Γ 分片光滑,函数 $u(P) = u(x, y, z) \in C^{(1)}(\overline{\Omega}) \cap C^{(2)}(\Omega)$,且 $\Delta u = F(x, y, z)$,则在区域 Ω 内任一点 $P_0(x_0, y_0, z_0)$ 处,有

$$u(P_0) = -\frac{1}{4\pi}\iint\limits_{\Gamma}\left[u(P)\frac{\partial}{\partial n}\left(\frac{1}{r_{PP_0}}\right) - \frac{1}{r_{PP_0}}\cdot\frac{\partial u(P)}{\partial n}\right]\mathrm{d}S - \frac{1}{4\pi}\iiint\limits_{\Omega}\frac{F(x, y, z)}{r_{PP_0}}\,\mathrm{d}\Omega \tag{6.1.8}$$

其中

$$r_{PP_0} = \sqrt{(x - x_0)^2 + (y - y_0)^2 + (z - z_0)^2}$$

n 为边界面 Γ 上的外法向.

我们称式(6.1.8)为**位势函数的基本积分公式**.

6.1.3 调和函数平均值公式

定理 5 设 Ω 是有界区域,函数 $u(x, y, z) \in C^{(2)}(\Omega)$,在 Ω 内调和,则有

$$\iint\limits_{\partial\Omega}\frac{\partial u}{\partial n}\,\mathrm{d}S = 0 \tag{6.1.9}$$

证明 在格林第二公式中,因为 u 调和,所以 $\Delta u = 0$. 取 $v = 1$,则有式(6.1.9)成立.

推论 三维拉普拉斯方程的第二边值问题(牛曼问题)

$$\begin{cases} \Delta u = u_{xx} + u_{yy} + u_{zz} = 0 \\ \dfrac{\partial u}{\partial n}\Big|_{\partial\Omega} = f(x, y, z) \end{cases}$$

有解的必要条件是

$$\iint\limits_{\partial\Omega} f\,\mathrm{d}S = 0 \tag{6.1.10}$$

这个结论表明,不可以任意地提牛曼问题,只有所给的边界条件满足式(6.1.10)时,拉普拉斯方程的牛曼问题才有解.

定理 6 设 Ω 是有界区域,函数 $u(P) = u(x,y,z) \in C^{(2)}(\Omega)$,且 $\Delta u = 0$,则在区域 Ω 内任一点 $M_0(x_0,y_0,z_0)$ 处,有

$$u(M_0) = \frac{1}{4\pi a^2} \iint\limits_{S_a^{M_0}} u(P) \mathrm{d}S \tag{6.1.11}$$

其中,$S_a^{M_0}$ 是以点 $M_0(x_0,y_0,z_0)$ 为球心,a 为半径的球面,$\mathrm{d}S$ 是此球面上的面积元,且 $S_a^{M_0} \subset \Omega$.

式(6.1.11)称为**三维调和函数的平均值公式**.

证明 在调和函数的基本积分公式(6.1.7)中,取 $S_a^{M_0} = \partial\Omega$,得

$$u(M_0) = -\frac{1}{4\pi} \iint\limits_{S_a^{M_0}} \left[u(P) \frac{\partial}{\partial n}\left(\frac{1}{r_{PM_0}}\right) - \frac{1}{r_{PM_0}} \frac{\partial u(P)}{\partial n} \right] \mathrm{d}S$$

在 $S_a^{M_0}$ 上

$$\frac{1}{r_{PM_0}} = \frac{1}{a}, \quad \frac{\partial}{\partial n}\left(\frac{1}{r_{PM_0}}\right) = \frac{\partial}{\partial r}\left(\frac{1}{r}\right) = -\frac{1}{a^2}$$

由于 $\Delta u = 0$,由定理 5 得

$$\iint\limits_{S_a^{M_0}} f \mathrm{d}S = 0$$

所以

$$u(M_0) = \frac{1}{4\pi a^2} \iint\limits_{S_a^{M_0}} [u] \mathrm{d}S + \frac{1}{4\pi a} \iint\limits_{S_a^{M_0}} \left[\frac{\partial u}{\partial n}\right] \mathrm{d}S = \frac{1}{4\pi a^2} \iint\limits_{S_a^{M_0}} u \mathrm{d}S$$

证毕.

6.1.4 二维调和函数的情况

对于定义在 xOy 平面区域 D 上的二元函数,我们可以建立类似的公式和定理.

设 $M_0 = M_0(x_0,y_0)$,$M = M(x,y)$,记函数

$$v = -\frac{1}{2\pi} \ln\frac{1}{r} = -\frac{1}{2\pi} \ln\frac{1}{r_{MM_0}}$$

其中 $r_{MM_0} = \sqrt{(x-x_0)^2 + (y-y_0)^2}$ 表示 M_0 与 M 之间的距离. 容易验证,当 $M \neq M_0$ 时,函数 v 满足二维拉普拉斯方程,它称为**二维拉普拉斯方程的基本解**.

定理 7 设 D 是 xOy 平面上的有界单连通区域,其边界曲线 Γ 是光滑或分片光滑的简单闭曲线,函数 $u,v \in C^{(1)}(\overline{D}) \bigcap C^{(2)}(D)$,则有

$$\iint\limits_{D} (u\Delta v - v\Delta u) \mathrm{d}x\mathrm{d}y = \oint\limits_{\Gamma} \left(u\frac{\partial v}{\partial n} - v\frac{\partial u}{\partial n} \right) \mathrm{d}s \tag{6.1.12}$$

其中 n 为边界 Γ 的外法向,$\mathrm{d}s$ 是弧微元.

公式(6.1.12)称为**平面上的格林第二公式**.

定理 8 设 D 是 xOy 平面上的有界单连通区域,其边界曲线 Γ 是光滑或分片光滑的简单闭曲线,函数 $u \in C^{(1)}(\overline{D}) \bigcap C^{(2)}(D)$,若函数 u 在区域 D 内调和(满足 $\Delta u = 0$),则对区域 D 内任一点 M_0,有

$$u(M_0) = -\frac{1}{2\pi} \oint_\Gamma \left[u \frac{\partial}{\partial n} \left(\ln \frac{1}{r_{MM_0}} \right) - \ln \frac{1}{r_{MM_0}} \frac{\partial u}{\partial n} \right] \mathrm{d}s \qquad (6.1.13)$$

其中 n 为边界 Γ 的外法向, $\mathrm{d}s$ 是弧微元. 设 $M_0 = M_0(x_0, y_0)$, $M = M(x, y) \in \Gamma$, $r_{MM_0} = \sqrt{(x-x_0)^2 + (y-y_0)^2}$ 表示点 M_0 与边界 Γ 上的点 M 之间的距离. 公式(6.1.13)表明, 调和函数在区域内一点处的值, 可由这个函数本身及其法向导数在区域边界上的值来表示. 我们称式(6.1.13)为**二维调和函数的基本积分公式**.

定理 9　设函数 $u \in C^{(1)}(\overline{D}) \cap C^{(2)}(D)$ 在区域 D 内调和, $C_a^{M_0}$ 为以 $M_0 = M_0(x_0, y_0) \in D$ 为中心, 以 a 为半径的圆域, 且 $C_a^{M_0} \subset D$, 即 $C_a^{M_0} = \{ (\xi, \eta) \mid (\xi - x_0)^2 + (\eta - y_0)^2 = a^2 \}$, 则有

$$u(M_0) = \frac{1}{2\pi a} \oint_{C_a^{M_0}} u(\xi, \eta) \mathrm{d}s \qquad (6.1.14)$$

我们称式(6.1.14)为**二维调和函数的圆周平均值公式**.

6.2　拉普拉斯算子的格林函数

6.2.1　格林函数的导出

前一节得到了基本积分公式

$$u(P_0) = -\frac{1}{4\pi} \iint_\Gamma \left[u(P) \frac{\partial}{\partial n} \left(\frac{1}{r_{PP_0}} \right) - \frac{1}{r_{PP_0}} \frac{\partial u(P)}{\partial n} \right] \mathrm{d}S -$$
$$\frac{1}{4\pi} \iiint_\Omega \frac{\Delta u(P)}{r_{PP_0}} \mathrm{d}\Omega \qquad (6.2.1)$$

从这个公式中还不能直接提供位势方程**狄里克莱问题**或**诺伊曼问题**(参见第 1 章)的解, 因为在公式中既包含 $u|_\Gamma$, 又包含 $\frac{\partial u}{\partial n}\Big|_\Gamma$, 而在狄里克莱问题中已知的只是 $u|_\Gamma$, 在诺伊曼问题中已知的只是 $\frac{\partial u}{\partial n}\Big|_\Gamma$, 不容许同时给出 $u|_\Gamma$ 和 $\frac{\partial u}{\partial n}\Big|_\Gamma$ 的值. 这是因为当狄里克莱问题的解 u 存在时, 由解的唯一性即知 $\frac{\partial u}{\partial n}\Big|_\Gamma$ 也唯一地确定了. 若预先还给出 $\frac{\partial u}{\partial n}\Big|_\Gamma$, 一般会导致矛盾, 从而解不存在. 因此, 我们想要利用基本积分公式导出位势方程定解问题的解, 必须消去公式中的 $\frac{\partial u}{\partial n}\Big|_\Gamma$ 或 $u|_\Gamma$. 这就需要引进拉普拉斯算子的格林函数的概念.

若有区域 Ω 中某个调和函数 $g(P, P_0)$, 即 $\Delta g = 0 (P \in \Omega)$.

将 $v = g$ 代入格林第二公式, 得

$$-\iiint_\Omega g \Delta u \mathrm{d}\Omega = \iint_\Gamma \left(u \frac{\partial g}{\partial n} - g \frac{\partial u}{\partial n} \right) \mathrm{d}S$$

即

$$\iint_\Gamma \left(g \frac{\partial u}{\partial n} - u \frac{\partial g}{\partial n} \right) \mathrm{d}S - \iiint_\Omega g \Delta u \mathrm{d}\Omega = 0 \qquad (6.2.2)$$

式(6.2.1)与式(6.2.2)相加,得

$$u(P_0) = \iint_{\Gamma} \left[G(P,P_0) \frac{\partial u(P)}{\partial n} - u(P) \frac{\partial}{\partial n} G(P,P_0) \right] \mathrm{d}S - \iiint_{\Omega} G(P,P_0) \Delta u \mathrm{d}\Omega \quad (6.2.3)$$

其中,

$$G(P,P_0) = \frac{1}{4\pi r_{PP_0}} + g(P,P_0) \quad (6.2.4)$$

如果适当选取 $g(P,P_0)$,使

$$G(P,P_0)\big|_{P \in \Gamma} = 0 \quad (6.2.5)$$

即取

$$g(P,P_0)\big|_{P \in \Gamma} = -\frac{1}{4\pi r_{PP_0}}\bigg|_{P \in \Gamma} \quad (6.2.6)$$

于是式(6.2.3)就成为

$$u(P_0) = -\iint_{\Gamma} u(P) \frac{\partial}{\partial n} G(P,P_0) \mathrm{d}S - \iiint_{\Omega} G(P,P_0) \Delta u \mathrm{d}\Omega \quad (6.2.7)$$

在求出 $G(P,P_0)$ 后,上式就能给出泊松方程狄里克莱问题的解. 而

$$u(P_0) = -\iint_{\Gamma} u(P) \frac{\partial}{\partial n} G(P,P_0) \mathrm{d}S \quad (6.2.8)$$

就能给出拉普拉斯方程狄里克莱问题的解.

6.2.2 格林函数的定义

定义 1 设 Ω 为有界区域,其边界面 Γ 分片光滑,函数

$$G(P,P_0) = \frac{1}{4\pi r_{PP_0}} + g(P,P_0)$$

其中函数 $g(P,P_0)$ 满足定解问题

$$\begin{cases} \Delta g(P,P_0) = 0 & (P \in \Omega) \\ g(P,P_0)\big|_{P \in \Gamma} = -\dfrac{1}{4\pi r_{PP_0}}\bigg|_{P \in \Gamma} \end{cases} \quad (6.2.9)$$

则称 $G(P,P_0)$ 为三维拉普拉斯算子第一边界在区域 Ω 上的**格林函数**.

如果上述格林函数 $G(P,P_0)$ 存在,且它在闭区域 $\overline{\Omega}$ 上一阶导数连续,则**泊松方程狄里克莱问题**

$$\begin{cases} -\Delta u = F(p) & (P \in \Omega) \\ u\big|_{\Gamma} = f(P) \end{cases} \quad (6.2.10)$$

的解可表示为

$$u(P_0) = -\iint_{\Gamma} f(P) \frac{\partial}{\partial n} G(P,P_0) \mathrm{d}S - \iiint_{\Omega} G(P,P_0) F(P) \mathrm{d}\Omega \quad (6.2.11)$$

对于拉普拉斯方程狄里克莱问题

$$\begin{cases} \Delta u = 0 & (P \in \Omega) \\ u\big|_{\Gamma} = f(P) \end{cases} \quad (6.2.12)$$

其解可表示为

$$u(P_0) = -\iint_{\Gamma} f(P) \frac{\partial}{\partial n} G(P, P_0) \mathrm{d}S \qquad (6.2.13)$$

但是,要求出区域 Ω 上的格林函数 $G(P, P_0)$,首先就需要解一个拉普拉斯方程的特殊的第一边值问题(6.2.9).对于一般区域 Ω,求解定解问题(6.2.9)也不是一件容易的事,但并不能因此否定格林函数的重要意义.因为,首先,格林函数仅依赖于区域,而与定解问题的边界条件无关,如果求得了某个区域上的格林函数,就一劳永逸地解决了这个区域上的一切狄里克莱问题.其次,对于某些特殊区域,如球、半空间、$\frac{1}{4}$ 空间等,格林函数可以用初等方法获得.另外,公式(6.2.11)和(6.2.13)给出了位势方程狄里克莱问题积分形式的解,便于对解的性质作进一步的探讨.

上述定义也可等价地表述为:若函数 $G(P, P_0)$ 满足定解问题

$$\begin{cases} -\Delta G(P, P_0) = \delta(P - P_0) & (P \in \Omega), \\ G(P, P_0)\big|_{P \in \Gamma} = 0, \end{cases} \qquad (6.2.14)$$

则称 $G(P, P_0)$ 为**拉普拉斯算子第一边值问题在区域 Ω 上的格林函数**(也称为**基本解**).它表示位于点 P_0 处的点源在点 P 所产生的影响.

定义 2　若定义函数 $g(P, P_0)$ 满足定解问题

$$\begin{cases} \Delta g(P, P_0) = 0 & (P \in \Omega) \\ \dfrac{\partial}{\partial n} g(P, P_0)\bigg|_{P \in \Gamma} = -\dfrac{1}{4\pi} \dfrac{\partial}{\partial n}\left(\dfrac{1}{r_{PP_0}}\right)\bigg|_{P \in \Gamma} \end{cases} \qquad (6.2.15)$$

即函数 $G(P, P_0)$ 满足定解问题

$$\begin{cases} -\Delta G(P, P_0) = \delta(P - P_0) & (P \in \Omega) \\ \dfrac{\partial}{\partial n} G(P, P_0)\bigg|_{P \in \Gamma} = 0 \end{cases} \qquad (6.2.16)$$

则称 $G(P, P_0)$ 为**三维拉普拉斯算子第二边值问题在区域 Ω 上的格林函数**.

但是,可以证明这种形式的格林函数并不存在.这一结论也可从这个方程和边界条件在热传导问题中的物理意义看出.边界条件表示边界是绝热的,$\delta(P, P_0)$ 表示在 P_0 点有热源.既然从点源产生的热量不能通过绝热的边界散发,势必会使物体内部的温度提高.这样的温度场不可能是稳定的,然而位势方程描述的是稳定的温度场.在这种情况下,代替式(6.2.16)的格林函数应是广义格林函数.

定义 3　若定义函数 $g(P, P_0)$ 满足定解问题

$$\begin{cases} \Delta g(P, P_0) = 0 & (P \in \Omega) \\ \left[\dfrac{\partial}{\partial n} g(P, P_0) + h g(P, P_0)\right]_{P \in \Gamma} = -\dfrac{1}{4\pi}\left[\dfrac{\partial}{\partial n}\left(\dfrac{1}{r_{PP_0}}\right) + h\left(\dfrac{1}{r_{PP_0}}\right)\right]_{P \in \Gamma} \end{cases}$$

即函数 $G(P, P_0)$ 满足定解问题

$$\begin{cases} -\Delta G(P, P_0) = \delta(P - P_0) & (P \in \Omega) \\ \left[\dfrac{\partial}{\partial n} G(P, P_0) + h G(P, P_0)\right]_{P \in \Gamma} = 0 \end{cases}$$

则称 $G(P, P_0)$ 为**三维拉普拉斯算子第三边值问题在区域 Ω 上的格林函数**.

如果上述格林函数存在,则泊松方程洛平问题

$$\begin{cases} -\Delta u = F(P) \quad (P \in \Omega) \\ \left(\dfrac{\partial u}{\partial n} + hu \right)\bigg|_{P \in \Gamma} = f(P) \end{cases}$$

的解可表示为

$$u(P_0) = \iint\limits_{\Gamma} G(P,P_0)f(P)\mathrm{d}S + \iiint\limits_{\Omega} G(P,P_0)F(P)\mathrm{d}\Omega$$

6.2.3 格林函数的性质

性质 1 格林函数 $G(P,P_0)$ 除 $P = P_0$ 点外,在 Ω 内是调和函数,即当 $P \neq P_0$ 时, $\Delta G(P,P_0) = 0$. 另外,当 $P \to P_0$ 时,$G(P,P_0)$ 趋近于无穷大,其阶数和 $\dfrac{1}{r_{PP_0}}$ 相同.

性质 2 在边界 $\partial\Omega$ 上,格林函数 $G(P,P_0) = 0$.
以上性质由格林函数的定义立即得出.

性质 3 格林函数 $G(P,P_0)$ 在 Ω 内成立

$$0 < G(P,P_0) < \frac{1}{r_{PP_0}}$$

利用拉普拉斯方程的极值原理,可以给出该性质的证明.

性质 4 格林函数 $G(P,P_0)$ 在 Ω 的边界上成立

$$\iint\limits_{\Gamma} \frac{\partial}{\partial n} G(P,P_0)\mathrm{d}S = -1$$

证明 设 $G(P,P_0)$ 是 Ω 的格林函数,$\partial\Omega$ 为 Ω 的边界,任取 $P_0 \in \Omega$,$S_r^{P_0}$ 是以 P_0 为圆心,r 为半径的球面,且 $S_r^{P_0} \subset \Omega$,$V_r^{P_0}$ 为 $S_r^{P_0}$ 所包含的球形区域,则在 $\Omega - V_r^{P_0}$ 内,格林函数 $G(P,P_0)$ 调和,故

$$\iint\limits_{\Gamma + S_r^{P_0}} \frac{\partial}{\partial n} G(P,P_0)\mathrm{d}S = 0$$

从而

$$\iint\limits_{\Gamma} \frac{\partial}{\partial n} G(P,P_0)\mathrm{d}S = -\iint\limits_{S_r^{P_0}} \frac{\partial}{\partial n} G(P,P_0)\mathrm{d}S$$

$$= -\oiint\limits_{S_r^{P_0}} \left(\frac{1}{4\pi} \frac{\partial}{\partial n} \frac{1}{r_{PP_0}} \right)\mathrm{d}S + \oiint\limits_{S_r^{P_0}} \frac{\partial}{\partial n} g(P,P_0)\mathrm{d}S$$

$$= -\oiint\limits_{S_r^{P_0}} \left(\frac{1}{4\pi} \frac{\partial}{\partial n} \frac{1}{r_{PP_0}} \right)\mathrm{d}S = \frac{1}{4\pi} \oiint\limits_{S_r^{P_0}} \left(\frac{\partial}{\partial r} \frac{1}{r_{PP_0}} \right)\mathrm{d}S$$

$$= -\frac{1}{4\pi} \oiint\limits_{S_r^{P_0}} \left(\frac{1}{r_0^2} \right)\mathrm{d}S = -1$$

其中,对于区域 $\Omega - V_r^{P_0}$,$S_r^{P_0}$ 外法向方向与 r 方向相反.

另外可证,可以在式(6.2.13)上令 $u = 1$,即得出上式.

性质 5 格林函数 $G(P,P_0)$ 在 Ω 内具有对称性,即对任意 $P_1,P_2 \in \Omega$,有

$$G(P_1,P_2) = G(P_2,P_1)$$

6.2.4 格林函数的物理意义

格林函数在静电学中有明显的物理意义. 假定采用电学国际单位制. 在闭曲面 Γ 所围的空间区域 Ω 中一点 P_0 处放置一个 ε_0 单位的正电荷. 由静电感应性质, 在曲面 Γ 的内侧就感应有一定分布密度的负电荷, 而在 Γ 的外侧分布有相应的正电荷. 假如把外侧接地, 则外侧正电荷消失, 电位为零. 如图 6-2 所示, 我们现在来考察 $\overline{\Omega}$ 内任一点 P 处的电位. 设 P 为 Ω 内不同于 P_0 的某点. 在 P 点处, 由 P_0 处的正电荷所产生的电位是 $\dfrac{1}{4\pi r_{PP_0}}$, 由 Γ 的内侧面负电荷分布所产生的电位为 $g(P,P_0)$, 当 $P \in \Gamma$ 时显然有 $g(P,P_0)\big|_{P \in \Gamma} = -\dfrac{1}{4\pi r_{PP_0}}$. 从而 P 点处的电位为

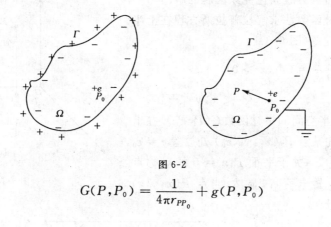

图 6-2

$$G(P,P_0) = \frac{1}{4\pi r_{PP_0}} + g(P,P_0)$$

且有

$$G(P,P_0)\big|_{\Gamma} = 0$$

由此可见, 拉普拉斯算子第一边值问题在区域 Ω 上的格林函数在静电学中的物理意义是: 放置在导体区域 Ω 内 P_0 点的 ε_0 单位正电荷, 在导体在边界面 Γ 内侧上感应负电荷, 导体的边界面 Γ 的外侧是接地的, 这时 P_0 点的正电荷和导体内侧上感应负电荷在 Ω 内某点 P 所产生的电位, 就是 Ω 内 P 点的格林函数.

6.3 几种特殊区域上的格林函数及狄里克莱问题的解

格林函数的物理意义启发我们, 某个区域上的格林函数可以通过所谓的镜像法 (method of images) 求得.

所谓**镜像法**求格林函数, 就是将感应电场 $g(P,P_0)$ 设想为用边界面 Γ 外某些点处的电荷所产生的电场来代替.

具体方法是:

(1) 对应于 Ω 内的一点 P_0, 寻找 $\overline{\Omega}$ 外的一点 P_1;

(2) 在点 P_1 处放置适当的电荷量 e_1, 使它在 Γ 上产生的电位

$$g(P,P)\big|_{P \in \Gamma} = \frac{e_1}{4\pi\varepsilon_0 r_{PP_1}} = -\frac{1}{4\pi r_{PP_0}}\bigg|_{P \in \Gamma}$$

（3）取格林函数

$$G(P,P_0)=\frac{1}{4\pi r_{PP_0}}+\frac{e_1}{4\pi\varepsilon_0 r_{PP_1}}$$

其中点 P_1 处的电荷 e_1 称为点 P_0 处 $e=\varepsilon_0$ 单位正电荷的**电象**.

P_0 处放置的 $e=\varepsilon_0$ 单位正电荷称为**源点**，在区域 Ω 外放置电荷 e_1 的点 P_1 称为 P_0 关于边界 $\partial\Omega$ 的**像点**，它产生的负电荷与 P_0 点的单位正电荷所产生的电位在边界 $\partial\Omega$ 上相互抵消.

用镜像法求格林函数，既要确定 P_1 点的位置，又要确定 P_1 点处的电荷 e_1，这对一般的区域 Ω 来说是困难的.但是，对几种特殊区域，如半空间、球域、半平面圆域等规则区域，利用对称性，用初等方法就能求得该区域上的拉普拉斯算子第一边值问题的格林函数，从而给出该区域上位势方程狄里克莱问题的解.

例 1 用格林函数法求解拉普拉斯方程在上半空间的狄里克莱问题（图 6-3）：

$$\begin{cases}\dfrac{\partial^2 u}{\partial x^2}+\dfrac{\partial^2 u}{\partial y^2}+\dfrac{\partial^2 u}{\partial z^2}=0 & (z>0)\\ u\,|_{z=0}=f(x,y) & (-\infty<x,y<+\infty)\end{cases}$$

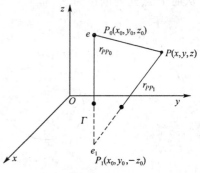

图 6-3

解 先求上半空间的格林函数 $G(P,P_0)$.在上半空间 $z>0$ 中的某点 $P_0(x_0,y_0,z_0)$ 处放置 $e=\varepsilon_0$ 电位正电荷，取点 P_0 关于平面 $\Gamma:z=0$ 的对称点 $P_1(x_0,y_0,-z_0)$，置电荷 e_1，显然，当点 $P(x,y,z)$ 在平面 $\Gamma:z=0$ 上时，

$$r_{PP_1}=r_{PP_0}=\sqrt{(x-x_0)^2+(y-y_0)^2+z_0^2}$$

为使

$$\left.\frac{e_1}{4\pi\varepsilon_0 r_{PP_1}}\right|_{P\in\Gamma}=-\left.\frac{e}{4\pi\varepsilon_0 r_{PP_0}}\right|_{(P\in\Gamma)}$$

应取 $e_1=-e=-\varepsilon_0$，即

$$g(P,P_0)=\frac{e_1}{4\pi\varepsilon_0 r_{PP_1}}=\frac{1}{4\pi r_{PP_1}}$$

故上半空间拉普拉斯算子第一边值问题的格林函数为

$$G(P,P_0)=\frac{1}{4\pi r_{PP_0}}-\frac{1}{4\pi r_{PP_1}}$$

写成坐标形式为

$$G(P,P_0)=\frac{1}{4\pi}\left[\frac{1}{\sqrt{(x-x_0)^2+(y-y_0)^2+(z-z_0)^2}}-\frac{1}{\sqrt{(x-x_0)^2+(y-y_0)^2+(z+z_0)^2}}\right]$$

根据调和函数的基本积分公式，拉普拉斯方程在上半空间的狄里克莱问题的解在点 $P_0(x_0,y_0,z_0)$ 的值为

$$u(P_0) = -\iint_{\Gamma} f(P)\, \frac{\partial}{\partial n} G(P, P_0)\, \mathrm{d}S \quad (\Gamma: z = 0)$$

为此需计算 $\frac{\partial}{\partial n} G(P, P_0)\big|_{z=0}$，因为上半空间边界面 $\Gamma: z = 0$ 的外法向是 z 轴的负向，故

$$\frac{\partial}{\partial n} G(P, P_0)\big|_{z=0} = -\frac{\partial}{\partial z} G(P, P_0)\big|_{z=0}$$

$$= -\frac{1}{4\pi} \left\{ \frac{-(z - z_0)}{\left[(x - x_0)^2 + (y - y_0)^2 + (z - z_0)^2\right]^{\frac{3}{2}}} - \right.$$

$$\left. \frac{-(z + z_0)}{\left[(x - x_0)^2 + (y - y_0)^2 + (z + z_0)^2\right]^{\frac{3}{2}}} \right\}_{z=0}$$

$$= -\frac{z_0}{2\pi \left[(x - x_0)^2 + (y - y_0)^2 + z_0^2\right]^{\frac{3}{2}}}$$

因此得定解问题的解为

$$u(P_0) = u(x_0, y_0, z_0)$$

$$= \frac{1}{2\pi} \int_{-\infty}^{+\infty} \int_{-\infty}^{+\infty} \frac{z_0 f(x, y)}{\left[(x - x_0)^2 + (y - y_0)^2 + z_0^2\right]^{\frac{3}{2}}} \, \mathrm{d}x \mathrm{d}y$$

为习惯起见，可把上式中的 (x_0, y_0, z_0) 换成 (x, y, z)，把 (x, y) 换成 (ξ, η)，即得

$$u(x, y, z) = \frac{1}{2\pi} \int_{-\infty}^{+\infty} \int_{-\infty}^{+\infty} \frac{z f(\xi, \eta)}{\left[(\xi - x)^2 + (\eta - y)^2 + z^2\right]^{3/2}} \, \mathrm{d}\xi \mathrm{d}\eta$$

例 2　用格林函数法求解泊松方程在球域中的狄里克莱问题

$$\begin{cases} -\Delta u = F(x, y, z) & (x, y, z) \in \Omega \\ u\big|_{\Gamma} = f(x, y, z) & (x, y, z) \in \partial\Omega \end{cases}$$

其中区域 $\Omega = \{(x, y, z) \mid x^2 + y^2 + z^2 < R^2\}$，$\Gamma$ 为球面：$\Gamma = \partial\Omega = \{(x, y, z) \mid x^2 + y^2 + z^2 = R^2\}$.

解　先求球域 Ω 上的格林函数 $G(P, P_0)$，它是定解问题

$$\begin{cases} -\Delta G(P, P_0) = \delta(P - P_0) & (x, y, z) \in \Omega \\ G(P, P_0)\big|_{\Gamma} = 0 & (x, y, z) \in \partial\Omega \end{cases}$$

的解，其物理意义是在半径为 R 的接地导体球壳内 $P_0(x_0, y_0, z_0)$ 点处放置 $e = \varepsilon_0$ 单位电荷所产生的总电势. 按下述方法取点 $P_0(x_0, y_0, z_0)$ 关于球面 Γ 的"对称"点. 在射线 $OP_0(OP_0 = r_0 = r_{0P_0})$ 的延长线上截取 $OP_1(OP_1 = r_1 = r_{0P_1})$，使 $r_0 \cdot r_1 = R^2$（图 6-4）.

我们称点 P_1 为点 P_0 关于球面 Γ 的**反演点**.

若点 $P(x, y, z)$ 在球面 Γ 上，则在 $\triangle OP_0P$ 和 $\triangle OPP_1$ 中，由于有一公共角 τ，且

$$\frac{OP_0}{OP} = \frac{OP}{OP_1}$$

所以

$$\triangle OP_0P \backsim \triangle OPP_1$$

从而有

$$\frac{r_0}{R} = \frac{r_{PP_0}}{r_{PP_1}}$$

119

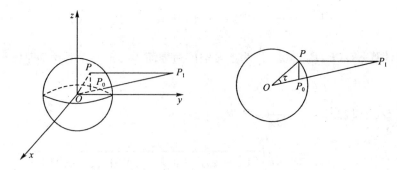

图 6-4

即

$$\frac{R}{r_0} \cdot \frac{1}{r_{PP_1}}\Big|_{P \in \Gamma} = \frac{1}{r_{PP_0}}\Big|_{p \in \Gamma}$$

可见在点 P_1 处应放置 $\frac{R\varepsilon_0}{r_0}$ 单位负电荷,即

$$g(P, P_0) = -\frac{R}{4\pi r_0} \cdot \frac{1}{r_{PP_0}}$$

故在球域 Ω 中拉普拉斯算子第一边值问题的格林函数为

$$G(P, P_0) = \frac{1}{4\pi r_{PP_0}} - \frac{R}{4\pi r_0 r_{PP_1}}$$

为了利用调和函数的基本积分公式求解定解问题,需计算 $\dfrac{\partial G}{\partial n}\Big|_{\Gamma}$. 已知

$$r_{PP_0} = \sqrt{r_0^2 + r^2 - 2r_0 r\cos\tau}$$
$$r_{PP_1} = \sqrt{r_1^2 + r^2 - 2r_1 r\cos\tau}$$

其中 $r = r_{OP}$,τ 是 OP_0 与 OP 的夹角,也是 OP_1 与 OP 的夹角. 因为在球面 Γ 上的外法向与 r 一致,r 是以 O 为起点,P 为终点的矢量. 因此

$$\frac{\partial G}{\partial n}\Big|_{\Gamma} = \frac{\partial G}{\partial r}\Big|_{r=R} = \frac{1}{4\pi}\left[\frac{\partial}{\partial r}\left(\frac{1}{r_{PP_0}}\right) - \frac{R}{r_0}\frac{\partial}{\partial r}\left(\frac{1}{r_{PP_1}}\right)\right]_{r=R}$$

$$= -\frac{1}{4\pi}\left[\frac{r - r_0\cos\tau}{(r_0^2 + r^2 - 2r_0 r\cos\tau)^{3/2}} - \frac{R(r - r_1\cos\tau)}{r_0(r_1^2 + r^2 - 2r_1 r\cos\tau)^{3/2}}\right]_{r=R}$$

$$= -\frac{1}{4\pi R} \cdot \frac{R^2 - r^2}{(r_0^2 + R^2 - 2r_0 R\cos\tau)^{3/2}}$$

可得球域 Ω 内狄里克莱问题的解为

$$u(P_0) = \frac{1}{4\pi R}\iint\limits_{\Gamma} \frac{R^2 - r_0^2}{(r_0^2 + R^2 - 2r_0 R\cos\tau)^{3/2}} f(P)\mathrm{d}S + $$

$$\frac{1}{4\pi}\iiint\limits_{\Omega}\left[\frac{1}{\sqrt{r_0^2 + r^2 - 2r_0 r\cos\tau}} - \frac{R}{r_0\sqrt{r_1^2 + r^2 - 2r_1 r\cos\tau}}\right] F(P)\mathrm{d}\Omega$$

例 3 求上半平面内二维拉普拉斯方程的第一边值问题

$$\begin{cases} \dfrac{\partial^2 u}{\partial x^2} + \dfrac{\partial^2 u}{\partial y^2} = 0 \quad (y > 0) \\ u\big|_{y=0} = f(x) \quad (-\infty < x < +\infty) \end{cases}$$

解 采用本节例 1 的方法,设 $M_0(x_0, y_0)$ 为上半平面 $y > 0$ 中的某一点,取点 $M_0(x_0, y_0)$ 关于直线 $y = 0$ 的对称点 $M_1(x_0, -y_0)$,于是可以得到格林函数为

$$G(M, M_0) = \frac{1}{2\pi} \left(\ln \frac{1}{r_{MM_0}} - \ln \frac{1}{r_{MM_1}} \right)$$

$$= \frac{1}{2\pi} [\ln((x - x_0)^2 + (y + y_0)^2) - \ln((x - x_0)^2 + (y - y_0)^2)]$$

显然有 $G(M, M_0)|_{y=0} = 0$,并且可得

$$\frac{\partial G}{\partial n} \Big|_{y=0} = -\frac{\partial G}{\partial y} \Big|_{y=0} = -\frac{1}{\pi} \frac{y_0}{(x - x_0)^2 + y_0^2}$$

根据调和函数的基本积分公式,拉普拉斯方程在上半平面的第一边值问题的解在点 $M_0(x_0, y_0)$ 的值为

$$u(x_0, y_0) = -\frac{y_0}{\pi} \int_{-\infty}^{+\infty} \frac{f(x)}{(x - x_0)^2 + y_0^2} dx$$

例 4 求解圆域内二维拉普拉斯方程的狄里克莱问题

$$\begin{cases} \dfrac{\partial^2 u}{\partial x^2} + \dfrac{\partial^2 u}{\partial y^2} = 0, & (x, y) \in D \\ u(x, y) = f(x, y), & (x, y) \in \Gamma = \partial D \end{cases}$$

其中

$$D = \{(x, y) \mid x^2 + y^2 < a^2\}, \Gamma = \{(x, y) \mid x^2 + y^2 = a^2\}$$

解 采用本节例 2 的方法,可以得到圆域内二维拉普拉斯方程的格林函数为

$$G(M, M_0) = \frac{1}{2\pi} \left(\ln \frac{1}{r_{MM_0}} - \ln \frac{a}{\rho_0 r_{MM_1}} \right)$$

其中 $M_0, M \in D, \rho = r_{OM}, \rho_0 = r_{OM_0}, \rho_1 = r_{OM_1}, M_1$ 是 M_0 关于 Γ 的对称点,即 $\rho_0 \cdot \rho_1 = a^2$,注意到

$$\frac{1}{r_{MM_0}} = \frac{1}{\sqrt{\rho_0^2 + \rho^2 - 2\rho_0\rho\cos\tau}}$$

$$\frac{1}{r_{MM_1}} = \frac{1}{\sqrt{\rho_1^2 + \rho^2 - 2\rho_1\rho\cos\tau}}$$

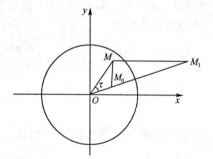

图 6-5

其中 τ 为 $\boldsymbol{OM_0}$ 与 $\boldsymbol{OM}$ 的夹角(图 6-5),设 $\boldsymbol{OM_0}$ 与 $\boldsymbol{OM}$ 的方向余弦分别为 $(\cos\theta_0, \sin\theta_0)$ 和 $(\cos\theta, \sin\theta)$,则

$$\cos\tau = \cos\theta_0\cos\theta + \sin\theta_0\sin\theta = \cos(\theta - \theta_0)$$

因此在极坐标系 (ρ, θ) 下,圆域上的格林函数为

$$G(M, M_0) = \frac{1}{2\pi} \left(\ln \frac{1}{\sqrt{\rho_0^2 + \rho^2 - 2\rho_0\rho\cos\tau}} - \ln \frac{a}{\rho_0 \sqrt{\rho_1^2 + \rho^2 - 2\rho_1\rho\cos\tau}} \right)$$

求方向导数得

$$\frac{\partial G}{\partial n} \Big|_{\rho=a} = -\frac{\partial G}{\partial \rho} \Big|_{\rho=a} = -\frac{1}{2a\pi} \frac{a^2 - \rho_0^2}{a^2 + \rho_0^2 - 2a\rho_0\cos(\theta - \theta_0)}$$

因此本定解问题的解为

$$u(\rho_0, \theta_0) = \frac{1}{2a\pi} \oint_{\Gamma} \frac{(a^2 - \rho_0^2) f(M)}{a^2 + \rho_0^2 - 2a\rho_0\cos(\theta - \theta_0)} ds$$

$$= \frac{1}{2\pi}\int_0^{2\pi} \frac{(a^2 - \rho_0^2)f(\theta)}{a^2 + \rho_0^2 - 2a\rho_0\cos(\theta - \theta_0)}\mathrm{d}\theta$$

其中 $f(\theta) = f(a\cos\theta, a\sin\theta)$,称上式为**圆域内狄里克莱问题的泊松公式**.

用电像法求格林函数,对某些区域来说,点 P_0 的电像不是一个电荷,而是需要几个电荷来代替.

例 5 求拉普拉斯算子在 $\frac{1}{4}$ 空间 $\Omega = \{(x,y,z) \mid x > 0, y > 0\}$ 上第一边值问题的格林函数.

解 取坐标轴 Oz 的正向垂直纸面向外,如图 6-6 所示.

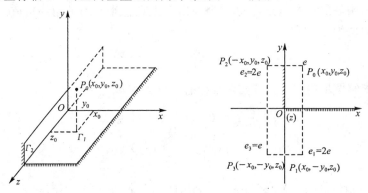

图 6-6

在 $\frac{1}{4}$ 空间 Ω 中的某点 $P_0(x_0, y_0, z_0)$ 处置 $e = \varepsilon_0$ 单位正电荷,为使得在边界面 $\Gamma_1: y = 0$ 和 $\Gamma_2: x = 0$ 上的电位为零,需要在点 $P_1(x_0, -y_0, z_0), P_2(-x_0, y_0, z_0), P_3(-x_0, -y_0, z_0)$ 处分别放置电荷

$$e_1 = -e, \quad e_2 = -e, \quad e_3 = e$$

即

$$g(P, P_0) = -\frac{1}{4\pi r_{PP_1}} - \frac{1}{4\pi r_{PP_2}} + \frac{1}{4\pi r_{PP_3}}$$

故拉普拉斯算子第一边值问题在 $\frac{1}{4}$ 空间的格林函数为

$$G(P, P_0) = \frac{1}{4\pi r_{PP_0}} + g(P, P_0)$$

即

$$G(P, P_0) = \frac{1}{4\pi}\left(\frac{1}{r_{PP_0}} - \frac{1}{r_{PP_1}} - \frac{1}{r_{PP_2}} + \frac{1}{r_{PP_3}}\right)$$

本章仅讨论了位势方程的边值问题,所建立的格林公式和基本积分公式只适用于拉普拉斯算子. 但我们可以把这种思想方法推广,建立适用于不同算子的格林公式 —— 广义格林公式,求出不同定解条件下的格林函数(即基本解),使它能适用于更多类型的数学物理方程定解问题.

习题 6

1. 验证函数 $u(x,y,z) = \dfrac{1}{r}$ 在三维空间中除点 $p_0(x_0,y_0,z_0)$ 外的任一点处都满足拉普拉斯方程,其中 $r = \sqrt{(x-x_0)^2+(y-y_0)^2+(z-z_0)^2}$.

2. 验证函数 $u(x,y) = \ln\dfrac{1}{r}$ 在二维空间中除点 $P_0(x_0,y_0)$ 外的任一点处都满足拉普拉斯方程. 其中 $r = \sqrt{(x-x_0)^2+(y-y_0)^2}$,并证明

$$-\Delta\left(\frac{1}{2\pi}\ln\frac{1}{r}\right) = \delta(x-x_0,y-y_0)$$

3. 建立二维空间中的格林公式

$$\iint\limits_{D}(u\Delta v - v\Delta u)\,\mathrm{d}\sigma = \int_{C}\left(u\frac{\partial v}{\partial n} - v\frac{\partial u}{\partial n}\right)\mathrm{d}S$$

其中 C 是有界区域 D 的边界曲线,n 是曲线 C 的外法向,且函数 $u,v \in C^{(1)}(\overline{D})\bigcap C^{(2)}(D)$.

4. 证明二维调和函数的基本积分公式

$$u(P_0) = -\frac{1}{2\pi}\int_{C}\left[u(P)\frac{\partial}{\partial n}\left(\ln\frac{1}{r_{PP_0}}\right) - \ln\left(\frac{1}{r_{PP_0}}\right)\frac{\partial u(P)}{\partial n}\right]\mathrm{d}S - \frac{1}{2\pi}\iint\limits_{D}\ln\frac{1}{r_{PP_0}}\Delta u\,\mathrm{d}\sigma$$

其中 C 是平面上有界区域 D 的边界曲线,n 是曲线 C 的外法向,函数 $u(P) = u(x,y) \in C^{(1)}(\overline{D})\bigcap C^{(2)}(D)$.

5. 试定义二维拉普拉斯算子第一边值问题在平面区域 D 上的格林函数,并导出二维位势方程狄里克莱问题的解的表达式.

6. 用格林函数法解拉普拉斯方程在上半平面的狄里克莱问题:

$$\begin{cases} \dfrac{\partial^2 u}{\partial x^2} + \dfrac{\partial^2 u}{\partial y^2} = 0 & (-\infty < x < +\infty, y > 0) \\[2mm] u\,|_{y=0} = \varphi(x) \end{cases}$$

7. 用格林函数法解拉普拉斯方程在圆域 $D: x^2 - y^2 < R^2$ 内的狄里克莱问题:

$$\begin{cases} \dfrac{\partial^2 u}{\partial x^2} + \dfrac{\partial^2 u}{\partial y^2} = 0 & (r < R) \\[2mm] u\,|_{r=R} = \varphi(\theta) & (r = \sqrt{x^2+y^2}) \end{cases}$$

第7章 基本解法

我们对 δ 函数已经比较熟悉了(在第 4 章讲过),但是我们对 δ 函数的物理意义和应用领域还不清楚,本章首先从物理背景上介绍描写点源的数学工具——δ 函数,然后求出三类方程的基本解,并利用这些基本解得到波动方程和热传导方程的初始值问题及场位方程边值问题的解的积分表达式.

从力学、物理和很多工程技术的领域中发现,一个偏微分方程表示一种特定的场和产生这个场的场源之间的关系(例如泊松方程表示静电场和电荷分布的关系,热传导方程表示温度场和热源之间的关系等).基本解简单地说就是由点源产生的场.已知基本解后,利用叠加原理就可以求得由任何连续分布的源产生的场,这就是所谓基本解方法.由于上述原因,这种方法已成为近代研究偏微分方程的重要工具之一.

7.1 δ 函数及性质

7.1.1 δ 函数的定义和物理背景

如果一个函数满足下述两个要求:

(1)
$$\delta(x) = \begin{cases} 0, & x \neq 0 \\ \infty, & x = 0 \end{cases} \tag{7.1.1}$$

(2)
$$\int_{-\infty}^{+\infty} \delta(x)\,\mathrm{d}x = 1 \tag{7.1.2}$$

则把具有上述性质的函数称为 **δ 函数**.

我们知道,力学和物理学中许多连续分布的量(如电荷分布密度、质量分布密度、热源强度等)都是用密度函数来表示的.设 $f(M)$ 是某物理量的密度函数,则分布在区域 V 上的该物理量的总值为

$$Q = \iiint\limits_{V} f(M)\,\mathrm{d}M$$

除了连续分布的物理量外,还常要遇到集中分布的物理量(点源),如质点、点电荷、点热源、集中力等等.δ 函数就是一个描述集中分布的物理量的数学工具.为了便于理解,先用几个例子介绍一维 δ 函数.

例 1 (点电荷的线密度)点电荷是一个理想化的概念,它可以看成是一种分布电荷的极限.设在数轴上分布有电荷,其密度函数为

$$\rho_\epsilon(x) = \begin{cases} \dfrac{1}{2\epsilon}, & |x| < \epsilon \\ 0, & |x| \geqslant \epsilon \end{cases}$$

这时数轴上的总电量为

$$Q = \int_{-\epsilon}^{\epsilon} \rho_\epsilon(x)\,\mathrm{d}x = 1$$

若 ϵ 减小，即有电荷的区间 $(-\epsilon,\epsilon)$ 变小，要使总电荷 Q 仍为 1，就要使 $(-\epsilon,\epsilon)$ 上的密度 $\rho = \dfrac{1}{2\epsilon}$ 变大. 若 $\epsilon \ll 1$，则 $\rho = \dfrac{1}{2\epsilon} \gg 1$，这时就可以近似地看成是一个单位点电荷. 若 $\epsilon \to 0$，上述电荷密度分布的极限状态就是放置在 $x = 0$ 处的单位点电荷了. 于是 $\delta(x)$ 就是放置在原点的单位点电荷的（线）密度函数. 同样，$\delta(x)$ 也是放置在原点的单位质点的（线）密度函数.

例 2　设有一根温度为 $0℃$ 的导热杆，其线密度为 ρ，比热为 c，现在用一个火焰集中在点 $x = 0$ 烧它一下，使传给杆的热量为 Q，如果考虑开始一瞬间杆上的温度 $T(x)$ 分布的情况，我们就有

$$T(x) = \begin{cases} 0, & x \neq 0 \\ \infty, & x = 0 \end{cases}$$

$$\int_{-\infty}^{+\infty} c\rho T(x)\,\mathrm{d}x = Q$$

所以应有

$$T(x) = \frac{Q}{c\rho}\delta(x)$$

这样，在数学上用一个函数 $\delta(x)$ 来描述火焰集中在点 $x = 0$ 烧它一下瞬间杆上的温度 $T(x)$ 分布的情况.

例 3　设有一条紧张静止无穷长的弦，其线密度 $\rho = 1$. 如果集中在点 $x = 0$，在很短的时间内，以力 F 敲它一下，使获得冲量

$$F\Delta t = 1$$

这时弦上的点将获得初速度 v. 如果 $x \neq 0$，则由于扰动尚未到达，所以 $v = 0$；而在 $x = 0$，则有 $v = \infty$. 此外，由于敲打前弦是静止的，所以弦上的动量就是 $F\Delta t = 1$，即

$$\int_{-\infty}^{+\infty} \rho v(x)\,\mathrm{d}x = \int_{-\infty}^{+\infty} v(x)\,\mathrm{d}x = 1$$

故初速度 $v(x) = \delta(x)$.

类似地，如果集中量出现在点 $x = \xi$，那么把它作为分布来描写时，就要用到 $\delta(x - \xi)$，显然有

$$\int_{-\infty}^{+\infty} \delta(x - \xi)\,\mathrm{d}x = 1$$

特别地有

$$\int_a^b \delta(x - \xi)\,\mathrm{d}x = \begin{cases} 1, & \xi \in (a,b) \\ 0, & \xi \overline{\in} [a,b] \end{cases}$$

δ 函数最初是由狄拉克(Dirac)根据物理学上的需要而引进的. δ 函数定义中的式(7.

1.1) 和式(7.1.2)有着鲜明的物理意义. 式(7.1.1)表明了全部物理量集中在一点 $x=0$; 式(7.1.2)则表明该物理量在整个数轴上的总量为 1. 不过式(7.1.1)及式(7.1.2)从古典分析的角度看是说不通的. 因此, δ 函数和另一些类似的奇异函数, 当初曾遭到很多纯数学家的非难, 然而物理学家和工程师却乐于使用它去解决各种问题. 20 世纪 30 年代才建立了一种完善的理论, 在这种理论的基础上, 可以像普遍函数一样对待它们, 并通行无阻地进行各种代数和分析运算, 这一理论称为**广义函数论**或**分布论**. 下节将对这种理论作一简单介绍, 现在先讲几个 δ 函数的简单运算性质.

由于 δ 函数不是古典的 "一点对一点" 的函数, 而是一个算符, 或者说是一种运算, 它的运算性质就是比它的定义式(7.1.2)更为一般的关系式(7.1.3)或(7.1.4). 因此, 关于 δ 函数的一些性质就必须从式(7.1.3)或式(7.1.4)来理解. 下面几个含 δ 函数的重要公式, 就是用式(7.1.4)来作形式的说明, 而不给以严格的论述.

7.1.2 δ 函数的性质

性质 1 对任意区间 (a,b), 成立

$$\int_a^b \delta(x)\mathrm{d}x = \begin{cases} 1, & 0 \in (a,b) \\ 0, & 0 \overline{\in} (a,b) \end{cases}$$

这个性质由 δ 函数定义式(7.1.1)、(7.1.2)合并直接得到.

性质 2 对于任何连续函数 $\varphi(x)$, 对任意区间 (a,b), 成立

$$\int_a^b \delta(x)\varphi(x)\mathrm{d}x = \varphi(0), \quad 0 \in (a,b) \tag{7.1.3}$$

特别地, 有

$$\int_{-\infty}^{+\infty} \delta(x)\varphi(x)\mathrm{d}x = \varphi(0) \tag{7.1.4}$$

事实上, 因 $x \neq 0$ 时, $\delta(x)=0$, 故

$$\int_a^b \delta(x)\varphi(x)\mathrm{d}x = \int_a^b \delta(x)\varphi(0)\mathrm{d}x = \varphi(0)$$

类似地, 如果集中量出现在点 $x=\xi$,

$$\int_a^b \delta(x-\xi)\varphi(x)\mathrm{d}x = \begin{cases} \varphi(\xi), & \xi \in (a,b) \\ 0, & \xi \overline{\in} (a,b) \end{cases}$$

特别地, 有

$$\int_{-\infty}^{+\infty} \delta(x-\xi)\varphi(x)\mathrm{d}x = \varphi(\xi)$$

性质 3(对称性) $\delta(x)=\delta(-x)$, 即 $\delta(x)$ 是偶函数.

由于形式地作变量代换 $x=-t$, 对于任何连续函数 $\varphi(x)$, 有

$$\int_{-\infty}^{+\infty} \delta(-x)\varphi(x)\mathrm{d}x = \int_{-\infty}^{+\infty} \delta(t)\varphi(-t)\mathrm{d}t = \varphi(-t)\mid_{t=0} = \varphi(0)$$

这就说明了等式 $\delta(x)=\delta(-x)$ 的合理性.

更一般地, 有对称性

$$\delta(x-\xi) = \delta(\xi-x)$$

性质 4(卷积不变性) 对任何普通连续函数 $\varphi(x)$, 成立

$$\delta(x) * \varphi(x) = \varphi(x) \tag{7.1.5}$$

由性质 1 和性质 2 得

$$\int_{-\infty}^{+\infty} \delta(\xi - x)\varphi(x)\mathrm{d}x = \int_{-\infty}^{+\infty} \delta(x - \xi)\varphi(x)\mathrm{d}x = \varphi(\xi)$$

把上式中的 x 与 ξ 交换位置,得

$$\int_{-\infty}^{+\infty} \delta(x - \xi)\varphi(\xi)\mathrm{d}\xi = \varphi(x)$$

即式 (7.1.5) 成立.

性质 5　$\delta(x)$ 函数与普通函数的乘积,对于任何连续函数 $f(x)$,成立

$$f(x)\delta(x - \xi) = f(\xi)\delta(x - \xi)$$

事实上,$\forall\, \varphi(x) \in C^1(\mathbf{R})$,有

$$\begin{aligned}
(f(x)\delta(x - \xi), \varphi(x)) &= \int_{-\infty}^{+\infty} f(x)\delta(x - \xi)\varphi(x)\mathrm{d}x \\
&= \int_{-\infty}^{+\infty} \delta(x - \xi)(f(x)\varphi(x))\mathrm{d}x = f(\xi)\varphi(\xi) \\
&= f(\xi)\int_{-\infty}^{+\infty} \delta(x - \xi)\varphi(x)\mathrm{d}x \\
&= \int_{-\infty}^{+\infty} f(\xi)\delta(x - \xi)\varphi(x)\mathrm{d}x \\
&= (f(\xi)\delta(x - \xi), \varphi(x))
\end{aligned}$$

所以

$$f(x)\delta(x - \xi) = f(\xi)\delta(x - \xi)$$

性质 6　$x\delta(x) = 0$.

特别地,我们有

$$x^m \delta(x) = 0, \quad m = 1, 2, \cdots$$

这个结论用得比较多,因此单独拿出来当一个性质,是性质 5 的特例,这也可以根据性质 2 得出

$$\int_{-\infty}^{+\infty} \delta(x)x\varphi(x)\mathrm{d}x = [x\varphi(x)]\big|_{x=0} = 0$$

性质 7　$F[\delta(x)] = 1, F^{-1}[1] = \delta(x)$.

即 $\delta(x)$ 函数与 1 构成了傅立叶变换对,这个在第 4 章已经证明了.

性质 8　$\delta(x)$ 函数的原函数是单位阶跃函数,即设

$$H(x) = \begin{cases} 1, & x \geqslant 0 \\ 0, & x < 0 \end{cases}$$

则

$$H'(x) = \delta(x)$$

函数 H(x) 称为 Heaviside 函数.

事实上,由 $\delta(x)$ 函数的定义式(7.1.1) 和 (7.1.2) 有

$$H(x) = \int_{-\infty}^{x} \delta(x)\mathrm{d}x = \begin{cases} 1, & x \geqslant 0 \\ 0, & x < 0 \end{cases}$$

那么,当 $\forall f(x) \in C^1(\mathbf{R})$,且 $\lim\limits_{|x| \to +\infty} f(x) = 0$ 时,

$$
\begin{aligned}
(H'(x), f(x)) &= \int_{-\infty}^{+\infty} f(x) H'(x) \mathrm{d}x \\
&= f(x) H(x) \mid_{-\infty}^{+\infty} - \int_{-\infty}^{+\infty} f'(x) H(x) \mathrm{d}x \\
&= \int_{0}^{+\infty} f'(x) \mathrm{d}x = f(0) \\
&= \int_{-\infty}^{+\infty} f(x) \delta(x) \mathrm{d}x = (\delta(x), f(x))
\end{aligned}
$$

成立. 这说明 $H'(x) = \delta(x)$.

性质 9 设 $\varphi(x)$ 及 $\varphi'(x)$ 是连续函数,$\varphi(x) = 0$ 只有单根 $x_k(k = 1, 2, \cdots, N)$,那么

$$
\delta[\varphi(x)] = \sum_{k=1}^{N} \frac{\delta(x - x_k)}{|\varphi'(x_k)|} \tag{7.1.6}
$$

证明 因为 $\varphi(x) = 0$ 只有单根 $x_k(k = 1, 2, \cdots, N)$,对每一个 x_k,取它的一个充分小邻域 $[x_k - \varepsilon_k, x_k + \varepsilon_k]$,使得这些邻域互不重叠,于是,对任何连续函数 $\psi(x)$,有

$$
\int_{-\infty}^{+\infty} \delta[\varphi(x)] \psi(x) \mathrm{d}x = \sum_{k=1}^{N} \int_{x_k - \varepsilon_k}^{x_k + \varepsilon_k} \delta[\varphi(x)] \psi(x) \mathrm{d}x
$$

由所设条件有

$$
\varphi'(x_k) \neq 0
$$

因而可取 ε_k 充分小,使 $\varphi'(x)$ 在 $[x_k - \varepsilon_k, x_k + \varepsilon_k]$ 内有确定的符号. 例如设 $\varphi'(x) < 0$,形式地作积分替换

$$
u = \varphi(x)
$$

它在 $[x_h - \varepsilon_h, x_h + \varepsilon_h]$ 内有反函数 $x = x(u)$,令

$$
u_1 = \varphi(x_k + \varepsilon_k), \quad u_2 = \varphi(x_k - \varepsilon_k)
$$

则

$$
u_2 > \varphi(x_k) = 0 > u_1
$$

所以

$$
\begin{aligned}
\int_{x_k - \varepsilon_k}^{x_k + \varepsilon_k} \delta[\varphi(x)] \psi(x) \mathrm{d}x &= -\int_{u_1}^{u_2} \delta(u) \psi[x(u)] \frac{\mathrm{d}u}{\varphi'[x(u)]} = \frac{\psi[x(u)]}{\varphi'[x(u)]} \bigg|_{u=0} \\
&= \frac{\psi(x_k)}{|\varphi'(x_k)|} = \frac{1}{|\varphi'(x_k)|} \int_{-\infty}^{+\infty} \delta(x - x_k) \psi(x) \mathrm{d}x
\end{aligned}
$$

在上述讨论中,若在 $[x_k - \varepsilon_k, x_k + \varepsilon_k]$ 内 $\varphi'(x) > 0$,则上面这个等式中不必加绝对值. 这就得到

$$
\int_{-\infty}^{+\infty} \delta[\varphi(x)] \psi(x) \mathrm{d}x = \sum_{k=1}^{N} \frac{1}{|\varphi'(x_k)|} \int_{-\infty}^{+\infty} \delta(x - x_k) \psi(x) \mathrm{d}x
$$

即

$$
\delta[\varphi(x)] = \sum_{k=1}^{N} \frac{\delta(x - x_k)}{|\varphi'(x_k)|}
$$

在上式中,分别取 $\varphi(x) = ax$,$\varphi(x) = \sin x$ 及 $\varphi(x) = x^2 - a^2$(a 为常数),可以得到

$$
\delta(ax) = \delta(x) / |a|
$$

$$\delta(\sin x) = \sum_{n=-\infty}^{+\infty} \delta(x - n\pi)$$

及

$$\delta(x^2 - a^2) = \frac{\delta(x+a)}{2\mid a \mid} + \frac{\delta(x-a)}{2\mid a \mid} = \frac{\delta(x+a)}{2\mid x \mid} + \frac{\delta(x-a)}{2\mid x \mid}$$

在上式中形式地令 $a \to 0$,得

$$\mid x \mid \delta(x^2) = \delta(x)$$

利用一维 δ 函数,可以定义描写空间集中量(例如,在原点的单位点电荷的体密度函数)的三维 δ 函数为

$$\delta(x,y,z) = \delta(x)\delta(y)\delta(z)$$

因而

$$\delta(M) = \delta(x,y,z) = \begin{cases} 0, & x^2 + y^2 + z^2 \neq 0 \\ \infty, & x^2 + y^2 + z^2 = 0 \end{cases} \tag{7.1.7}$$

$$\iiint_{-\infty}^{+\infty} \delta(x,y,z)\mathrm{d}x\mathrm{d}y\mathrm{d}z = 1 \tag{7.1.8}$$

与一维 δ 函数相同,式(7.1.7) 仅表示空间的某物理量全部集中在原点 $(0,0,0)$,式(7.1.8) 则表示该物理量在全空间的总量为 1. 式(7.1.7) 和式(7.1.8) 可合并写为

$$\iiint_V \delta(M)\mathrm{d}M = \begin{cases} 1, & (0,0,0) \in V \\ 0, & (0,0,0) \overline{\in} V \end{cases}$$

以后,我们限于在真空中讨论静电场的问题,以 ε_0 表示真空介电系数,这时,放置在点 $M_0(\xi,\eta,\zeta)$ 的电量为 $-\varepsilon_0$ 的点电荷的场的位函数 $u(M)$ 满足泊松方程

$$\Delta u(M) = \delta(M - M_0)$$

类似于一维 δ 函数,三维 δ 函数也有下列性质:

性质 10(运算性)　设 $f(M) = f(x,y,z)$ 是连续函数,则

$$\iiint_{-\infty}^{+\infty} \delta(x-\xi, y-\eta, z-\zeta) f(x,y,z)\mathrm{d}x\mathrm{d}y\mathrm{d}z = f(\xi,\eta,\zeta)$$

或

$$\int_{\mathbf{R}^3} \delta(M - M_0) f(M)\mathrm{d}M = f(M_0)$$

更一般地,对任意区域 V,有

$$\int_V \delta(M - M_0) f(M)\mathrm{d}M = \begin{cases} f(M_0), & M_0 \in V \\ 0, & M_0 \overline{\in} V \end{cases}$$

性质 11(对称性)　$\delta(M) = \delta(-M), \delta(M - M_0) = \delta(M_0 - M)$

即

$$\int_{\mathbf{R}^3} \delta(-M) f(M)\mathrm{d}M = \int_{\mathbf{R}^3} \delta(M) f(M)\mathrm{d}M = f(0,0,0)$$

$$\int_{\mathbf{R}^3} \delta(M - M_0) f(M)\mathrm{d}M = \int_{\mathbf{R}^3} \delta(M_0 - M) f(M)\mathrm{d}M = f(M_0)$$

性质 12(卷积不变性)　设 $f(M) = f(x,y,z)$ 是连续函数,则

$$\delta(M) * f(M) = f(M)$$

在性质 11 的第二个式子中，交换 M, M_0 的位置，并使用卷积记号，得到

$$\delta(M) * f(M) = \int_{\mathbf{R}^3} \delta(M_0 - M) f(M_0) \mathrm{d}M_0$$

$$= \int_{\mathbf{R}^3} \delta(M - M_0) f(M_0) \mathrm{d}M_0 = f(M)$$

或

$$\delta(x, y, z) * f(x, y, z) = \iiint_{-\infty}^{+\infty} \delta(x - \xi, y - \eta, z - \zeta) f(\xi, \eta, \zeta) \mathrm{d}\xi \mathrm{d}\eta \mathrm{d}\zeta$$

$$= f(x, y, z)$$

作为应用 δ 函数的一个例子，我们来求解下面的问题.

例 4　设有一条长为 $2l$、温度为 0 的均匀杆，其两端与侧面都绝热. 现在用一个火焰集中在杆的中点 $x = l$ 烧它一下，使传给杆的热量恰好等于 $c\rho$（设 c 为杆的比热，ρ 为线密度），求杆上温度分布.

解　问题归结为解定解问题

$$\begin{cases} \dfrac{\partial u}{\partial t} = a^2 \dfrac{\partial^2 u}{\partial x^2}, & 0 < x < 2l, t > 0 \\ u(0, x) = \delta(x - l) \\ u_x(t, 0) = u_x(t, 2l) = 0 \end{cases}$$

根据第二边界条件的要求，它的固有值是 $\left(\dfrac{n\pi}{2l}\right)^2$，而相应的固有函数是

$$\left\{ \cos \frac{n\pi}{2l} x, n = 0, 1, 2, \cdots \right\}$$

于是满足方程和边界条件的级数解为

$$u(t, x) = \frac{a_0}{2} + \sum_{n=1}^{\infty} a_n \exp\left[-\left(\frac{n\pi a}{2l}\right)^2 t \right] \cos \frac{n\pi}{2l} x$$

由初始条件，得

$$u(0, x) = \frac{a_0}{2} + \sum_{n=1}^{\infty} a_n \cos \frac{n\pi}{2l} x = \delta(x - l)$$

所以，a_n 是 $\delta(x - l)$ 在 $[0, 2l]$ 上按 $\left\{ \cos \dfrac{n\pi}{2l} x \right\}$ 展开的富氏系数，利用三角函数系 $\left\{ \cos \dfrac{n\pi}{2l} x, n = 0, 1, 2, \cdots \right\}$ 的正交性得

$$a_n = \frac{2}{2l} \int_0^{2l} \delta(x - l) \cos \frac{n\pi x}{2l} \mathrm{d}x = \frac{1}{l} \cos \frac{n\pi x}{2l} \bigg|_{x=l} = \frac{1}{l} \cos \frac{n\pi}{2}$$

$$= \begin{cases} 0, & n = 2k + 1 \\ (-1)^k \dfrac{1}{l}, & n = 2k \end{cases}$$

这样，我们就得到定解问题的解

$$u(t, x) = \frac{1}{2l} + \sum_{k=1}^{\infty} (-1)^k \frac{1}{l} \exp\left[-\left(\frac{k\pi a}{l}\right)^2 t \right] \cos \frac{k\pi}{l} x$$

7.2 广义函数简介

7.2.1 广义函数的概念

为了介绍广义函数的概念,先要给定一个基本函数空间.

定义 1 定义在 $(-\infty, +\infty)$ 上的无穷次可微并在某有界区间外恒为零的函数 $\varphi(x)$ 称为**基本函数**或**检验函数**. 所有基本函数组成一个线性空间,称为**空间 K**. 空间 K 中的函数序列 $\{\varphi_m(x)\}(m = 1, 2, \cdots)$ 趋于零是指它满足下列条件:

(1) 在一个固定的有界区间之外,所有 $\varphi_m(x)$ 都恒等于零;

(2) 对每一个 $n = 0, 1, 2, \cdots, \varphi_m^{(n)}(x)$ 在 $(-\infty, +\infty)$ 上一致趋于零.

空间 K 中的序列 $\{\varphi_m(x)\}$ 趋于零,记为 $\varphi_m(x) \to 0(K)$. 而 $\varphi_m(x) \to \varphi(x)(K)$ 则是指

$$\varphi_m(x) - \varphi(x) \to 0(K)$$

例如,设

$$\varphi(x) = \begin{cases} \exp\left(-\dfrac{1}{1-x^2}\right), & |x| < 1 \\ 0, & |x| \geqslant 1 \end{cases}$$

$$\varphi_m(x) = \frac{1}{m}\varphi(x)$$

不难直接证明 $\varphi(x) \in K$ 且 $\varphi_m(x) \to 0(K)$.

定义 2 如果按照一个确定的规则 T,对于 K 中的每一个函数 $\varphi(x)$,总有一个实数值与之对应,就称在 K 上定义了一个**泛函** T. 泛函 T 在 $\varphi(x)$ 上的值记作 (T, φ) 或 $T[\varphi]$;如果泛函 T 还满足以下两个条件:

(1) 线性性 对于任意两个实数 c_1 及 c_2,有

$$(T, c_1\varphi_1 + c_2\varphi_2) = c_1(T, \varphi_1) + c_2(T, \varphi_2), \quad \varphi_1, \varphi_2 \in K$$

(2) 连续性 若 $\varphi_m(x) \to \varphi(x)(K)$,则

$$(T, \varphi_m) \to (T, \varphi)$$

就称 T 是空间 K 上的一个**广义函数**或一个**分布**.

若 T_1, T_2 是两个广义函数,如果对任何 $\varphi(x) \in K$,有 $(T_1, \varphi) = (T_2, \varphi)$,就称 T_1 和 T_2 相等,记作 $T_1 = T_2$.

例 1 在任何有界区间上可积的函数,称为**局部可积函数**. 对于每一个局部可积函数 $f(x)$,依下式可以定义一个广义函数:

$$(f(x), \varphi(x)) = \int_{-\infty}^{+\infty} f(x)\varphi(x)\mathrm{d}x \quad (\varphi(x) \in K) \tag{7.2.1}$$

这种广义函数称为**积分型的**或**正则的**. 可以证明在一定的条件下(例如,对于 $f(x)$ 连续),由式(7.2.1),不同的函数 $f(x)$,给出不同的广义函数 f. 据此,我们就可以把积分型的广义函数与产生它的函数本身视为同一,即在这个意义下,函数 $f(x)$ 也是一个广义函数. 下面的例子将说明并非所有广义函数都是积分型的,这样,广义函数的概念就把通常的函数概念推广了.

例 2 由 7.1 节的讨论可知,依关系

$$(\delta(x),\varphi(x)) = \varphi(0), \quad \varphi(x) \in K$$

定义的广义函数即是 δ 函数. 下面证明 δ 函数是非正则的. 事实上,若存在 φ 使得对任何 $\varphi(x) \in K$,有

$$\int_{-\infty}^{+\infty} f(x)\varphi(x)\mathrm{d}x = (\delta(x) \quad (\varphi(x)) = \varphi(0))$$

取

$$\varphi(x) = \begin{cases} \exp\left(-\dfrac{a^2}{a^2 - x^2}\right), & |x| < a \\ 0, & |x| \geqslant a \end{cases}$$

因为 $\varphi(x) \in K$,于是由所设条件有

$$\int_{-\infty}^{+\infty} f(x)\varphi(x)\mathrm{d}x = \varphi(0) = \mathrm{e}^{-1} \tag{7.2.2}$$

另一方面,当 $a \to 0$ 时,有

$$\int_{-\infty}^{+\infty} f(x)\varphi(x)\mathrm{d}x = \int_{-a}^{a} f(x)\exp\left(-\frac{a^2}{a^2 - x^2}\right)\mathrm{d}x \to 0$$

与式(7.2.2)矛盾. 这就证明了 $\delta(x)$ 是非正则的.

尽管 δ 函数是非积分型的,但人们仍习惯于把它写成积分形式

$$\int_{-\infty}^{+\infty} \delta(x)\varphi(x)\mathrm{d}x = \varphi(0)$$

当然,这个积分只是一个形式的记号,而不是通常的分割求和取极限的黎曼积分.

7.2.2 广义函数的弱极限

设有广义函数列 $\{T_m\}$ 及广义函数 T,如果对于任意 $\varphi(x) \in K$,有

$$(T_m,\varphi) \to (T,\varphi)$$

则称 T_m 弱收敛于 T,记作 $T_m \to T$(弱).

利用弱收敛的概念可以进一步理解 δ 函数. 我们知道,集中分布的物理量与连续分布的物理量并非是绝对的不同,集中分布是某种连续分布的极端情况. 例如,单位点电荷的线密度函数 $\delta(x)$ 是密度为

$$\rho_\epsilon(x) = \begin{cases} \dfrac{1}{2\epsilon}, & |x| < \epsilon \\ 0, & |x| \geqslant \epsilon \end{cases}$$

的极限,它在数学上的确切意义是

$$\delta(x) = \lim_{\epsilon \to 0} \rho_\epsilon(x)(\text{弱})$$

事实上,由中值定理,对任何 $\varphi(x) \in K$,有

$$(\rho_\epsilon(x),\varphi(x)) = \int_{-\infty}^{+\infty} \rho_\epsilon(x)\varphi(x)\mathrm{d}x = \int_{-\epsilon}^{\epsilon} \frac{1}{2\epsilon}\varphi(x)\mathrm{d}x = \varphi(\xi), \quad -\epsilon < \xi < \epsilon$$

当 $\epsilon \to 0$ 时,得到

$$\lim_{\epsilon \to 0}\int_{-\infty}^{+\infty} \rho_\epsilon\varphi(x)\mathrm{d}x = \varphi(0)$$

即

$$\delta(x) = \lim_{\epsilon \to 0} \rho_\epsilon(x)(弱)$$

例 3 证明当 $t \to 0^+$ 时,$f(t,x) = \dfrac{1}{2a\sqrt{\pi t}} \exp\left(-\dfrac{x^2}{4a^2 t}\right)(a > 0)$ 弱收敛于 $\delta(x)$.

证明 令 $\xi = \dfrac{x}{2a\sqrt{t}}$,得到

$$\int_{-\infty}^{+\infty} f(t,x)\mathrm{d}x = \frac{1}{\sqrt{\pi}} \int_{-\infty}^{+\infty} \mathrm{e}^{-\xi^2} \mathrm{d}\xi = 1$$

所以,对任何 $\varphi(x) \in K$,有

$$\left| \int_{-\infty}^{+\infty} f(t,x)\varphi(x)\mathrm{d}x - \varphi(0) \right| = \left| \int_{-\infty}^{+\infty} f(t,x)[\varphi(x) - \varphi(0)]\mathrm{d}x \right|$$

$$\leqslant \max|\varphi'(x)| \cdot \frac{1}{2a\sqrt{\pi t}} \int_{-\infty}^{+\infty} \exp\left(-\frac{x^2}{4a^2 t}\right)|x|\,\mathrm{d}x$$

$$= 2a\sqrt{\frac{t}{\pi}} \max|\varphi'(x)| \to 0 \quad (当\ t \to 0^+\ 时)$$

故

$$\lim_{t \to 0^+} \int_{-\infty}^{+\infty} f(t,x)\varphi(x)\mathrm{d}x = \varphi(0)$$

即

$$\lim_{t \to 0^+} f(t,x) = \delta(x)(弱)$$

由第 4 章的例题知,函数

$$u(t,x) = \frac{1}{2a\sqrt{\pi t}} \exp\left(-\frac{x^2}{4a^2 t}\right)$$

满足定解问题

$$\begin{cases} \dfrac{\partial u}{\partial t} = a^2 \dfrac{\partial^2 u}{\partial x^2}, & -\infty < x < \infty, t > 0 \\ u(0,x) = \delta(x) \end{cases}$$

例 4 证明 $\lim\limits_{N \to +\infty} \dfrac{\sin Nx}{\pi x} = \delta(x)(弱)$.

证明 任取 $\varphi(x) \in K$,存在正数 A,当 $|x| > A$ 时,$\varphi(x) \equiv 0$,记

$$\psi(x) = \begin{cases} \dfrac{\varphi(x) - \varphi(0)}{x}, & x \neq 0 \\ \varphi'(0), & x = 0 \end{cases}$$

则

$$\psi'(x) = \begin{cases} \dfrac{x\varphi'(x) - \varphi(x) + \varphi(0)}{x^2}, & x \neq 0 \\ \dfrac{1}{2}\varphi''(0), & x = 0 \end{cases}$$

在 $(-\infty, +\infty)$ 上连续. 于是

$$\lim_{N \to +\infty} \int_{-\infty}^{+\infty} \frac{\sin Nx}{\pi x} \varphi(x) \mathrm{d}x = \lim_{N \to +\infty} \int_{-A}^{A} \frac{\sin Nx}{\pi x} \varphi(x) \mathrm{d}x$$

$$= \lim_{N \to +\infty} \left[\int_{-A}^{A} \frac{\sin Nx}{\pi x} \varphi(0) \mathrm{d}x + \frac{1}{\pi} \int_{-A}^{A} \psi(x) \sin Nx \, \mathrm{d}x \right]$$

分别用 I_1 及 I_2 表示上式右端两个积分的极限,并令 $Nx = y$,则

$$I_1 = \frac{\varphi(0)}{\pi} \lim_{N \to \infty} \int_{-NA}^{NA} \frac{\sin y}{y} \mathrm{d}y = \varphi(0)$$

又由分部积分法有

$$I_2 = \frac{1}{\pi} \lim_{N \to +\infty} \left[-\psi(x) \frac{\cos Nx}{N} \Big|_{-A}^{A} + \frac{1}{N} \int_{-A}^{A} \psi'(x) \cos Nx \, \mathrm{d}x \right] = 0$$

所以

$$\lim_{N \to +\infty} \frac{\sin Nx}{\pi x} = \delta(x) \, (弱)$$

例 4 是一个很重要的公式,利用这个公式可以讨论 δ 函数的富氏级数展开和富氏变换.

依定义,$\delta(x)$ 的富氏变换为

$$F[\delta(x)] = \int_{-\infty}^{+\infty} \delta(x) \mathrm{e}^{\mathrm{i}\lambda x} \mathrm{d}x = \mathrm{e}^0 = 1$$

作反变换,有

$$F^{-1}[1] = \delta(x)$$

或写成

$$\delta(x) = \frac{1}{2\pi} \int_{-\infty}^{+\infty} \mathrm{e}^{-\mathrm{i}\lambda x} \mathrm{d}\lambda \tag{7.2.3}$$

式(7.2.3)右端的积分通常意义下是不存在的,对式(7.2.3)也必须在广义函数意义下理解.事实上,如果形式地把式(7.2.3)右端写成主值积分,有

$$\frac{1}{2\pi} \int_{-\infty}^{+\infty} \mathrm{e}^{-\mathrm{i}\lambda x} \mathrm{d}\lambda = \lim_{N \to +\infty} \frac{1}{2\pi} \int_{-N}^{N} \mathrm{e}^{-\mathrm{i}\lambda x} \mathrm{d}\lambda = \lim_{N \to +\infty} \frac{1}{\pi} \frac{\mathrm{e}^{\mathrm{i}Nx} - \mathrm{e}^{-\mathrm{i}Nx}}{2\mathrm{i}x} = \lim_{N \to +\infty} \frac{\sin Nx}{\pi x}$$

所以,式(7.2.3)就是例 4 中所讨论过的弱极限.

为了讨论 δ 函数的拉普拉斯变换,我们把通常的拉普拉斯变换的定义稍为修改一下,即定义

$$L[f(t)] = \int_{0^-}^{+\infty} f(t) \mathrm{e}^{-pt} \mathrm{d}t$$

显然,这种修改不影响普通函数的拉普拉斯变换,但依这个定义,却有

$$L[\delta(t)] = \int_{0^-}^{+\infty} \delta(t) \mathrm{e}^{-pt} \mathrm{d}t = \mathrm{e}^0 = 1$$

例 5 把 $\delta(x - \xi)(0 < \xi < \pi)$ 在 $(0, \pi)$ 上按正弦函数系展开成富氏级数.

解 按熟知公式计算富氏系数

$$b_n = \frac{2}{\pi} \int_0^{\pi} \delta(x - \xi) \sin nx \, \mathrm{d}x = \frac{2}{\pi} \sin n\xi$$

下面证明

$$\delta(x-\xi) = \sum_{n=1}^{\infty} b_n \sin nx \, (\text{弱}) \tag{7.2.4}$$

事实上,

$$\sum_{n=1}^{\infty} b_n \sin nx = \frac{2}{\pi} \sum_{n=1}^{\infty} \sin n\xi \sin nx$$

$$= \frac{1}{\pi} \lim_{n \to \infty} \sum_{n=1}^{N} \left[\cos n(x-\xi) - \cos n(x+\xi) \right]$$

$$= \frac{1}{2\pi} \lim_{N \to +\infty} \left[\frac{\sin N_1 (x-\xi)}{\sin \frac{1}{2}(x-\xi)} - \frac{\sin N_1 (x+\xi)}{\sin \frac{1}{2}(x+\xi)} \right] = I_1 - I_2$$

这里 $N_1 = N + \dfrac{1}{2}$,并分别记上式右端两个极限为 I_1 及 I_2. 令

$$f(x) = \begin{cases} \dfrac{x-\xi}{2\sin\left[(x-\xi)/2\right]}, & x \neq \xi \\ 1, & x = \xi \end{cases}$$

于是,由例 4 得

$$I_1 = f(x) \lim_{N_1 \to +\infty} \frac{\sin N_1 (x-\xi)}{\pi(x-\xi)} = f(x)\delta(x-\xi)$$

$$= f(\xi)\delta(x-\xi) = \delta(x-\xi) \, (\text{弱})$$

同理

$$I_2 = \delta(x+\xi)$$

而因 $x + \xi > 0$,故 $I_2 = 0$. 这就证得式(7.2.4).

7.2.3　广义函数的导数

设 $f(x)$ 是一个可微函数,$\varphi(x) \in K$,因 $\varphi(\pm \infty) = 0$,故由分部积分可知,对函数 $f'(x)$ 所确定的正则广义函数 f',有

$$(f'(x), \varphi(x)) = \int_{-\infty}^{+\infty} f'(x)\varphi(x)\mathrm{d}x$$

$$= f(x)\varphi(x) \Big|_{-\infty}^{+\infty} - \int_{-\infty}^{+\infty} f(x)\varphi'(x)\mathrm{d}x$$

$$= -(f(x), \varphi'(x))$$

于是,我们就自然用上式作为广义函数的导数定义.

定义 3　设 $f(x)$ 是已给广义函数,因为 $\varphi(x) \in K$ 时,$\varphi'(x) \in K$,所以泛函 $(f(x), \varphi'(x))$ 是有确定意义的. 定义广义函数 $f(x)$ 的导数 $f'(x)$ 是这样一个广义函数,它对一切 $\varphi(x) \in K$ 有

$$(f'(x), \varphi(x)) = -(f(x), \varphi'(x))$$

一般地,用

$$(f^{(n)}(x), \varphi(x)) = (-1)^n (f(x), \varphi^{(n)}(x)), \quad \varphi(x) \in K$$

所确定的广义函数,作为 $f(x)$ 的 n 阶导数.

由定义 3 可见,由于 $\varphi(x)$ 是无穷次可微的,故广义函数是无穷次可微的. 特别地,对

于 δ 函数,有

$$(\delta^{(n)}(x),\varphi(x)) = (-1)^n(\delta(x),\varphi^{(n)}(x)) = (-1)^n\varphi^{(n)}(0)$$

有了广义函数的导数的定义,我们就可以理解微分方程

$$y' = \delta(x)$$

的意义了.把方程两边都看成广义函数,那么对任意 $\varphi(x) \in K$,有

$$(y'(x),\varphi(x)) = (\delta(x),\varphi(x)) = \varphi(0)$$

不难看出,单位函数

$$h(x) = \begin{cases} 0, & x < 0 \\ 1, & x \geqslant 0 \end{cases}$$

的确满足上式.事实上,由定义

$$(h'(x),\varphi(x)) = -(h,\varphi') = -\int_0^{+\infty}\varphi'(x)\mathrm{d}x = \varphi(0)$$

以上的讨论立即可以推广到多维的情形,这时基本函数空间 K 是指对各自变量无穷次可微且在某个有限区域外为零的函数 $\varphi(x_1,x_2,x_3)$ 的全体. $\varphi_m(x_1,x_2,x_3) \to 0(K)$ 是指 K 中序列 $\{\varphi_m\}$ 满足以下条件:

(1) 在一个固定的有界区域之外,所有 $\varphi_m(x_1,x_2,x_3)$ 都恒等于零;

(2) 对于任意的非负整数组 $p = (p_1,p_2,p_3)$, $|p| = p_1 + p_2 + p_3$ 阶偏导数

$$D^p\varphi = \frac{\partial^{p_1+p_2+p_3}}{\partial x_1^{p_1}\partial x_2^{p_2}\partial x_3^{p_3}}\varphi(x_1,x_2,x_3)$$

在全空间 $\mathbf{R}^3: -\infty < x_1,x_2,x_3 < +\infty$ 上一致趋于零.

广义函数 $f(x_1,x_2,x_3)$ 仍定义为 K 上的线性连续泛函,弱收敛的概念仿前定义.这时,三维 δ 函数的富氏变换也等于 1,即

$$F[\delta(x_1,x_2,x_3)] = \iiint_{-\infty}^{+\infty}\delta(x_1,x_2,x_3)\exp[\mathrm{i}(\lambda x_1 + \mu x_2 + \nu x_3)]\mathrm{d}x_1\mathrm{d}x_2\mathrm{d}x_3$$
$$= \mathrm{e}^0 = 1$$

再作反变换,就有 $F^{-1}[1] = \delta(x_1,x_2,x_3)$,即

$$\delta(x_1,x_2,x_3) = \frac{1}{(2\pi)^3}\iiint_{-\infty}^{+\infty}\exp[-\mathrm{i}(\lambda x_1 + \mu x_2 + \nu x_3)]\mathrm{d}\lambda\mathrm{d}\mu\mathrm{d}\nu$$

广义函数 $f(x_1,x_2,x_3)$ 对各变元的偏导数按下面的方式定义:

$$\left(\frac{\partial f}{\partial x_i},\varphi\right) = -\left(f,\frac{\partial\varphi}{\partial x_i}\right), \quad i = 1,2,3$$

$$\left(\frac{\partial^2 f}{\partial x_i\partial x_j},\varphi\right) = (-1)^2\left(f,\frac{\partial^2\varphi}{\partial x_i\partial x_j}\right), \quad i,j = 1,2,3$$

一般地,定义

$$(D^p f,\varphi) = (-1)^{|p|}(f,D^p\varphi) \quad (p = (p_1,p_2,p_3), |p| = p_1 + p_2 + p_3)$$

特别地,有

$$(\Delta_3 f,\varphi) = (f,\Delta_3\varphi)$$

由导数的定义,可以得到广义函数的一些良好的性质:

(1) 每一个广义函数都是无穷可微的.

这个性质是来自于基本函数的无穷可微性.

(2) 广义函数的导数与求导次序无关. 事实上,由于 $\varphi \in K$ 是无穷可微的,故

$$\frac{\partial^2 \varphi}{\partial x_i \partial x_j} = \frac{\partial^2 \varphi}{\partial x_j \partial x_i}$$

所以

$$\left(\frac{\partial^2 f}{\partial x_i \partial x_j}, \varphi\right) = \left(f, \frac{\partial^2 \varphi}{\partial x_i \partial x_j}\right) = \left(f, \frac{\partial^2 \varphi}{\partial x_j \partial x_i}\right) = \left(\frac{\partial^2 f}{\partial x_j \partial x_i}, \varphi\right)$$

即

$$\frac{\partial^2 f}{\partial x_i \partial x_j} = \frac{\partial^2 f}{\partial x_j \partial x_i}$$

(3) 广义函数的微分运算具有连续性,即若 $\lim\limits_{m\to\infty} T_m = T$(弱),则

$$\lim_{m\to\infty} D^p T_m = D^p T \text{(弱)}$$

事实上,对任何 $\varphi(x) \in K$,有

$$\lim_{m\to\infty}(D^p T_m, \varphi) = (-1)^{|p|} \lim_{m\to\infty}(T_m, D^p \varphi)$$
$$= (-1)^{|p|}(T, D^p \varphi) = (D^p T, \varphi)$$

7.3　$Lu = 0$ 型方程的基本解

7.3.1　椭圆型方程的基本解

定义 1　设 L 是关于自变量 x, y, z 的常系数线性偏微分算子,方程

$$Lu = \delta(x, y, z)$$

的解称为方程

$$Lu = f(x, y, z) \tag{7.3.1}$$

的**基本解**.

由线性齐次方程和与它相应的非齐次方程的解的关系,立即得知:若 U 是一个基本解,u 是相应齐次方程的任一解,则 $U + u$ 仍是基本解,而且方程(7.3.1)的全体基本解都可以表示成这个形式.

定理 1　若 $f(M)$ 是连续函数,$U(M)$ 满足方程(或定解条件)

$$Lu = \delta(M) \tag{7.3.2}$$

则卷积

$$U * f = \int_{\mathbf{R}^3} U(M - M_0) f(M_0) \,\mathrm{d}M_0 \tag{7.3.3}$$

满足非齐次方程(或定解条件)

$$Lu = f(M) \tag{7.3.4}$$

事实上,由 $LU(M) = \delta(M)$,有 $LU(M - M_0) = \delta(M - M_0)$,再交换微分和积分的次序,得

$$L(U * f) = \int_{\mathbf{R}^3} LU(M - M_0) f(M_0) \, dM_0$$

$$= \int_{\mathbf{R}^3} \delta(M - M_0) f(M_0) \, dM_0 = f(M)$$

我们知道,从物理的角度看,非齐次方程(7.3.4)的右端 $f(M)$ 是场源的强度,$\delta(M)$ 则表示点源,这条定理告诉我们,求得了点源的场,就可以求得任何连续分布的源的场. 所以,基本解也称为点源函数. 基本解在一个连续区域的积累就是连续区域定解问题的解 (7.3.2).

下面举一个悉知的例子. 由物理学知道,放置在原点、电量为 $-\varepsilon_0$ 的点电荷的场的位函数是

$$U(M) = U(x, y, z) = -\frac{1}{4\pi r}, \quad r = \sqrt{x^2 + y^2 + z^2}$$

它是方程

$$\Delta u = \delta(M)$$

的一个解(即三维泊松方程的基本解). 现在设在 $\mathbf{R}^3$ 内有密度为 $\rho(M)$ 的分布电荷,这个电荷的电场的位函数是

$$u(M) = U * \left[-\frac{\rho(M)}{\varepsilon_0} \right] = -\frac{1}{\varepsilon_0} \int_{\mathbf{R}^3} U(M - M_0) \rho(M_0) \, dM_0$$

$$= \frac{1}{4\pi\varepsilon_0} \int_{\mathbf{R}^3} \frac{\rho(M_0)}{r(M, M_0)} \, dM_0$$

其中,

$$r(M, M_0) = \sqrt{(x - \xi)^2 + (y - \eta)^2 + (z - \zeta)^2}$$

由定理 1, $u(M)$ 满足方程

$$\Delta u = -\frac{\rho(M)}{\varepsilon_0}$$

7.3.2 基本解的求法

下面举几个例子,介绍基本解的求法.

例 1 求常微分方程 $y' + ay = 0$ 的基本解,这里 a 为正常数.

解 把方程

$$y' + ay = \delta(x)$$

的两边乘以 e^{ax},并注意到

$$e^{ax} \delta(x) = \delta(x)$$

得到

$$\frac{d}{dx}(ye^{ax}) = \delta(x)$$

因对单位函数 $h(x)$ 有 $h'(x) = \delta(x)$,所以,要求的基本解为

$$y = e^{-ax} h(x)$$

再利用定理 1,即可得到非齐次方程

$$y' + ay = f(x)$$

的一个特解为

$$y(x) = \mathrm{e}^{-ax} h(x) * f(x) = \int_{-\infty}^{+\infty} \mathrm{e}^{-a\xi} h(\xi) f(x - \xi) \mathrm{d}\xi$$

$$= \int_{0}^{+\infty} \mathrm{e}^{-a\xi} f(x - \xi) \mathrm{d}\xi$$

求基本解较常用的方法是利用格林(Green)公式或傅立叶变换.

例 2　求三维拉氏方程的基本解,即求 u 使其满足方程

$$\Delta_3 u = \delta(x, y, z) \tag{7.3.5}$$

解　取球坐标系.因为 δ 函数关于原点成球对称,故基本解不依赖于 θ, φ,于是可设基本解为

$$u = u(r)$$

这样,当 $r \neq 0$ 时,在球坐标系下,方程(7.3.5)成为

$$\frac{1}{r^2} \frac{\mathrm{d}}{\mathrm{d}r}\left(r^2 \frac{\mathrm{d}u}{\mathrm{d}r}\right) = 0, \quad r > 0$$

它的通解为

$$u = \frac{C_1}{r} + C_2, \quad C_1, C_2 \text{ 是任意常数}$$

在这个解式中的常数项 C_2 在全空间处处满足拉普拉斯方程,即 $\Delta C_2 = 0$,它对于寻求方程(7.3.5)的解没有用处.现在要判断是否有可能选择常数 C_1,使

$$u = \frac{C_1}{r}$$

满足方程(7.3.5)?从广义函数的观点看,这意味着对任意的函数 $\varphi(x, y, z) \in K$,有

$$(\Delta u, \varphi) = (u, \Delta \varphi) = (\delta, \varphi) = \varphi(0, 0, 0)$$

因 $\varphi \in K$,所以可取一个充分大的闭曲面 S,使得在 S 上及 S 外 $\varphi \equiv 0$.记 V 为 S 所围成的区域. O_ε 是一个在 S 内以原点为中心、ε 为半径的球,S_ε 表示它的球面.于是

$$\varphi(0, 0, 0) = (u, \Delta \varphi) = \iiint_V \frac{C_1}{r} \Delta \varphi \mathrm{d}V = \lim_{\varepsilon \to 0} \iiint_{V - O_\varepsilon} \frac{C_1}{r} \Delta \varphi \mathrm{d}V \tag{7.3.6}$$

在区域 $V - O_\varepsilon$ 上可以应用第二格林公式,得

$$\iiint_{V - O_\varepsilon} \left(\frac{C_1}{r} \Delta \varphi - \varphi \Delta \frac{C_1}{r}\right) \mathrm{d}V = \iint_{S + S_\varepsilon} \left[\frac{C_1}{r} \frac{\partial \varphi}{\partial n} - \varphi \frac{\partial}{\partial n}\left(\frac{C_1}{r}\right)\right] \mathrm{d}S$$

因为在 $V - O_\varepsilon$ 上有 $\Delta \dfrac{C_1}{r} = 0$,在 S 上有 $\varphi = 0, \dfrac{\partial \varphi}{\partial n} = 0$,并且注意到 $\dfrac{\partial}{\partial n}$ 是 $S + S_\varepsilon$ 关于区域 $V - O_\varepsilon$ 的外法向导数,所以对于 S_ε 来说,也就是关于区域 O_ε 的内法向导数,故

$$\iiint_{V - O_\varepsilon} \left(\frac{C_1}{r} \Delta \varphi\right) \mathrm{d}V = \iint_{S_\varepsilon} \left[\frac{C_1}{r} \frac{\partial \varphi}{\partial n} + \varphi \frac{\partial}{\partial r}\left(\frac{C_1}{r}\right)\right] \mathrm{d}S$$

$$= \iint_{S_\varepsilon} \left[\frac{C_1}{\varepsilon} \frac{\partial \varphi}{\partial n} - \frac{C_1}{\varepsilon^2} \varphi\right] \mathrm{d}S$$

$$= 4\pi\varepsilon^2 \left(\frac{C_1}{\varepsilon} \frac{\partial \varphi}{\partial n} - \frac{C_1}{\varepsilon^2} \varphi\right)_{(x_0, y_0, z_0)}$$

$$= \left(4\pi\varepsilon C_1\frac{\partial\varphi}{\partial n} - 4\pi C_1\varphi\right)_{(x_0,y_0,z_0)}$$

这里 (x_0,y_0,z_0) 是 O_ε 内某一个点. 代入式(7.3.6),得

$$\varphi(0,0,0) = \lim_{\varepsilon\to 0}\left(4\pi\varepsilon C_1\frac{\partial\varphi}{\partial n} - 4\pi C_1\varphi\right)_{(x_0,y_0,z_0)} = -4\pi C_1\varphi(0,0,0)$$

由此得到 $C_1 = -\dfrac{1}{4\pi}$,因而基本解为

$$u = -\frac{1}{4\pi r}, \quad r = \sqrt{x^2+y^2+z^2}$$

例 3 求二维亥姆霍兹方程的基本解,即求 u 使满足方程

$$Lu = (\Delta_2 + c)u = \Delta_2 u + cu = \delta(x,y) \quad (c = k^2 > 0,\text{为常数}) \tag{7.3.7}$$

解 由于二维 δ 函数关于原点成圆对称,因此式(7.3.7)的解也关于原点成圆对称. 于是在极坐标系下可设基本解

$$u = u(r)$$

它满足方程

$$\frac{1}{r}\frac{\mathrm{d}}{\mathrm{d}r}\left(r\frac{\mathrm{d}u}{\mathrm{d}r}\right) + k^2 u = 0, \quad r > 0$$

或

$$r^2 u'' + ru' + k^2 r^2 u = 0$$

这是一个零阶贝塞尔方程,其通解为

$$u = A\mathrm{J}_0(kr) + B\mathrm{N}_0(kr)$$

因 J_0 在 $r=0$ 无奇异性,可设 $A=0$,因而

$$u = B\mathrm{N}_0(kr) \approx \frac{2B}{\pi}(\ln r + \ln k), \quad r \approx 0 \tag{7.3.8}$$

对于任意函数 $\varphi(x,y) \in K$,可取充分大的闭曲线 C,使在 C 上及 C 外 $\varphi \equiv 0$,记 D 为 C 所围成的区域,D_ε 是一个在 C 内以原点为圆心、ε 为半径的圆,C_ε 是它的圆周,容易看出,对算子 L,第二格林公式仍成立,即有

$$\iint\limits_D (uLv - vLu)\mathrm{d}A = \int_C\left(u\frac{\partial v}{\partial n} - v\frac{\partial u}{\partial n}\right)\mathrm{d}l$$

仿例 2 的做法,对区域 $D-D_\varepsilon$ 使用上面公式,并将式(7.3.8)代入,有

$$\varphi(0,0) = (\delta,\varphi) = (Lu,\varphi) = (u,L\varphi) = \iint\limits_D uL\varphi\,\mathrm{d}A$$

$$= \lim_{\varepsilon\to 0}\iint\limits_{D-D_\varepsilon} uL\varphi\,\mathrm{d}A$$

$$= \lim_{\varepsilon\to 0}\iint\limits_{D-D_\varepsilon}(uL\varphi - \varphi Lu)\mathrm{d}A \quad (\text{在 } D-D_\varepsilon \text{ 上},Lu=0)$$

$$= \lim_{\varepsilon\to 0}\int_{C+C_\varepsilon}\left(u\frac{\partial\varphi}{\partial n} - \varphi\frac{\partial u}{\partial n}\right)\mathrm{d}l$$

$$= \lim_{\varepsilon\to 0}\int_{C_\varepsilon}\left(u\frac{\partial\varphi}{\partial n} - \varphi\frac{\partial u}{\partial n}\right)\mathrm{d}l$$

$$= \lim_{\varepsilon \to 0} \int_{C_\varepsilon} \left[-\frac{2B}{\pi}(\ln r + \ln k)\frac{\partial \varphi}{\partial r} + \varphi \frac{2B}{\pi r} \right] \mathrm{d}l \quad (n\ \text{为}\ C_\varepsilon\ \text{的内法向})$$

$$= \lim_{\varepsilon \to 0} \int_{C_\varepsilon} \left[-\frac{2B}{\pi}(\ln \varepsilon + \ln k)\frac{\partial \varphi}{\partial r} + \varphi \frac{2B}{\pi \varepsilon} \right] \mathrm{d}l$$

$$= \lim_{\varepsilon \to 0} 2\pi\varepsilon \left[-\frac{2B}{\pi}(\ln \varepsilon + \ln k)\frac{\partial \varphi}{\partial r} + \varphi \frac{2B}{\pi \varepsilon} \right]_{(x_0, y_0)}$$

$$= 4B\varphi(0,0), \quad (x_0, y_0) \in D_\varepsilon$$

因而 $B = \dfrac{1}{4}$，所求基本解是

$$u = \frac{1}{4}N_0(kr)$$

仿上面的方法，不难求出二维拉氏方程 $\Delta_2 u = 0$ 的基本解为

$$u = \frac{1}{2\pi}\ln r = -\frac{1}{2\pi}\ln \frac{1}{r}$$

三维亥姆霍兹方程的基本解为

$$u = \frac{\mathrm{e}^{\mathrm{i}kr}}{r}$$

或取实形式

$$u = \frac{\cos kr}{r}$$

例 4 用富氏变换方法求三维拉氏方程的基本解：

解 对方程 $\Delta u = \delta(x, y, z)$ 两边作三维富氏变换：

$$\bar{u}(\lambda, \mu, \nu) = F[u] = \iiint_{-\infty}^{+\infty} u(x, y, z)\exp[\mathrm{i}(\lambda x + \mu y + \nu z)]\mathrm{d}x\mathrm{d}y\mathrm{d}z$$

由于

$$F[\Delta u] = -(\lambda^2 + \mu^2 + \nu^2)\bar{u}$$

$$F[\delta(x, y, z)] = 1$$

故

$$-(\lambda^2 + \mu^2 + \nu^2)\bar{u} = 1$$

从而

$$\bar{u} = -\frac{1}{\rho^2} \quad (\rho^2 = \lambda^2 + \mu^2 + \nu^2)$$

再作反富氏变换，得

$$u = F^{-1}[\bar{u}] = -\frac{1}{(2\pi)^3}\iiint_{-\infty}^{+\infty}\frac{1}{\rho^2}\exp[-\mathrm{i}(\lambda x + \mu y + \nu z)]\mathrm{d}\lambda\mathrm{d}\mu\mathrm{d}\nu$$

由于对称性，不妨把 ν 轴的方向取为向径 $\boldsymbol{r} = (x, y, z)$ 的方向，记向量 $\boldsymbol{\rho} = (\lambda, \mu, \nu)$，作球坐标变换

$$\lambda = \rho\sin\theta\cos\varphi, \quad \mu = \rho\sin\theta\sin\varphi, \quad \nu = \rho\cos\theta$$

因

$$\lambda x + \mu y + \nu z = \boldsymbol{\rho} \cdot \boldsymbol{r} = \rho r\cos\theta$$

得

$$u = -\frac{1}{(2\pi)^3} \int_0^{+\infty} \int_0^\pi \int_0^{2\pi} \exp(-\mathrm{i}\rho r \cos\theta) \sin\theta \mathrm{d}\rho \mathrm{d}\theta \mathrm{d}\varphi$$

$$= -\frac{1}{(2\pi)^2} \int_0^{+\infty} \frac{\exp(-\mathrm{i}\rho r \cos\theta)}{\mathrm{i}\rho r} \bigg|_0^\pi \mathrm{d}\rho$$

$$= -\frac{1}{2\pi^2 r} \int_0^{+\infty} \frac{\sin\rho r}{\rho} \mathrm{d}\rho = -\frac{1}{4\pi r}$$

7.4 $u_t = Lu$ 型方程的柯西问题的基本解

7.4.1 抛物型方程的基本解

设有一根无限长均匀的导热杆(截面积为1)，在时刻 $t = 0$ 时用一个集中火焰在原点处把导热杆烧一下，使传到杆上的热量为 $c\rho$. 由 δ 函数的意义，杆内的温度分布 $U(t,x)$ 满足下列定解问题：

$$\begin{cases} \dfrac{\partial u}{\partial t} = a^2 \dfrac{\partial^2 u}{\partial x^2}, & t > 0, -\infty < x < +\infty \\ u(0,x) = \delta(x) \end{cases}$$

我们称 $U(t,x)$ 为一维热传导方程柯西问题的**基本解**.

定义 1 设 L 是关于 x,y,z 的常系数线性偏微分算子，称定解问题

$$\mathrm{I}_1 : \begin{cases} \dfrac{\partial u}{\partial t} = Lu & (t > 0, -\infty < x,y,z < +\infty) \\ u(0,x,y,z) = \delta(x,y,z) \end{cases}$$

的解 $U(t,x,y,z)$ 为柯西问题

$$\mathrm{I}_2 : \begin{cases} \dfrac{\partial u}{\partial t} = Lu + f(t,x,y,z) \\ u(0,x,y,z) = \varphi(x,y,z) \end{cases}$$

的**基本解**. 如果把定解问题 I_1 中的初始扰动由原点移到点 $M_0(\xi,\eta,\zeta)$，得到定解问题

$$\begin{cases} \dfrac{\partial u}{\partial t} = Lu \\ u(0,x,y,z) = \delta(x-\xi,y-\eta,z-\zeta) \end{cases}$$

它的解 $\widetilde{U}$ 称为**影响函数**或**点源函数**. 显然，影响函数和基本解之间有平移关系：

$$\widetilde{U} = U(t,M-M_0) = U(t,x-\xi,y-\eta,z-\zeta)$$

定理 1 设 $\varphi(M), f(t,M)$ 是连续函数，$U(t,M) * \varphi(M), U(t,M) * f(t,M)$ 存在，则定解问题 I_2 的解是

$$u(t,x,y,z) = U(t,M) * \varphi(M) + \int_0^t U(t-\tau,M) * f(\tau,M)\mathrm{d}\tau$$

$$= \iiint\limits_{-\infty}^{+\infty} U(t,x-\xi,y-\eta,z-\zeta)\varphi(\xi,\eta,\zeta)\mathrm{d}\xi\mathrm{d}\eta\mathrm{d}\zeta +$$

$$\int_0^t \Big[\iiint_{-\infty}^{+\infty} U(t-\tau, x-\xi, y-\eta, z-\zeta) f(\tau, \xi, \eta, \zeta) \mathrm{d}\xi \mathrm{d}\eta \mathrm{d}\zeta \Big] \mathrm{d}\tau$$

证明　由定义 1 立即得到 $U(t, M) * \varphi(M)$ 满足定解问题

$$\begin{cases} \dfrac{\partial u}{\partial t} = Lu \\ u\mid_{t=0} = \varphi(M) \end{cases}$$

下面证明定解问题

$$\begin{cases} \dfrac{\partial u}{\partial t} = Lu + f(t, M) \\ u\mid_{t=0} = 0 \end{cases}$$

的解是

$$v = \int_0^t U(t-\tau, M) * f(\tau, M) \mathrm{d}\tau$$

显然有 $v\mid_{t=0} = 0$，又由含参变量积分对参数的求导法则，有

$$\begin{aligned} \frac{\partial v}{\partial t} &= \int_0^t \frac{\partial U(t-\tau, M)}{\partial t} * f(\tau, M) \mathrm{d}\tau + U(0, M) * f(t, M) \\ &= \int_0^t LU(t-\tau, M) * f(\tau, M) \mathrm{d}\tau + \delta(M) * f(t, M) \\ &= L \int_0^t U(t-\tau, M) * f(\tau, M) \mathrm{d}\tau + f(t, M) = Lv + f(t, M) \end{aligned}$$

综上讨论，由叠加原理，定理得证.

例 1　求三维热传导方程柯西问题的基本解，即解定解问题：

$$\begin{cases} U_t = a^2 \Delta U & (t > 0, -\infty < x, y, z < +\infty) \\ U(0, x, y, z) = \delta(x, y, z) \end{cases}$$

解　对空间坐标 x, y, z 作 U 和 δ 的傅立叶变换：

$$\begin{aligned} \bar{U}(t, \lambda, \mu, \nu) &= F[U(t, x, y, z)] \\ &= \iiint_{-\infty}^{+\infty} U(t, \xi, \eta, \zeta) \exp[\mathrm{i}(\lambda\xi + \mu\eta + \nu\zeta)] \mathrm{d}\xi \mathrm{d}\eta \mathrm{d}\zeta \end{aligned}$$

假定当 $\xi^2 + \eta^2 + \zeta^2 \to \infty$ 时，U、U_ξ、U_η、U_ζ 均趋于 0，则由傅立叶变换的性质，得下面常微分方程的初始问题：

$$\begin{cases} \dfrac{\mathrm{d}\bar{U}}{\mathrm{d}t} = a^2 [(-\mathrm{i}\lambda)^2 + (-\mathrm{i}\mu)^2 + (-\mathrm{i}\nu)^2] = -a^2 \rho^2 \bar{U} \\ \bar{U}\mid_{t=0} = 1 \end{cases}$$

其中

$$\rho^2 = \lambda^2 + \mu^2 + \nu^2$$

易求得这个初始问题的解是

$$\bar{U}(t, \lambda, \mu, \nu) = \exp(-a^2 \rho^2 t)$$

作傅立叶逆变换，即得所求的解为

$$U(t, x, y, z) = \frac{1}{(2\pi)^3} \iiint_{-\infty}^{+\infty} \bar{U} \exp[-\mathrm{i}(\lambda x + \mu y + \nu z)] \mathrm{d}\lambda \mathrm{d}\mu \mathrm{d}\nu$$

$$= \frac{1}{(2\pi)^3} \iiint\limits_{-\infty}^{+\infty} \exp[-a^2 \rho^2 t - \mathrm{i}(\lambda x + \mu y + \nu z)]\mathrm{d}\lambda \mathrm{d}\mu \mathrm{d}\nu$$

$$= \frac{1}{(2\pi)^3} \int_{-\infty}^{+\infty} \exp\{-a^2 \lambda^2 t - \mathrm{i}\lambda x\}\mathrm{d}\lambda \cdot$$

$$\int_{-\infty}^{+\infty} \exp\{-a^2 \mu^2 t - \mathrm{i}\mu y\}\mathrm{d}\mu \cdot \int_{-\infty}^{+\infty} \exp\{-a^2 \nu^2 t - \mathrm{i}\nu z\}\mathrm{d}\nu$$

已求得

$$\frac{1}{2\pi}\int_{-\infty}^{+\infty} \exp\{-a^2 \lambda^2 t - \mathrm{i}\lambda x\}\mathrm{d}\lambda = \frac{1}{2a\sqrt{\pi t}}\exp\left\{-\frac{x^2}{4a^2 t}\right\}$$

于是,就得到

$$U(t,x,y,z) = \left(\frac{1}{2a\sqrt{\pi t}}\right)^3 \exp\left\{-\frac{x^2+y^2+z^2}{4a^2 t}\right\}$$

一维、二维及三维热传导方程的基本解的形式是统一的. 由例 1 的推导,易知一维热传导方程柯西问题的基本解是

$$\overline{U}(t,x) = \frac{1}{2a\sqrt{\pi t}}\exp\left\{-\frac{x^2}{4a^2 t}\right\}$$

由基本解及定理 1 中的公式,立即可以写出三维热传导方程柯西问题 I_2 的解是

$$u(t,x,y,z) = \left(\frac{1}{2a\sqrt{\pi t}}\right)^3 \iiint\limits_{-\infty}^{+\infty} \varphi(\xi,\eta,\zeta)\exp\left\{-\frac{r_1^2}{4a^2 t}\right\}\mathrm{d}\xi\mathrm{d}\eta\mathrm{d}\zeta +$$

$$\left(\frac{1}{2a\sqrt{\pi}}\right)^3 \int_0^t \frac{\mathrm{d}\tau}{(t-\tau)^{3/2}}\left[\iiint\limits_{-\infty}^{+\infty} f(\tau,\xi,\eta,\zeta)\exp\left\{-\frac{r_1^2}{4a^2 t}\right\}\mathrm{d}\xi\mathrm{d}\eta\mathrm{d}\zeta\right]$$

其中,$r_1^2 = (x-\xi)^2 + (y-\eta)^2 + (z-\zeta)^2$.

例 2 设 $a \neq 0$ 为常数,求解

$$\begin{cases} \dfrac{\partial u}{\partial t} + a\dfrac{\partial u}{\partial x} = f(t,x) & (t > 0, -\infty < x < +\infty) \\ u(0,x) = \varphi(x) \end{cases}$$

解法 1 先求基本解,即求解:

$$\begin{cases} \dfrac{\partial u}{\partial t} + a\dfrac{\partial u}{\partial x} = 0 \\ u(0,x) = \delta(x) \end{cases}$$

对 x 作傅立叶变换 $\overline{u}(t,\lambda) = \displaystyle\int_{-\infty}^{+\infty} u(t,x)\mathrm{e}^{\mathrm{i}\lambda x}\mathrm{d}x$,假定当 $|x| \to \infty$ 时,u、$u_x \to \infty$. 得

$$\begin{cases} \dfrac{\mathrm{d}\overline{u}}{\mathrm{d}t} - \mathrm{i}a\lambda\overline{u} = 0 \\ \overline{u}(0,\lambda) = 1 \end{cases}$$

解得

$$\overline{u} = \mathrm{e}^{\mathrm{i}a\lambda t}$$

于是得基本解

$$u(t,x) = F^{-1}[\overline{u}] = \frac{1}{2\pi}\int_{-\infty}^{+\infty} \mathrm{e}^{\mathrm{i}a\lambda t}\mathrm{e}^{-\mathrm{i}a\lambda x}\mathrm{d}\lambda$$

$$= \frac{1}{2\pi} \int_{-\infty}^{+\infty} e^{i\lambda(x-at)} d\lambda = \delta(x-at)$$

所以原问题的解是

$$u(t,x) = \delta(x-at) * \varphi(x) + \int_0^t \delta[x-a(t-\tau)] * f(\tau,x) d\tau$$

$$= \varphi(x-at) + \int_0^t f[\tau, x-a(t-\tau)] d\tau$$

解法 2　作变量代换 $\xi = t, \eta = x - at$，则所给定解问题化为

$$\frac{\partial u}{\partial \xi} = f(\xi, \eta + a\xi) \tag{7.4.1}$$

$$u \mid_{\xi=0} = \varphi(\eta) \tag{7.4.2}$$

对式(7.4.1)积分得

$$u(\xi, \eta) = \int_0^\xi f(\xi, \eta + a\xi) d\xi + g(\eta)$$

其中，$g(\eta)$ 是任意函数. 再由式(7.4.2)得 $g(\eta) = \varphi(\eta)$，回到原变量，得

$$u(t,x) = \int_0^\xi f(\xi, \eta + a\xi) d\xi + \varphi(\eta)$$

$$= \varphi(x-at) + \int_0^t f[\tau, x-a(t-\tau)] d\tau.$$

7.4.2　抛物型方程的冲量原理

利用冲量原理，可以把非齐次发展方程的定解问题化为齐次方程来处理. 所以，冲量原理也叫做齐次化原理. 下面把冲量原理用三维的形式叙述出来.

定理 2（冲量原理）　设 $w(t,x,y,z;\tau)$ 满足齐次方程的柯西问题

$$I_3 : \begin{cases} \dfrac{\partial w}{\partial t} = Lw & (-\infty < x, y, z < +\infty, t > \tau) \\ w \mid_{t=\tau} = f(\tau, x, y, z) \end{cases}$$

则非齐次方程柯西问题

$$I_4 : \begin{cases} \dfrac{\partial u}{\partial t} = Lu + f(t, x, y, z) \\ u \mid_{t=0} = 0 \end{cases}$$

的解是

$$u(t, x, y, z) = \int_0^t w(t, x, y, z; \tau) d\tau$$

证明　令 $t_1 = t - \tau$，则定解问题 I_3 化为

$$I_5 : \begin{cases} \dfrac{\partial w}{\partial t_1} = Lw \\ w \mid_{t_1=0} = f(\tau, x, y, z) \end{cases}$$

设 $U(t_1, x, y, z)$ 是 I_5 的基本解，则由定理 1，I_5 的解是

$$w(t_1, x, y, z) = U(t_1, x, y, z) * f(\tau, x, y, z)$$

从而，I_3 的解是

$$w(t,x,y,z;\tau) = w(t-\tau,x,y,z) = U(t-\tau,x,y,z) * f(\tau,x,y,z)$$

仍由定理 1 知 I_4 的解是

$$u = \int_0^t U(t-\tau,x,y,z) * f(\tau,x,y,z)\,\mathrm{d}\tau = \int_0^t w(t,x,y,z;\tau)\,\mathrm{d}\tau$$

例 3 解定解问题

$$\begin{cases} \dfrac{\partial u}{\partial t} = a^2 \dfrac{\partial^2 u}{\partial x^2} + A\left(1-\dfrac{x}{l}\right)\mathrm{e}^{-ht} & (0 < x < l, t > 0) \\[2mm] u\,|_{x=0} = u\,|_{x=l} = 0 \\[2mm] u\,|_{t=0} = 0 \end{cases}$$

其中, A,h 都是正常数, 且 $h \neq \left(\dfrac{n\pi a}{l}\right)^2 (n = 1,2,\cdots)$.

解 先考虑相应齐次方程的定解问题

$$\begin{cases} \dfrac{\partial w}{\partial t} = a^2 \dfrac{\partial^2 w}{\partial x^2} & (0 < x < l, t > \tau > 0) \\[2mm] w\,|_{x=0} = w\,|_{x=l} = 0 \\[2mm] w\,|_{t=\tau} = A\left(1-\dfrac{x}{l}\right)\mathrm{e}^{-h\tau} \end{cases}$$

用分离变量法, 可求得

$$w(t,x;\tau) = \sum_{n=1}^{\infty} \frac{2A}{n\pi}\exp\left\{-\left(\frac{n\pi a}{l}\right)^2(t-\tau) - h\tau\right\}\sin\frac{n\pi x}{l}$$

于是, 由冲量原理有

$$u(x,t) = \int_0^t w(t,x;\tau)\,\mathrm{d}\tau$$

$$= \frac{2Al^2}{\pi}\sum_{n=1}^{+\infty}\frac{1}{n\big[(n\pi a)^2 - l^2 h\big]}\Big[\mathrm{e}^{-ht} - \exp\Big\{-\Big(\frac{n\pi a}{l}\Big)^2 t\Big\}\Big]\sin\frac{n\pi}{l}x$$

7.4.3 一维热传导方程基本解的物理意义

由例 1 可见, 一维热传导方程的基本解是

$$U = \frac{1}{2a\sqrt{\pi t}}\exp\left\{\frac{-x^2}{4a^2 t}\right\}$$

下面讨论它所描述的热传导过程. 对于不同的时刻 $t_1 < t_2 < t_3\cdots$, 把这样的温度分布函数 $U(t,x)$ 画在 (U,x) 平面上, 就得到一系列的温度分布曲线. 可以看到, 当 t 越小时, 在 0 附近曲线耸得越高; 当 t 越大时, 曲线就越平. 作为两个极端的情况: 当 $t \to \infty$ 时, 在各点的温度均趋于零, 当 $t \to 0$ 时, 温度分布就趋于 $\delta(x)$. 但是, 不论 t 取何值, 曲线下的面积总是 1, 即

$$\int_{-\infty}^{+\infty} U(t,x)\,\mathrm{d}x = 1$$

它表示在杆的热平衡过程中, 其总热量总是保持一样的, 即保持开始一瞬间给予杆的热量 $Q = c\rho$.

根据基本解的表达式, 类似于上面关于温度分布曲线的分析可以看到, 对于同一时

刻,当 $a = \sqrt{k/c\rho}$ 越大时,温度分布曲线越平,这表明温度的平衡过程进行得越快,也就是当热传导系数越大,比热和密度 ρ 越小时,温度的平衡过程越快,这是符合实际情况的.

从这个基本解还可以看出,在开始一瞬间集中在点 $x = 0$ 传给杆一定的热量后,在以后的任意一个时刻杆上的各点均受到此初始状态的影响,即热的传导速度等于无穷大,这不符合实际情况,说明我们的数学模型并不能完全反映客观的传热过程.但从基本解中可以表明,若过程的时间进行得越长,杆上各点受到初始状态的影响就越小.

7.5 $u_{tt} = Lu$ 型方程的柯西问题的基本解

7.5.1 双曲型方程的基本解的积分表示

定义 1 设 L 是关于 x, y, z 的常系数线性偏微分算子,称定解问题

$$\begin{cases} \dfrac{\partial^2 u}{\partial t^2} = Lu \quad (t > 0, -\infty < x, y, z < +\infty) \\ u(0, x, y, z) = 0 \\ u_t(0, x, y, z) = \delta(x, y, z) \end{cases}$$

的解为方程

$$\frac{\partial^2 u}{\partial t^2} = Lu$$

的柯西问题的**基本解**.

定理 1 设 $U(t, x, y, z)$ 是 $u_{tt} = Lu$ 的基本解,$\varphi(M), \psi(M), f(t, M)$ 都是连续函数,$U * \varphi, U * \psi, U * f$ 存在,则非齐次方程柯西问题

$$\begin{cases} \dfrac{\partial^2 u}{\partial t^2} = Lu + f(t, x, y, z) \quad (t > 0, -\infty < x, y, z < +\infty) \\ u(0, x, y, z) = \varphi(x, y, z) \\ u_t(0, x, y, z) = \psi(x, y, z) \end{cases}$$

的解是

$$u(t, x, y, z) = \frac{\partial}{\partial t}[U(t, M) * \varphi(M)] + U(t, M) * \psi(M) +$$

$$\int_0^t U(t - \tau, M) * f(\tau, M) \mathrm{d}\tau \tag{7.5.1}$$

证明 分别记上式右端三项为 u_1, u_2, u_3,证明分三步进行.

(1) 由于解式中各卷积都是对 x, y, z 的三重积分,t 是参变量,利用含参变量积分的求导法则有

$$\frac{\partial u_3}{\partial t} = \frac{\partial}{\partial t}\int_0^t U(t - \tau, M) * f(\tau, M)\mathrm{d}\tau$$

$$= U(0, M) * f(t, M) + \int_0^t \frac{\partial}{\partial t}U(t - \tau, M) * f(\tau, M)\mathrm{d}\tau$$

$$= 0 * f(t, M) + \int_0^t \frac{\partial}{\partial t}U(t - \tau, M) * f(\tau, M)\mathrm{d}\tau$$

$$= \int_0^t \frac{\partial}{\partial t} U(t-\tau,M) * f(\tau,M) \mathrm{d}\tau$$

因而

$$\frac{\partial u_3}{\partial t}\bigg|_{t=0} = 0$$

又显然

$$u_3(0,M) = 0$$

再用一次含参变量积分的求导法则,有

$$\frac{\partial^2 u_3}{\partial t^2} = \frac{\partial}{\partial t} \int_0^t \frac{\partial}{\partial t} U(t-\tau,M) \mathrm{d}\tau$$

$$= \frac{\partial}{\partial t} U(t-\tau,M) * f(\tau,M)\mid_{\tau=t} + \int_0^t \frac{\partial^2}{\partial t^2} U(t-\tau,M) * f(\tau,M) \mathrm{d}\tau$$

$$= \delta(M) * f(t,M) + \int_0^t LU(t-\tau,M) * f(\tau,M) \mathrm{d}\tau$$

$$= f(t,M) + L\left[\int_0^t U(t-\tau,M) * f(\tau,M) \mathrm{d}\tau \right]$$

$$= Lu_3 + f(t,M)$$

这就是说,u_3 是非齐次方程在两个初始条件都为零时的解.

(2) 证明 $\quad \dfrac{\partial^2 u_1}{\partial t^2} = Lu_1, u_1(0,x,y,z) = \varphi(x,y,z), \dfrac{\partial u_1}{\partial t}\bigg|_{t=0} = 0$

事实上,有

$$\frac{\partial^2 u_1}{\partial t^2} = \frac{\partial^3}{\partial t^3}[U(t,M) * \varphi(M)] = \frac{\partial}{\partial t}\left[\frac{\partial^2 U(t,M)}{\partial t^2} * \varphi(M) \right]$$

$$= \frac{\partial}{\partial t}[LU(t,M) * \varphi(M)] = L\left[\frac{\partial}{\partial t} U(t,M) * \varphi(M) \right] = Lu_1$$

$$u_1(0,M) = \frac{\partial U}{\partial t}\bigg|_{t=0} * \varphi(M) = \delta(M) * \varphi(M) = \varphi(M)$$

$$\frac{\partial u_1}{\partial t}\bigg|_{t=0} = \frac{\partial^2 U(t,M)}{\partial t^2}\bigg|_{t=0} * \varphi(M) = LU\mid_{t=0} * \varphi = L[U\mid_{t=0} * \varphi] = 0$$

(3) 同理可证

$$\frac{\partial^2 u_2}{\partial t^2} = Lu_2, u_2(0,x,y,z) = 0, \frac{\partial u_2}{\partial t}\bigg|_{t=0} = \psi(x,y,z)$$

综上三步,由叠加原理即得要证的结论.

冲量原理对于本节所讨论的方程仍然成立,它的形式如下:

定理 2 设 $w(t,x,y,z;\tau)$ 满足齐次方程的柯西问题

$$\frac{\partial^2 w}{\partial t^2} = Lw \quad (-\infty < x,y,z < +\infty, t > \tau)$$

$$w\mid_{t=\tau} = 0, \frac{\partial w}{\partial t}\bigg|_{t=\tau} = f(\tau,x,y,z)$$

则非齐次方程的柯西问题

$$\begin{cases} \dfrac{\partial^2 u}{\partial t^2} = Lu + f(t,x,y,z) \\[2mm] u\mid_{t=0} = 0, \dfrac{\partial u}{\partial t}\Big|_{t=0} = 0 \end{cases}$$

的解是

$$u(t,x,y,z) = \int_0^t w(t,x,y,z;\tau)\mathrm{d}\tau$$

证明与 7.4.2 节中定理 2 完全相同,这里从略. 定理 2 的方法也适用于非齐次方程的混合问题.

例 1　求三维波动方程柯西问题的基本解,即解定解问题

$$\begin{cases} \dfrac{\partial^2 U}{\partial t^2} = a^2 \Delta u \quad (t>0, -\infty < x,y,z < +\infty) \\[2mm] U(0,x,y,z) = 0 \\[1mm] U_t(0,x,y,z) = \delta(x,y,z) \end{cases}$$

解　作傅立叶变换

$$\overline{U}(t,\lambda,\mu,\nu) = \iiint_{-\infty}^{+\infty} U(t,\xi,\eta,\zeta)\exp\{\mathrm{i}(\lambda\xi + \mu\eta + \nu\zeta)\}\mathrm{d}\xi\mathrm{d}\eta\mathrm{d}\zeta$$

假定当 $\xi^2 + \eta^2 + \zeta^2 \to \infty$ 时,U、U_ξ、U_η、U_ζ 均趋于 0,则由傅立叶变换的性质,得常微分方程的初始问题

$$\begin{cases} \dfrac{\mathrm{d}^2 \overline{U}}{\mathrm{d}t^2} = -a^2\rho^2\overline{U} \quad (\rho^2 = \lambda^2 + \mu^2 + \nu^2) \\[2mm] \overline{U}(0,\lambda,\mu,\nu) = 0, \overline{U}_t(0,\lambda,\mu,\nu) = 1 \end{cases}$$

解得

$$\overline{U} = \frac{\sin a\rho t}{a\rho}$$

再作傅立叶逆变换就可以得到所给定解问题的解

$$U(t,x,y,z) = \frac{1}{(2\pi)^3}\iiint_{-\infty}^{+\infty}\overline{U}\exp\{-\mathrm{i}(\lambda x + \mu y + \nu z)\}\mathrm{d}\lambda\mathrm{d}\mu\mathrm{d}\nu$$

$$= \left(\frac{1}{2\pi}\right)^3\iiint_{-\infty}^{+\infty}\frac{\sin a\rho t}{a\rho}\exp\{-\mathrm{i}(\lambda x + \mu y + \nu z)\}\mathrm{d}\lambda\mathrm{d}\mu\mathrm{d}\nu$$

采用球坐标,并仿照 7.3 节例 4 的做法,得

$$U(t,x,y,z) = \left(\frac{1}{2\pi}\right)^3\int_0^{+\infty}\frac{\sin a\rho t}{a\rho}\rho^2\mathrm{d}\rho\int_0^{2\pi}\mathrm{d}\varphi\int_0^{\pi}\exp\{-\mathrm{i}\rho r\cos\theta\}\sin\theta\mathrm{d}\theta$$

$$= \frac{1}{4\pi^2 a}\int_0^{+\infty}\sin a\rho t\cdot\frac{\exp\{-\mathrm{i}\rho r\cos\theta\}}{\mathrm{i}r}\Big|_0^{\pi}\mathrm{d}\rho$$

$$= \frac{1}{2\pi^2 ar}\int_0^{+\infty}\sin r\rho\sin a\rho t\mathrm{d}\rho$$

$$= \frac{1}{8\pi^2 ar}\int_{-\infty}^{+\infty}[\cos\rho(r-at) - \cos\rho(r+at)]\mathrm{d}\rho$$

在 7.2 节中,我们已得到

$$\delta(x) = \frac{1}{2\pi}\int_{-\infty}^{+\infty} e^{-i\lambda\pi}d\lambda = \frac{1}{2\pi}\int_{-\infty}^{+\infty}\cos\lambda x\,d\lambda$$

所以

$$U(t,x,y,z) = \frac{1}{4\pi ar}[\delta(r-at) - \delta(r+at)]$$

因 $r \geqslant 0, t > 0$，故 $r + at > 0$，从而 $\delta(r + at) = 0$. 于是

$$U(t,x,y,z) = \frac{1}{4\pi ar}\delta(r-at) \quad (r = \sqrt{x^2 + y^2 + z^2})$$

下面利用基本解求出三维自由波动方程柯西问题

$$\begin{cases} u_{tt} = a^2\Delta u \quad (t > 0, -\infty < x,y,z < +\infty) \\ u(0,x,y,z) = \varphi(x,y,z), u_t(0,x,y,z) = \psi(x,y,z) \end{cases}$$

的解的积分表示. 由定理 1，这个定解问题的解为

$$u(t,x,y,z) = \frac{\partial}{\partial t}[U(t,M) * \varphi(M)] + U(t,M) * \psi(M) \tag{7.5.2}$$

先化简上式中的第二项.

$$U(t,M) * \psi(M) = \iiint_{-\infty}^{+\infty} U(t,x-\xi,y-\eta,z-\zeta)\psi(\xi,\eta,\zeta)d\xi d\eta d\zeta$$

$$= \frac{1}{4\pi a}\iiint_{-\infty}^{+\infty} \frac{\delta(r-at)}{r}\psi(\xi,\eta,\zeta)d\xi d\eta d\zeta$$

其中，$r = \sqrt{(x-\xi)^2 + (y-\eta)^2 + (z-\zeta)^2}$. 以 S_r 表示以点 $M(x,y,z)$ 为中心，r 为半径的球面. 当点 $(\xi,\eta,\zeta) \in S_r$ 时，有

$$\xi = x + r\sin\theta\cos\varphi, \eta = y + r\sin\theta\sin\varphi, \zeta = z + r\cos\theta$$

记

$$F(r) = \iint_{S_r}\psi(\xi,\eta,\zeta)dS = \int_0^{2\pi}d\varphi\int_0^{\pi}\psi(\xi,\eta,\zeta)r^2\sin\theta d\theta$$

则

$$U(t,M) * \psi(M) = \frac{1}{4\pi a}\int_0^{+\infty}\frac{\delta(r-at)}{r}\left[\iint_{S_r}\psi(\xi,\eta,\zeta)dS\right]dr$$

$$= \frac{1}{4\pi a}\int_0^{+\infty}\delta(r-at)\frac{F(r)}{r}dr$$

$$= \frac{F(r)}{4\pi ar}\Big|_{r=at} = \frac{F(at)}{4\pi a^2 t}$$

$$= t\left[\frac{1}{4\pi(at)^2}\iint_{S_{at}}\psi(\xi,\eta,\zeta)dS\right]$$

上式最后一个等号后的方括号，恰是函数 ψ 在球面 S_{at} 上的平均值，记为 $M_{at}(\psi)$. 因而

$$U(t,M) * \psi(M) = tM_{at}(\psi)$$

同理

$$\frac{\partial}{\partial t}[U(t,M) * \varphi] = \frac{\partial}{\partial t}[tM_{at}(\varphi)].$$

以上结果代入式(7.5.2),得到三维自由波动方程柯西问题的解是

$$u(t,x,y,z) = tM_{at}(\psi) + \frac{\partial}{\partial t}[tM_{at}(\varphi)] \tag{7.5.3}$$

这个公式通常称为**泊松公式**.

例2 求解

$$\begin{cases} \dfrac{\partial^2 u}{\partial t^2} = a^2 \dfrac{\partial^2 u}{\partial x^2} + f(t,x) & (t > 0, -\infty < x < +\infty) \\ u\mid_{t=0} = \varphi(x), \dfrac{\partial u}{\partial t}\bigg|_{t=0} = \psi(x) \end{cases}$$

解　令 $t_1 = t - \tau$,并利用达朗贝尔公式,知定解问题

$$\begin{cases} \dfrac{\partial^2 w}{\partial t^2} = a^2 \dfrac{\partial^2 w}{\partial x^2} & (t > \tau) \\ w\mid_{t=\tau} = 0, \dfrac{\partial w}{\partial t}\bigg|_{t=\tau} = f(\tau, x) \end{cases}$$

的解是

$$w = \frac{1}{2a}\int_{x-a(t-\tau)}^{x+a(t-\tau)} f(\tau, \xi)\mathrm{d}\xi$$

再利用达朗贝尔公式及冲量原理和叠加原理,得

$$u(t,x) = \frac{\varphi(t-at) + \varphi(x+at)}{2} + \frac{1}{2a}\int_{x-at}^{x+at}\psi(\xi)\mathrm{d}\xi + \frac{1}{2a}\int_0^t\mathrm{d}\tau\int_{x-a(t-\tau)}^{x+a(t-\tau)} f(\tau,\xi)\mathrm{d}\xi$$

7.5.2　三维非齐次波动方程柯西问题解的积分表示

由定理1,定解问题

$$\begin{cases} u_{tt} = a^2 \Delta u + f(t,x,y,z) & (t > 0, -\infty < x, y, z < +\infty) \\ u(0,x,y,z) = u_t(0,x,y,z) = 0 \end{cases} \tag{7.5.4}$$

的解是

$$u(t,x,y,z) = \int_0^t U(t-\tau, M) * f(t, M)\mathrm{d}\tau \tag{7.5.5}$$

由前面的计算结果有

$$U(t-\tau, M) * f(t, M) = (t-\tau)M_{a(t-\tau)}[f] = \frac{1}{4\pi a^2(t-\tau)}\iint\limits_{S_{a(t-\tau)}} f(\tau,\xi,\eta,\zeta)\mathrm{d}S$$

把它代入式(7.5.5),并作变量代换

$$r = a(t-\tau)$$

得

$$u = \frac{1}{4\pi a^2}\int_0^{at}\iint\limits_{S_r} \frac{f(t-(r/a),\xi,\eta,\zeta)}{r}\mathrm{d}S\mathrm{d}r$$

用 V_{at} 表示球面 S_{at} 所包围的球体,上式右端的累次积分正好是在 V_{at} 上的三重积分,即

$$u(t,x,y,z) = \frac{1}{4\pi a^2}\iiint\limits_{V_{at}} \frac{f(t-(r/a),\xi,\eta,\zeta)}{r}\mathrm{d}\xi\mathrm{d}\eta\mathrm{d}\zeta \tag{7.5.6}$$

这样一个解有什么物理意义呢?它告诉我们,在有外力作用而无初始扰动的情况下,

要求时刻 t 某点 (x,y,z) 上的扰动,即 $u(t,x,y,z)$ 的值,必须在一个以 (x,y,z) 为中心,at 为半径的球体上求函数

$$\frac{f\left(t-\frac{r}{a},\xi,\eta,\zeta\right)}{r}$$

的积分. 但是要特别注意,求积分时,不是取外力分布函数 f 在时刻 t 的值,而是取在这个时刻之前的时刻 $t-\frac{r}{a}$ 的值. 时刻 $t-\frac{r}{a}$ 比时刻 t 早一个时程 $\frac{r}{a}$. 这个时程刚好就是在一个离点 (x,y,z) 的距离为 r 的点上外力的影响传到点 (x,y,z) 所需的时间. 因此公式 (7.5.6) 中的积分,其实就是把刚好在时刻 t 达到点 (x,y,z) 的影响加起来,以确定 $u(t,x,y,z)$ 的值. 这样,公式 (7.5.6) 常称为三维波动方程的**推迟势**(或推后势)公式.

习题 7

1. 证明下列公式:

(1) $f(x)\delta(x-a)=f(a)\delta(x-a)$;

(2) $\delta'(-x)=-\delta'(x)$;

(3) $x\delta'(x)=-\delta(x)$.

2. 设有坐标变换式 $x=x(\xi,\eta),y=y(\xi,\eta)$,证明

$$\delta(x-x_0,y-y_0)=\frac{1}{|J|}\delta(\xi-\xi_0,\eta-\eta_0)$$

其中 J 是雅可比行列式,(x_0,y_0) 与 (ξ_0,η_0) 是相对应的点. 特别地,证明在极坐标的情形,有

$$\delta(x-x_0,y-y_0)=\frac{1}{r}\delta(r-r_0,\theta-\theta_0)$$

3. 把 $\delta(x)$ 在 $(-\pi,\pi)$ 上展开成富氏级数,并在弱收敛意义下,验证所得级数的和确是 $\delta(x)$.

提示:利用公式

$$1+2\cos x+2\cos 2x+\cdots+2\cos nx=\frac{\sin\left(n+\frac{1}{2}\right)x}{\sin\frac{x}{2}}$$

4. 解下列定解问题:

(1) $\begin{cases} u_t=a^2u_{xx} & (0<x<l,t>0) \\ u(t,0)=u(t,l)=0 \\ u(0,x)=\delta(x-\xi) & (0<\xi<l) \end{cases}$;

(2) $\begin{cases} u_{tt}=a^2u_{xx} & (0<x<l,t>0) \\ u_x(t,0)=u_x(t,l)=0 \\ u(0,x)=0,u_t(0,x)=\delta(x-\xi) & (0<\xi<l) \end{cases}$.

5. 证明 $\dfrac{1}{\pi}\lim\limits_{\alpha\to 0}\dfrac{\alpha}{\alpha^2+x^2}=\delta(x)$（弱）.

6. 证明 $\lim\limits_{r\to R}\dfrac{1}{2\pi}\cdot\dfrac{R^2-r^2}{R^2-2Rr\cos\varphi+r^2}=\delta(\varphi)$（弱）.

7. 将在第一象限中为 1，其余为 0 的二元函数 $h(x,y)$ 视为广义函数，求 $\dfrac{\partial h}{\partial x},\dfrac{\partial h}{\partial y},\dfrac{\partial^2 h}{\partial x\partial y}$.

8. 设 t 是参数，T_t 是广义函数，定义

$$\frac{\mathrm{d}T_t}{\mathrm{d}t}=\lim_{\Delta t\to 0}\frac{T_{t+\Delta t}-T_t}{\Delta t}\text{（弱）}$$

证明

$$\frac{\partial}{\partial x_i}\left(\frac{\mathrm{d}T_i}{\mathrm{d}t}\right)=\frac{\mathrm{d}}{\mathrm{d}t}\left(\frac{\partial T_t}{\partial x_i}\right)$$

9. 利用格林公式求二维拉氏方程的基本解.

10. 利用富氏变换求三维亥姆霍兹方程的基本解.

11. 利用拉氏方程的基本解，求下列方程的基本解：

(1) $u_{xx}+\beta^2 u_{yy}=0$　（$\beta>0$ 为常数）；

(2) $\Delta_2\Delta_2 u=0$　（二维双调和方程）；

(3) $\Delta_3\Delta_3 u=0$　（三维双调和方程）.

12. 求方程 $u_t=a^2 u_{xx}+bu$ 的柯西问题的基本解.

13. 利用富氏变换方法求一维波动方程柯西问题的基本解，并由此写出定解问题

$$\begin{cases}u_{tt}=a^2 u_{xx}+f(t,x)\\ u(0,x)=\varphi(x),u_t(0,x)=\psi(x)\end{cases}$$

的解.

14. 试写出定解问题

$$\begin{cases}u_{tt}=a^2(u_{xx}+u_{yy})+f(t,x,y)\\ u(0,x,y)=0,u_t(0,x,y)=0\end{cases}$$

的解的积分表达式.

15. 利用降格方法推出达朗贝尔公式.

16. 根据已知的公式直接求下列问题的解：

(1) $\begin{cases}u_t=a^2 u_{xx}\\ u(0,x)=\exp\{-x^2\}\end{cases}$；

(2) $\begin{cases}u_{tt}=a^2\Delta_2 u\\ u(0,x,y)=x^2(x+y),u_t(0,x,y)=0\end{cases}$；

(3) $\begin{cases}u_{tt}=a^2\Delta_2 u+x+y\\ u\,|_{t=0}=0\\ u_t\,|_{t=0}=x+y\end{cases}$；

$$(4)\begin{cases} u_t = a^2 \Delta_3 u + x + y + z \\ u \mid_{t=0} = x + y + z \\ u_t \mid_{t=0} = x + y + z \end{cases}.$$

17. 求方程 $u_{tt} = a^2 u_{xx} - b^2 u$ 的柯西问题的基本解，并写出定解问题

$$\begin{cases} u_{tt} = a^2 u_{xx} - b^2 u + f(t,x) \\ u(0,x) = \varphi(x), u_t(0,x) = \psi(x) \end{cases}$$

的解的公式.

第8章 变分法

变分法是研究泛函极值的数学方法,早在 17 世纪末,几何学、力学等领域相继提出了一些泛函极值问题(最速降线问题、最小旋转曲面问题等),导致了变分法的形成和发展. 我们把在一些物理和几何问题中经常提出的一类泛函的极值问题,称为变分问题. 解决变分问题的一个经典方法就是把变分问题转化为微分方程的定解问题. 但是,另一方面,也可以将某些微分方程问题转化为变分问题. 变分法就是通过求解变分问题来解微分方程定解问题的一个方法,也是解数学物理方程定解问题的一种重要解法. 其基本思想就是把定解问题(边值问题或固有值) 问题转化为变分问题.

8.1 泛函与变分

8.1.1 泛函的定义

我们首先给出泛函的定义.

定义 1 如果对于满足一定条件的函数集合 $\Omega = \{y(x) \mid a \leqslant x \leqslant b\}$ 中的每一个函数 $y(x)$,变量 J 有确定的值与之对应,即数 J 与函数 $y(x)$ 间存在一个对应关系,则称变量 J 是函数 $y(x)$ 的**泛函**,记作 $J = J[y(x)]$,Ω 称为泛函的**定义域**,也称为 J 的**容许函数集合**,泛函的"自变量"$y(x)$ 称为泛函的**宗量**.

例 1 平面上连接给定两点 $A(x_0,y_0)$,$B(x_1,y_1)$ 的曲线弧长 L 是一个泛函. 因为

$$L = \int_{x_0}^{x_1} \sqrt{1+y'^2}\,\mathrm{d}x$$

即 L 的值依赖于变量函数 $y(x)$,因而是 $y(x)$ 的泛函.

例 2 对于 xy 平面上过定点 $A(x_1,y_1)$ 和 $B(x_2,y_2)$ 的每一条光滑曲线 $y(x)$,绕 x 轴旋转得一旋转体,旋转体的侧面积是曲线 $y(x)$ 的泛函

$$J[y(x)] = \int_{x_1}^{x_2} 2\pi y(x)\sqrt{(1+y'(x))}\,\mathrm{d}x$$

容许函数集合可表示为

$$\Omega = \{y(x) \mid y(x) \in C^1[x_1,x_2], y(x_1)=y_1, y(x_2)=y_2\}$$

例 3 给定边界的曲面的面积 S 是一个泛函,因为 S 是由曲面方程 $z = z(x,y)$ 的选取来确定的.

$$S[z(x,y)] = \iint_D \sqrt{1 + \left(\frac{\partial z}{\partial x}\right)^2 + \left(\frac{\partial z}{\partial y}\right)^2}\,\mathrm{d}x\mathrm{d}y$$

式中 D 表示曲面 S 在平面 xOy 上的投影.

应当注意泛函和函数概念的不同之处. 函数是表示变量与变量之间的对应关系, 而泛函是表示变量与函数之间的对应关系. **泛函是一种广义的函数.**

定义 2 设 $L[x(t)]$ 是定义在 Ω 上的泛函, 如果对任何常数 α, β 都有
$$L[\alpha x(t) + \beta y(t)] = \alpha L[x(t)] + \beta L[y(t)], \forall x(t), y(t) \in \Omega$$
则称 $L[x(t)]$ 是 Ω 上的**线性泛函**.

8.1.2 变　分

定义 3 泛函 $J[y(x)]$ 的宗量 $y(x)$ 的增量称为宗量 $y(x)$ 的**变分**, 记作 $\delta y(x)$ 或 δy, 即
$$\delta y(x) = y(x) - y_1(x)$$
此处假定 $y(x)$ 是在接近 $y_1(x)$ 的某一类函数中任意改变的.

函数 $y = y(x)$ 和 $y = y_1(x)$ 怎样才算是相差很小或很接近呢? 最简单的理解是, 在使 $y(x)$ 和 $y_1(x)$ 有定义的一切 x 值上, $y(x)$ 与 $y_1(x)$ 之差的模都很小, 也就是表示 $y = y(x)$ 和 $y = y_1(x)$ 的曲线的纵坐标处处都很接近. 但是很多问题中, 不仅要两曲线的纵坐标是接近的, 还要求在对应点处切线的方向之间也很接近, 即不仅要求 $| y(x) - y_1(x) |$ 很小, 同时还要求 $| y'(x) - y_1'(x) |$ 也很小.

一般地, 当 $\delta y = y(x) - y_1(x)$, $\delta y' = y'(x) - y_1'(x)$, $\cdots$, $\delta y^{(k)} = y^{(k)}(x) - y_1^{(k)}(x)$ 的模都小于正数 δ 时, 我们称函数 $y = y(x)$ 与 $y = y_1(x)$ 具有 k 阶的 **δ 接近度**.

8.1.3 泛函的连续

定义 4 设 $x(t), y(t) \in \Omega$, 定义它们之间的距离为
$$d_k(x, y) = \max\{\sup | x(t) - y(t) |, \cdots, \sup | x^{(k)}(t) - y^{(k)}(t) |\}, k = 0, 1, 2, \cdots$$
其中
$$| x(t) - y(t) | = \left(\sum_{i=1}^{n} | x_i(t) - y_i(t) |^2 \right)^{\frac{1}{2}}, \cdots,$$
$$| x^{(k)}(t) - y^{(k)}(t) | = \left(\sum_{i=1}^{n} | x_i^{(k)}(t) - y_i^{(k)}(t) |^2 \right)^{\frac{1}{2}}$$
其中
$$x(t) = (x_1(t), x_2(t), \cdots, x_n(t))^{\mathrm{T}}, y(t) = (y_1(t), y_2(t), \cdots, y_n(t))^{\mathrm{T}}$$

根据上述距离的定义, $d_k < \varepsilon$ 是两个函数之间接近程度的一种描述. $d_0 < \varepsilon$ 只要求两个函数坐标之间接近到某种程度, $d_1 < \varepsilon$ 不仅要求两个函数的坐标接近, 而且还要求两个函数的一阶导数之间也要接近. 所以后一个比前一个对两个函数的接近程度要求高. $d_k < \varepsilon$ 表示两个函数具有 k 阶接近度.

定义 5 宗量 $x_0(t) \in \Omega$ 的 **δ-邻域** 用 $N_i(x_0(t), \delta)$ 表示, 即
$$N_i(x_0(t), \delta) = \{x(t) \mid d_i(x(t), x_0(t)) < \delta\}$$

定义 6 设 J 是定义在 Ω 上的泛函, 如果对于任给的 $\varepsilon > 0$, 都可以找到 $\delta > 0$, 使得当 $d_k(x(t), x_0(t)) < \delta, x(t) \in \Omega$ 时, 就有

$$|J[x(t)] - J[x_0(t)]| < \varepsilon$$

则称泛函 J 在 $x_0(x)$ 处是 k 阶接近的连续泛函.

8.1.4 泛函的变分

定义 7 对于 $y(x)$ 的变分 δy 所引起的泛函的增量

$$\Delta J = J[y(x) + \delta y] - J[y(x)] \tag{8.1.1}$$

如果能展开为线性的泛函项与非线性的泛函项之和,即

$$\Delta J = L[y(x), \delta y] + \Phi[y(x), \delta y] \cdot \max|\delta y| \tag{8.1.2}$$

其中 $L[y(x), \delta y]$ 对 δy 来说是线性泛函项,$\Phi[y(x), \delta y]$ 是非线性泛函项,且当 $\max|\delta y| \to 0$ 时,$\Phi[y(x), \delta y] \to 0$,则称 $L[y(x), \delta y]$ 为泛函 $J[y(x)]$ 的**变分**,记作 δJ,即

$$\delta J = L[y(x), \delta y] \tag{8.1.3}$$

所以,**泛函的变分是泛函增量的主部**,且这个主部对于变分 δy 来说是线性的.

变分在泛函研究中所起的作用,有如微分在函数的研究中一样.在应用中更为方便的是拉格朗日的泛函变分定义.

定义 8 泛函 $J[y(x)]$ 的变分是泛函 $J[y(x) + \alpha\delta y]$ 对 α 的导数在 $\alpha = 0$ 时的值,即

$$\delta J = \frac{\partial}{\partial \alpha} J[y(x) + \alpha\delta y]|_{\alpha=0} \tag{8.1.4}$$

泛函变分的上述两种定义是等价的.因为由式(8.1.1)、(8.1.2),我们有

$$J[y(x) + \alpha\delta y] = J[y(x)] + L[y(x), \alpha\delta y] + \Phi[y(x), \alpha\delta y] \cdot \alpha \cdot \max|\delta y|,$$

而且

$$L[y(x), \alpha\delta y] = \alpha L[y(x), \delta y]$$

于是有

$$\frac{\partial}{\partial \alpha} J[y(x) + \alpha\delta y] = L[y(x), \delta y] + \Phi[y(x), \alpha\delta y] \cdot \max|\delta y| +$$

$$\alpha \frac{\partial}{\partial \alpha} \Phi[y(x), \alpha\delta y] \cdot \max|\delta y|$$

当 $\alpha \to 0$ 时,由于 $\Phi[y(x), \alpha\delta y] \to 0$,且上式右端第三项也趋于零,故有

$$\frac{\partial}{\partial \alpha} J[y(x) + \alpha\delta y]_{\alpha=0} = L[y(x), \delta y]$$

8.1.5 泛函的极值

定义 9 设 $y_0(x)$ 是泛函 $J[y(x)]$ 的定义域 Ω 中的某一函数,若对于 Ω 中任一与 $y_0(x)$ 接近的函数 $y(x)$ 都有

$$J[y_0(x)] \leqslant J[y(x)] \text{ 或 } J[y_0(x)] \geqslant J[y(x)]$$

则称泛函 $J[y(x)]$ 在 $y_0(x)$ 处达到**极小值**(或**极大值**).

变分法的基本问题是关于泛函的极值问题.

泛函的极值问题通常也称为**变分问题**.在变分问题中常包含一些附加条件,如上述命题中的 $y(0) = y_0, y(x_1) = y_1$,给出函数在区间端点应满足的条件,称为**边界条件**,其他的附加条件称为**约束条件**.求解变分问题就是要在指定的函数类中求**泛函的极值**,这类函

数称为该变分问题的**容许函数类**.

由于函数的接近有不同的接近度,因此在泛函的极值定义中还应该说明这些函数有几阶接近度.如果对于 $y_0(x)$ 的接近度为零阶的一切函数而言,泛函在函数 $y_0(x)$ 处达到极值,这种极值称为**强极值**;如果只是对于与 $y_0(x)$ 有一阶接近度的函数 $y(x)$ 而言,泛函在函数 $y_0(x)$ 处达到极值,这样的极值称为**弱极值**.强极值与弱极值的区别,在推导极值的必要条件时并不重要,但在研究极值的充分条件时却十分重要.

本节中的各种概念和定义,也都可以推广到多个函数的泛函问题或多元函数的泛函问题中去.

若存在正数 δ,使得对任意一个 $x(t) \in \Omega \bigcap N_0(x_0, \delta)$ 都有

$$J[x(t)] \geqslant J[x_0(t)] \ (\text{或} \ J[x(t)]) \leqslant J[x_0(t)])$$

则称 $J[x_0(t)]$ 为 $J[x(t)]$ 的**强相对极小值**(或**强相对极大值**),或者说 $J[x(t)]$ 在 $x_0(t) \in \Omega$ 取得强相对极小值(或强相对极大值),$x_0(t) \in \Omega$ 称为 $J[x(t)]$ 的**强相对极小值曲线**(或**强相对极大值曲线**).

若存在正数 δ,使得对任意一个 $x(t) \in \Omega \bigcap N_1(x_0, \delta)$ 都有

$$J[x(t)] \geqslant J[x_0(t)] \ (\text{或} \ J[x(t)]) \leqslant J[x_0(t)])$$

则称 $J(x_0(t))$ 为 $J[x(t)]$ 的**弱相对极小值**(或**弱相对极大值**),或者说 $J[x(t)]$ 在 $x_0(t) \in \Omega$ 取得弱相对极小值(或弱相对极大值),$x_0(t) \in \Omega$ 称为 $J[x(t)]$ 的**弱相对极小值曲线**(或**弱相对极大值曲线**).

由于具有一阶接近度的两个函数必然具有零阶接近度,而反之不一定成立,所以泛函 $J[x_0(t)]$ 为 $J[x(t)]$ 的强相对极值,则它必为弱相对极值.反之不一定成立.由此可知,对于泛函的弱的相对极值的必要条件,必为其强的相对极值的必要条件.反过来,泛函的强的相对极值的必要条件,不一定为其弱的相对极值的必要条件.所以,今后在讨论泛函极值必要条件时,我们总是设 ε 邻域为一级的.

8.2 泛函极值的必要条件及欧拉方程

8.2.1 泛函极值的必要条件

定理 1 如果泛函 $J[y(x)]$ 在 $y_0(x)$ 处达到极小值(或极大值),则在 $y_0(x)$ 处有

$$\delta J = 0 \tag{8.2.1}$$

证明 当 $y_0(x)$ 和 δy 固定时,

$$J[y_0(x) + \alpha \delta y] = F(\alpha)$$

是变量 α 的函数,由假设知,当 $\alpha = 0$ 时,这个泛函达到极小值(或极大值),根据微分学中函数极值的必要条件,应有

$$F'(0) = 0 \ \text{或} \ \frac{\partial}{\partial \alpha} J[y_0(x) + \alpha \delta y]|_{\alpha=0} = 0$$

此即

$$\delta J = 0$$

8.2.2 泛函 $J[y] = \int_{x_0}^{x_1} F(x,y,y')\,\mathrm{d}x$ 的欧拉方程

现在我们讨论最简单的泛函

$$J[y] = \int_{x_0}^{x_1} F(x,y,y')\,\mathrm{d}x \tag{8.2.2}$$

的极值问题,其中能确定泛函极值的函数(也称**容许函数**)$y(x)$ 在边界点是固定的,且 $y(x_0) = y_0, y(x_1) = y_1, F$ 是 x, y, y' 的已知函数,并有连续的二阶偏导数.

我们用拉格朗日法求泛函的变分

$$J[y + \alpha \delta y] = \int_{x_0}^{x_1} F(x, y + \alpha \delta y, y' + \alpha \delta y')\,\mathrm{d}x$$

于是有

$$\delta J = \frac{\partial}{\partial \alpha} J[y_0(x) + \alpha \delta y]\,|_{\alpha=0} = \int_{x_0}^{x_1} \left(\frac{\partial F}{\partial y} \delta y + \frac{\partial F}{\partial y'} \delta y' \right)\mathrm{d}x$$

其中 $F = F(x, y, y')$. 因为

$$\int_{x_0}^{x_1} \frac{\partial F}{\partial y'} \delta y'\,\mathrm{d}x = \frac{\partial F}{\partial y'} \delta y \Big|_{x_0}^{x_1} - \int_{x_0}^{x_1} \frac{\mathrm{d}}{\mathrm{d}x} \left(\frac{\partial F}{\partial y'} \right) \delta y\,\mathrm{d}x$$

且

$$\delta y(x_1) = \delta y(x_0) = 0$$

所以

$$\delta J = \int_{x_0}^{x_1} \left[\frac{\partial F}{\partial y} - \frac{\mathrm{d}}{\mathrm{d}x} \left(\frac{\partial F}{\partial y'} \right) \right] \delta y\,\mathrm{d}x$$

由泛函极值的必要条件(定理 1),得

$$\int_{x_0}^{x_1} \left[\frac{\partial F}{\partial y} - \frac{\mathrm{d}}{\mathrm{d}x} \left(\frac{\partial F}{\partial y'} \right) \right] \delta y\,\mathrm{d}x = 0 \tag{8.2.3}$$

为把式(8.2.3)进一步简化,需利用下述的变分基本引理.

(**变分基本引理**)设函数 $\eta(x)$ 及其一阶导数在 $[a,b]$ 上连续,且在两个端点处为零,即 $\eta(a) = \eta(b) = 0$. 若函数 $\varphi(x)$ 在 $[a,b]$ 上连续且对所有具有上述性质的 $\eta(x)$,有

$$\int_a^b \varphi(x) \eta(x)\,\mathrm{d}x = 0$$

则在 $[a,b]$ 上,$\varphi(x) \equiv 0$.

证明 用反证法.假设在 $[a,b]$ 上某点 ξ 处有 $\varphi(\xi) \neq 0$,不妨设 $\varphi(\xi) > 0$. 由 φ 的连续性知,在 ξ 的某闭邻域 $[c,d]$ 上仍有 $\varphi > 0$,这里 $[c,d] \subset [a,b]$,特别取

$$\eta(x) = \begin{cases} 0 & (a \leqslant x < c) \\ (x-c)^2(x-d)^2 & (c \leqslant x < d) \\ 0 & (d \leqslant x < b) \end{cases}$$

则 $\eta(x)$ 显然具备引理所述要求,但

$$\int_a^b \varphi(x) \eta(x)\,\mathrm{d}x = \int_c^d \varphi(x)(x-c)^2(x-d)^2\,\mathrm{d}x > 0$$

此与引理的假设矛盾.故在 $[a,b]$ 上应有 $\varphi(x) \equiv 0$.

现在回到式(8.2.3). 在泛函取极值的函数处,当 $y(x) \in C^{(2)}(\overline{\Omega})$ 时,$\dfrac{\partial F}{\partial y} -$

$\dfrac{\mathrm{d}}{\mathrm{d}x}\left(\dfrac{\partial F}{\partial y'}\right)$ 是连续函数,又因变分 $\delta y(x)$ 满足基本引理的条件,因此,在使泛函达到极值的函数 $y(x)$ 处应有

$$F_y - \frac{\mathrm{d}}{\mathrm{d}x}F_{y'} = 0 \qquad\qquad (8.2.4)$$

整理后得

$$F_y - F_{xy'} - F_{yy'}\cdot y' - F_{y'y'}\cdot y'' = 0 \qquad\qquad (8.2.5)$$

方程(8.2.4)或(8.2.5)是关于函数 $y(x)$ 的二阶常微方程,称为泛函 $J[y(x)]$ 极值问题的**欧拉方程**,也称为**欧拉 - 拉格朗日方程**.

这样就把求泛函(8.2.2)的极值问题转化为求解常微分方程(8.2.4)满足边界条件 $y(x_0)=y_0$,$y(x_1)=y_1$ 的定解问题.

由于欧拉方程仅是泛函(8.2.2)取得极值的必要条件,而非充分条件,要判定定解问题的解 $y=y(x)$ 是否确使泛函(8.2.2)达到极值,以及究竟是极大值还是极小值,还需利用所谓泛函极值的充分条件来加以判定,这个问题我们将不作进一步的讨论.读者可以参看有关变分法的参考书.不过,若 $y=y(x)$ 是欧拉方程满足边界条件的解,则泛函在此函数处即使达不到极值,至少也应该认为是出于逗留状态.在这个意义下,我们称定解问题的解为**逗留函数**,而它所表示的曲线称为**逗留曲线**或**极值曲线**.

例 1 求泛函

$$J[y(x)] = \int_0^x (y'^2 - 2y\cos x)\mathrm{d}x$$

满足边界条件 $y(0)=0$,$y(\pi)=0$ 的极值曲线.

解 本例中

$$F(x,y,y') = y'^2 - 2y\cos x$$
$$F_y = -2\cos x, \quad F_{y'} = 2y'$$

故泛函相应的欧拉方程为

$$y'' + \cos x = 0$$

其通解为

$$y = \cos x + c_1 x + c_2$$

带入边界条件,得

$$c_1 = \frac{2}{\pi}, \quad c_2 = -1$$

于是,所求极值曲线为

$$y = \cos x + \frac{2}{\pi}x - 1$$

例 2(最速降线问题) 这是变分法第一个著名的例子. 1696 年伯努利(Bernoulli)在一封公开信中提出如下问题:在垂直平面内给定两个不在同一铅垂线上的两点 O 和 P,求一条连结这两点的光滑曲线(图 8-1),使得在没有摩擦力和阻力的情况下,质点仅在重力作用下沿该曲线从 O 降至 P 历时最短.

这个问题由伯努利兄弟、牛顿、罗必达(L'Hospital)等人解决.下面,我们求解该

问题.

解 如图 8-1 所示,取 O 为坐标原点,水平直线为 x 轴,铅垂线为 y 轴,

设 $y = y(x)$ 为所求曲线,m 为质点的质量,g 是重力加速度. 由于没有摩擦力和阻力,所以动能的增加等于势能的减少,即

$$\frac{1}{2}mv^2 = mgy$$

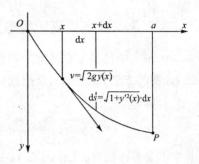

图 8-1

于是,质点在曲线上点 (x, y) 的速度为

$$v = \frac{\mathrm{d}s}{\mathrm{d}t} = \sqrt{2gy}$$

于是,质点沿曲线 $y = y(x)$ 从 O 降至 P 历时为

$$J[y(x)] = \int_0^{t_a} \mathrm{d}t = \int_0^a \frac{\mathrm{d}s}{\sqrt{2gy}} = \frac{1}{\sqrt{2g}} \int_0^a \sqrt{\frac{1 + y'^2}{y}} \mathrm{d}x$$

显然,$J[y(x)]$ 是

$$D = \{y(x) \mid y(x) \in C^1[0, a], y(0) = 0, y(a) = b\}$$

上的泛函,我们的问题变为求泛函 $J[y(x)]$ 的极小值曲线. 由于

$$F = \sqrt{\frac{1 + y'^2}{y}}$$

不依赖自变量 x,所以欧拉方程有首次积分,即

$$\sqrt{\frac{1 + y'^2}{y}} - \frac{y'^2}{\sqrt{y(1 + y'^2)}} = c_1$$

整理得

$$y(1 + y'^2) = c$$

引进参数 τ,使 $y' = \cot \tau$,于是

$$y = c\sin^2 \tau = \frac{c}{2}(1 - \cos 2\tau)$$

注意到

$$\mathrm{d}x = \frac{\mathrm{d}y}{y'} = \frac{2c\sin \tau \cos \tau}{\cot \tau}\mathrm{d}\tau = c(1 - \cos 2\tau)\mathrm{d}\tau$$
$$x(0) = 0$$

积分得

$$x = \int_0^\tau c(1 - \cos 2\tau)\mathrm{d}\tau = \frac{c}{2}(2\tau - \sin 2\tau)$$

令 $t = 2\tau$ 就得曲线的参数方程

$$\begin{cases} x = \dfrac{1}{2}c(t - \sin t) \\ y = \dfrac{1}{2}c(1 - \cos t) \end{cases}$$

常数 c 可由条件 $y(a) = b$ 确定. 于是,最速下降曲线是旋轮线(即摆线)族.

8.2.3 含有较高阶导数的泛函和多个变量函数的欧拉方程

上一节的结果很容易推广到含有较高阶导数的泛函以及多个变量函数泛函的极值问题,证明的方法完全类似,仅把推广的结果叙述如下.

1. 泛函

$$J[y(x)] = \int_{x_0}^{x_1} F[x, y(x), y'(x), y''(x), \cdots, y^{(n)}(x)] \mathrm{d}x$$

其中 F 是 $x, y(x), y'(x), y''(x), \cdots, y^{(n)}(x)$ 的已知函数,且有连续的 $n+1$ 阶偏导数,并假定在端点处有固定条件

$$\left. \begin{array}{l} y(x_0) = y_0, y'(x_0) = y_0', \cdots, y^{(n-1)}(x_0) = y_0^{(n-1)} \\ y(x_1) = y_1, y'(x_1) = y_1', \cdots, y^{(n-1)}(x_1) = y_1^{(n-1)} \end{array} \right\}$$

其中 $y_0, y_0', \cdots, y_0^{(n-1)}, y_1, y_1', \cdots, y_1^{(n-1)}$ 都是已知常数.若泛函的极值在 $2n$ 阶可微的函数 $y(x)$ 处达到,则相应的欧拉方程为

$$F_y - \frac{\mathrm{d}}{\mathrm{d}x} F_y' + \frac{\mathrm{d}^2}{\mathrm{d}x^2} F_y'' + \cdots + (-1)^n \frac{\mathrm{d}^n}{\mathrm{d}x^n} F_y^{(n)} = 0$$

这是关于函数 $y(x)$ 的 $2n$ 阶常微分方程,也称为欧拉 - 泊松方程,这个方程的通解中的 $2n$ 个任意常数由边界条件确定.

2. 泛函

$$J[y_1, y_2, \cdots, y_n] = \int_{x_0}^{x_1} F[x, y_1, y_2, \cdots, y_n, y_1', y_2', \cdots, y_n'] \mathrm{d}x$$

其中,F 是 $x, y_i(x), y_i'(x)(i=1,2,\cdots,n)$ 的已知函数且有连续的二阶偏导数,并假定函数 $y_i(x)$ 在端点处有固定条件

$$y_i(x_0) = y_{0i}, \quad y_i(x_1) = y_{1i} \quad (i = 1, 2, \cdots, n)$$

其中,y_{0i}、$y_{1i}(i=1,2,\cdots,n)$ 都是已知常数.若泛函的极值在二阶可微的函数 $y_i(x)(i=1,2,\cdots,n)$ 处达到,则相应的欧拉方程为

$$F_{y_i} - \frac{\mathrm{d}}{\mathrm{d}x} F_{y_i'} = 0$$

这是关于函数 $y_i(x)(i=1,2,\cdots,n)$ 的二阶常微分方程组.

8.3 多元函数的泛函及其极值问题

数学物理方程中的许多问题都涉及多个自变量的函数,现在以二元函数一阶导数的泛函为例,讨论其极值问题并导出相应的欧拉方程.

8.3.1 边界已定的变分问题

例1 设 $u(x, y) \in C^2(\Omega)$,讨论泛函

$$J[u(x, y)] = \iint_{\Omega} F(x, y, u, u_x, u_y) \mathrm{d}x \mathrm{d}y \tag{8.3.1}$$

$$u(x, y) \big|_{\partial\Omega} = u_0(x, y) \tag{8.3.2}$$

的变分问题,导出 $u(x,y)$ 应满足的微分方程. 其中, F 是关于 x,y,u,u_x,u_y 的已知函数, 且有连续的二阶偏导数;u_0 是关于 x,y 的已知函数.

解　由二元函数的变分定义

$$\delta J[u(x,y)] = \frac{\partial}{\partial \alpha} J[u(x,y)+\alpha\delta u]\big|_{\alpha=0} \tag{8.3.3}$$

得出式(8.3.1)泛函的变分为

$$\delta J = \iint\limits_{\Omega}\left(\frac{\partial F}{\partial u}\delta u + \frac{\partial F}{\partial u_x}\delta u_x + \frac{\partial F}{\partial u_y}\delta u_y\right)\mathrm{d}x\mathrm{d}y \tag{8.3.4}$$

根据函数变分的定义,有

$$\delta u_x = \delta\frac{\partial u}{\partial x} = \frac{\partial}{\partial x}(\delta u), \quad \delta u_y = \delta\frac{\partial u}{\partial y} = \frac{\partial}{\partial y}(\delta u)$$

且

$$\frac{\partial F}{\partial u_x}\delta u_x + \frac{\partial F}{\partial u_y}\delta u_y$$

$$= \frac{\partial}{\partial x}\left(\frac{\partial F}{\partial u_x}\delta u\right) - \frac{\partial}{\partial x}\left(\frac{\partial F}{\partial u_x}\right)\delta u + \frac{\partial}{\partial y}\left(\frac{\partial F}{\partial u_y}\delta u\right) - \frac{\partial}{\partial y}\left(\frac{\partial F}{\partial u_y}\right)\delta u$$

代入式(8.3.4),得

$$\delta J = \iint\limits_{\Omega}\left[\frac{\partial F}{\partial u} - \frac{\partial}{\partial x}\left(\frac{\partial F}{\partial u_x}\right) - \frac{\partial}{\partial y}\left(\frac{\partial F}{\partial u_y}\right)\right]\delta u\mathrm{d}x\mathrm{d}y +$$

$$\iint\limits_{\Omega}\left[\frac{\partial}{\partial x}\left(\frac{\partial F}{\partial u_x}\delta u\right) + \frac{\partial}{\partial y}\left(\frac{\partial F}{\partial u_y}\delta u\right)\right]\mathrm{d}x\mathrm{d}y \tag{8.3.5}$$

对上式右端第二项积分利用格林公式,得

$$\iint\limits_{\Omega}\left[\frac{\partial}{\partial x}\left(\frac{\partial F}{\partial u_x}\delta u\right) + \frac{\partial}{\partial y}\left(\frac{\partial F}{\partial u_y}\delta u\right)\right]\mathrm{d}x\mathrm{d}y$$

$$= \oint\limits_{\partial\Omega}\frac{\partial F}{\partial u_x}\delta u\mathrm{d}y - \frac{\partial F}{\partial u_y}\delta u\mathrm{d}x$$

$$= \oint\limits_{\partial\Omega}\left(\frac{\partial F}{\partial u_x}\delta u\cdot\cos\langle n,x\rangle + \frac{\partial F}{\partial u_y}\delta u\cdot\cos\langle n,y\rangle\right)\mathrm{d}s \tag{8.3.6}$$

由条件(8.3.2)知,$\delta u\big|_{\partial\Omega}=0$,从而式(8.3.6)右端积分为零,于是式(8.3.5)简化为

$$\delta J = \iint\limits_{\Omega}\left[\frac{\partial F}{\partial u} - \frac{\partial}{\partial x}\left(\frac{\partial F}{\partial u_x}\right) - \frac{\partial}{\partial y}\left(\frac{\partial F}{\partial u_y}\right)\right]\delta u\mathrm{d}x\mathrm{d}y$$

当泛函达到极值时,$\delta J = 0$.再根据变分基本引理,得

$$\frac{\partial F}{\partial u} - \frac{\partial}{\partial x}\left(\frac{\partial F}{\partial u_x}\right) - \frac{\partial}{\partial y}\left(\frac{\partial F}{\partial u_y}\right) = 0 \tag{8.3.7}$$

或简记为

$$F_u - \frac{\partial}{\partial x}F_{u_x} - \frac{\partial}{\partial y}F_{u_y} = 0 \tag{8.3.8}$$

这是一个关于 $u(x,y)$ 的二阶偏微分方程,称为泛函(8.3.1)相应的欧拉方程. 它与边界条件(8.3.2)一起构成一个二阶偏微分方程的边值问题.

例 2　泛函

$$J[u(x,y)] = \iint\limits_{\Omega} (u_x^2 + u_y^2)\mathrm{d}x\mathrm{d}y \qquad (8.3.9)$$

其中，$u(x,y) \in C^2$，且 $u(x,y)\,|_{\partial\Omega} = \varphi(x,y)$，$\varphi$ 已知. 试导出其极值问题的欧拉方程.

解 本例中 $F(x,y,u,u_x,u_y) = u_x^2 + u_y^2$，所以

$$F_u = 0, \quad F_{u_x} = 2u_x, \quad F_{u_y} = 2u_y$$

代入式(8.3.8)，化简后得

$$u_{xx} + u_{yy} = 0 \qquad (8.3.10)$$

这是泛函(8.3.9)极值问题的欧拉方程. 可见，泛函(8.3.9)在条件 $u(x,y)\,|_{\partial\Omega} = \varphi(x,y)$ 下的极值问题可以转化为解拉普拉斯方程的狄里克莱问题：

$$\begin{cases} u_{xx} + u_{yy} = 0 & (x,y) \in \Omega \\ u\,|_{\partial\Omega} = \varphi(x,y) \end{cases}$$

在 8.5 节中将证明这两个问题实际上是等价的.

8.3.2 无约束变分问题

当泛函的容许函数类中变量函数在边界上的值不明显给出时，这类变分问题称为无约束变分问题.

例3 讨论泛函

$$J[u(x,y)] = \iint\limits_{\Omega} F(x,y,u,u_x,u_y)\mathrm{d}x\mathrm{d}y \qquad (8.3.11)$$

的变分问题.

解 通过与例1完全相同的运算，可得式(8.3.5)、(8.3.6)，于是，泛函达到极值时有

$$\delta J = \iint\limits_{\Omega} \left(F_u - \frac{\partial}{\partial x}F_{u_x} - \frac{\partial}{\partial y}F_{u_y} \right)\delta u\mathrm{d}x\mathrm{d}y +$$

$$\oint\limits_{\partial\Omega} (F_{u_x}\cos\langle n,x\rangle + F_{u_y}\cos\langle n,y\rangle)\delta u\mathrm{d}s = 0 \qquad (8.3.12)$$

由 δu 的任意性，若取 δu 在边界 $\partial\Omega$ 上为零，而在 Ω 内任意，则根据变分基本引理可得

$$F_u - \frac{\partial}{\partial x}F_{u_x} - \frac{\partial}{\partial y}F_{u_y} = 0, \quad (x,y) \in \Omega \qquad (8.3.13)$$

代入式(8.3.12)，得

$$\oint\limits_{\partial\Omega} (F_{u_x}\cos\langle n,x\rangle + F_{u_y}\cos\langle n,y\rangle)\delta u\mathrm{d}s = 0$$

再由 δu 在边界 $\partial\Omega$ 上的任意性及变分基本引理，应有

$$(F_{u_x}\cos\langle n,x\rangle + F_{u_y}\cos\langle n,y\rangle)\,|_{\partial\Omega} = 0 \qquad (8.3.14)$$

条件(8.3.14)称为无约束变分问题(8.3.11)的自然边界条件.

例4 导出泛函

$$J[u] = \iint\limits_{\Omega} (u_x^2 + u_y^2)\mathrm{d}x\mathrm{d}y + \oint\limits_{\partial\Omega} \sigma u^2 \mathrm{d}s \qquad (8.3.15)$$

极值问题的欧拉方程，其中 σ 是区域 Ω 边界 $\partial\Omega$ 上的已知函数.

解 作变分的运算,得

$$\delta J[u] = \delta\left[\iint\limits_{\Omega}(u_x^2 + u_y^2)\mathrm{d}x\mathrm{d}y + \oint\limits_{\partial\Omega}\sigma\, u^2\mathrm{d}s\right]$$

$$= 2\left[\iint\limits_{\Omega}(u_x\delta u_x + u_y\delta u_y)\mathrm{d}x\mathrm{d}y + \oint\limits_{\partial\Omega}\sigma\, u\delta u\mathrm{d}s\right]$$

$$= 2\left[\iint\limits_{\Omega}(u_x(\delta u)_x + u_y(\delta u)_y)\mathrm{d}x\mathrm{d}y + \oint\limits_{\partial\Omega}\sigma\, u\delta u\mathrm{d}s\right]$$

$$= 2\left[\iint\limits_{\Omega}\left[\frac{\partial}{\partial x}(u_x\delta u) + \frac{\partial}{\partial x}(u_y\delta u)\right]\mathrm{d}x\mathrm{d}y + \oint\limits_{\partial\Omega}\sigma\, u\delta u\mathrm{d}s\right] -$$

$$2\iint\limits_{\Omega}(u_{xx} + u_{yy})\delta u\mathrm{d}x\mathrm{d}y$$

根据格林公式,有

$$\iint\limits_{\Omega}\left[\frac{\partial}{\partial x}(u_x\delta u) + \frac{\partial}{\partial x}(u_y\delta u)\right]\mathrm{d}x\mathrm{d}y$$

$$= \oint\limits_{\partial\Omega}(u_x\cos\langle n,x\rangle + u_y\cos\langle n,y\rangle)\delta u\mathrm{d}s$$

$$= \oint\limits_{\partial\Omega}\frac{\partial u}{\partial n}\delta u\mathrm{d}s$$

由泛函取极值的必要条件 $\delta J[u] = 0$,得

$$\delta J[u] = 2\left[\oint\limits_{\partial\Omega}\left(\frac{\partial u}{\partial n} + \sigma u\right)\delta u\mathrm{d}s\right] - 2\iint\limits_{\Omega}(u_{xx} + u_{yy})\delta u\mathrm{d}x\mathrm{d}y = 0$$

由 δu 的任意性,若取 δu 在边界 $\partial\Omega$ 上为零,在 Ω 内任意,则

$$\iint\limits_{\Omega}(u_{xx} + u_{yy})\delta u\mathrm{d}x\mathrm{d}y = 0$$

根据变分基本引理,有

$$u_{xx} + u_{yy} = 0, \quad (x,y) \in \Omega \tag{8.3.16}$$

由此得

$$\oint\limits_{\partial\Omega}\left(\frac{\partial u}{\partial n} + \sigma u\right)\delta u\mathrm{d}s = 0$$

再由 δu 在边界上的任意性和变分基本引理,得

$$\left(\frac{\partial u}{\partial n} + \sigma u\right)\Big|_{\partial u} = 0 \tag{8.3.17}$$

方程(8.3.16)就是泛函(8.3.15)极值问题的欧拉方程,式(8.3.17)是 $u(x,y)$ 在区域边界 $\partial\Omega$ 上所应满足的自然边界条件.

由此可见,泛函(8.3.15)的无约束变分问题可转化为拉普拉斯方程的第三类边值问题(8.3.16)、(8.3.17). 在 8.5 节中,将叙述这两个问题是等价的变分原理.

8.4 泛函的条件极值问题

在许多泛函的极值问题中,变量函数还会受到一些附加约束条件的限制,这就是所谓

的**泛函条件极值问题**.其中最重要的一种是以积分形式表示的约束条件,称为**等周条件**.例如,历史上另一个有名的变分问题 —— **等周问题**:确定平面上通过点 $P(x_0,y_0)$ 和点 $P(x_1,y_1)$ 且长度固定为 l 的一条曲线 $y=y(x)$,使面积 $S=\int_{x_0}^{x_1}y(x)\mathrm{d}x$ 取最大值,如图 8-2 所示.

用泛函的术语来表达,等周问题就是在满足边界条件 $y(x_0)=y_0,y(x_1)=y_1$ 的函数类 $\{y(x)\}$ 中选取一个函数,使泛函

$$S[y(x)]=\int_{x_0}^{x_1}y(x)\mathrm{d}x$$

在附加约束条件

$$\int_{x_0}^{x_1}\sqrt{1+(y'(x))^2}\,\mathrm{d}x=l$$

下取极值的问题.

泛函的条件极值问题可转化为普通多元函数的条件极值问题来解决.

定理 1 泛函

$$J[y]=\int_{x_0}^{x_1}F(x,y,y')\mathrm{d}x \tag{8.4.1}$$

在边界条件 $y(x_0)=y_0,y(x_1)=y_1$ 和等周条件

$$J_1[y]=\int_{x_0}^{x_1}G(x,y,y')\mathrm{d}x=l(常数) \tag{8.4.2}$$

下极值问题的欧拉方程,与泛函

$$J_2[y]=\int_{x_0}^{x_1}[F(x,y,y')+\lambda G(x,y,y')]\mathrm{d}x \tag{8.4.3}$$

在边界条件 $y(x_0)=y_0,y(x_1)=y_1$ 而无约束条件下的欧拉方程相同,只要 $y(x)$ 不满足

$$G_y-\frac{\mathrm{d}}{\mathrm{d}x}G_{y'}=0 \tag{8.4.4}$$

证明 取邻近容许函数

$$y*(x)=y(x)+\alpha\eta_1(x)+\beta\eta_2(x) \tag{8.4.5}$$

其中,α,β 是绝对值很小的参数,$\eta_1(x),\eta_2(x)$ 是 C^2 类中的任意函数,且满足

$$\eta_1(x_0)=\eta_1(x_1)=\eta_2(x_0)=\eta_2(x_1)=0$$

把式(8.4.5)代入式(8.4.1)和式(8.4.2),分别得

$$\Phi(\alpha,\beta)=\int_{x_0}^{x_1}F(x,y+\alpha\eta_1+\beta\eta_2,y'+\alpha\eta_1'+\beta\eta_2')\mathrm{d}x \tag{8.4.6}$$

$$\Phi_1(\alpha,\beta)=\int_{x_0}^{x_1}G(x,y+\alpha\eta_1+\beta\eta_2,y'+\alpha\eta_1'+\beta\eta_2')\mathrm{d}x=l \tag{8.4.7}$$

若 $y(x)$ 在条件(8.4.2)下使泛函(8.4.1)取极值,则因当 $\alpha=\beta=0$ 时,$y*=y(x)$,故按普通多元函数条件的极值问题的拉格朗日乘子法,应有

$$\begin{cases} \dfrac{\partial}{\partial \alpha}(\varPhi + \lambda \varPhi_1)\,|_{\alpha=\beta=0} = 0 \\[3mm] \dfrac{\partial}{\partial \beta}(\varPhi + \lambda \varPhi_1)\,|_{\alpha=\beta=0} = 0 \end{cases} \tag{8.4.8}$$

其中 λ 是待定常数. 把式(8.4.6)、(8.4.7) 代入式(8.4.8),得

$$\begin{cases} \displaystyle\int_{x_0}^{x_1} \big[(F_y + \lambda G_y)\eta_1 + (F_{y'} + \lambda G_{y'})\eta_1'\big]\mathrm{d}x = 0 \\[4mm] \displaystyle\int_{x_0}^{x_1} \big[(F_y + \lambda G_y)\eta_2 + (F_{y'} + \lambda G_{y'})\eta_2'\big]\mathrm{d}x = 0 \end{cases}$$

对上述两个积分中的第二项分别用分部积分法,并注意到 $\eta_1(x)$ 和 $\eta_2(x)$ 在端点 $x = x_0$ 和 $x = x_1$ 处为零,化简得

$$\int_{x_0}^{x_1} \Big[(F_y + \lambda G_y) - \frac{\mathrm{d}}{\mathrm{d}x}(F_{y'} + \lambda G_{y'})\Big]\eta_1 \,\mathrm{d}x = 0 \tag{8.4.9}$$

$$\int_{x_0}^{x_1} \Big[(F_y + \lambda G_y) - \frac{\mathrm{d}}{\mathrm{d}x}(F_{y'} + \lambda G_{y'})\Big]\eta_2 \,\mathrm{d}x = 0 \tag{8.4.10}$$

由假设 $y(x)$ 不满足方程 $G_y - \dfrac{\mathrm{d}}{\mathrm{d}x}G_{y'} = 0$,故可选取 $\eta_2(x)$ 使

$$\int_{x_0}^{x_1} \Big[G_y - \frac{\mathrm{d}}{\mathrm{d}x}G_{y'}\Big]\eta_2 \,\mathrm{d}x \neq 0$$

这样的 $\eta_2(x)$ 总是存在的. 否则,根据变分基本引理,将有 $G_y - \dfrac{\mathrm{d}}{\mathrm{d}x}G_{y'} = 0$,与假设矛盾. 于是

$$G_y - \frac{\mathrm{d}}{\mathrm{d}x}G_{y'} = 0 \tag{8.4.11}$$

因为 $\eta_1(x)$ 和 $\eta_2(x)$ 是相互独立的,故 λ 是与 $\eta_1(x)$ 无关的常数. 于是,对式(8.4.9)应用变分基本引理,得

$$(F_y + \lambda G_y) - \frac{\mathrm{d}}{\mathrm{d}x}(F_{y'} + \lambda G_{y'}) = 0 \tag{8.4.12}$$

而由 8.2 节知,泛函(8.4.3)极值问题的欧拉方程也正是式(8.4.12). 证毕.

式(8.4.12)是含参数 λ 的二阶常微分方程,其通解中含三个待定常数 λ, C_1, C_2. 它们可由等周条件(8.4.2)和边界条件 $y(x_0) = y_0, y(x_1) = y_1$ 来确定.

上述定理可以推广到多元函数泛函的条件极值问题,见本章习题第 7 题. 定理 1 也可以推广到多个等周条件的情形.

例 1　在连结点 $P_1(x_1, y_1)$ 与 $P_2(x_2, y_2)$ 的所有长为 l 的光滑曲线中,求一条曲线 $y = y(x)$,使其和直线 $x = x_1, x = x_2$ 以及 x 轴所围面积最大.

解　这是一个等周问题,等周条件为

$$\int_{x_1}^{x_2} \sqrt{1 + (y'(x))^2}\,\mathrm{d}x = l$$

边界条件为

$$y(x_i) = y_i \quad (i = 1, 2)$$

泛函为

$$J(y) = \int_{x_1}^{x_2} y \mathrm{d}x$$

设

$$H = y + \lambda \sqrt{1 + y'^2}$$

欧拉方程的首次积分为

$$y + \lambda \sqrt{1 + y'^2} - \lambda \frac{y'^2}{\sqrt{1 + y'^2}} = c_1$$

整理得

$$y - c_1 = \frac{-\lambda}{\sqrt{1 + y'^2}}$$

令 $y' = \tan t$，则有

$$y - c_1 = -\lambda \cos t$$

而

$$\mathrm{d}x = \frac{\mathrm{d}y}{\tan t} = \frac{\lambda \sin t \mathrm{d}t}{\tan t} = \lambda \cos t \mathrm{d}t$$

积分得

$$x - c_2 = \lambda \sin t$$

故极值曲线为一族圆

$$(x - c_2)^2 + (y - c_1)^2 = \lambda^2$$

代入等周条件 $\int_{x_1}^{x_2} \sqrt{1 + (y'(x))^2} \mathrm{d}x = l$ 和边界条件 $y(x_i) = y_i (i = 1, 2)$，可定出常数 c_1，c_2，λ。

8.5 变分原理

在前面几节中指出了怎样从泛函的极值问题导出相应的微分方程（即欧拉方程）. 在实际中，也有一些定解问题，微分方程是给定的，但求解很困难，如果能把它们化成泛函的极值问题，并可用近似方法求解，那么问题就迎刃而解了.

本节将说明如何把边值问题和固有值问题化为一个泛函的极值问题.

8.5.1 位势方程边值问题变分原理

例1 把泊松方程的第一类边值问题

$$-\Delta u = f(\Omega) \tag{8.5.1}$$

$$u \mid_{\partial\Omega} = 0 \tag{8.5.2}$$

化为等价的变分问题，其中 f 为区域 Ω 内的已知函数.

解 将表达式 $-(\Delta u + f)$ 乘以 u 并在 Ω 上积分，得到泛函

$$J_1[u] = -\int_{\Omega} (u\Delta u + fu) \mathrm{d}\tau$$

利用恒等式

$$\nabla \cdot (u \nabla v) = u\Delta v + \nabla u \cdot \nabla v \qquad (8.5.3)$$

及高斯公式

$$\int_{\Omega} \nabla \cdot (u \nabla v) \mathrm{d}\tau = \int_{\partial\Omega} u \frac{\partial v}{\partial n} \mathrm{d}s \qquad (8.5.4)$$

和齐次边界条件(8.5.2)得

$$J_1[u] = -\int_{\partial\Omega} u \frac{\partial u}{\partial n} \mathrm{d}s + \int_{\Omega} [(\nabla u)^2 - fu] \mathrm{d}\tau$$

$$= \int_{\Omega} [(\nabla u)^2 - fu] \mathrm{d}\tau$$

由 8.3 节可知,泛函 $J_1[u]$ 相应的欧拉方程为

$$2\Delta u + f = 0$$

可见,若考虑泛函

$$J[u] = J_1[u] - \int_{\Omega} fu \mathrm{d}\tau = \int_{\Omega} [(\nabla u)^2 - 2fu] \mathrm{d}\tau \qquad (8.5.5)$$

则在条件(8.5.2)下,相应的欧拉方程正是原边值问题的方程(8.5.1)

对于非齐次的边界条件

$$u\mid_{\partial\Omega} = g \qquad (8.5.6)$$

由于在边界上仍有 $\delta u = 0$,从而由 $\delta J[u] = 0$ 仍得到方程(8.5.1),故非齐次边值问题(8.5.1)、(8.5.6)可转化为泛函(8.5.5)在非齐次边界条件(8.5.6)下的变分问题.

现在证明上述边值问题与相应变分问题的等价性.

变分原理定解问题

$$-\Delta u = f(\Omega)$$

$$u\mid_{\partial\Omega} = g$$

的解 $u^* \in C^{(2)}(\Omega) \cap C^1(\overline{\Omega})$,则 u^* 一定使泛函

$$J[u] = \int_{\Omega} [(\nabla u)^2 - 2fu] \mathrm{d}\tau$$

在条件(8.5.6)下取极小值,即 $J[u^*] = \min J[u]$;反之,使泛函(8.5.5)在条件(8.5.6)下取到最小值的 u^* 一定是定解问题(8.5.1)、(8.5.6)的解.

证明　变分原理的后半部分,在 8.3 节讨论泛函值的必要条件,导出欧拉方程的过程中,事实上已经证明,故现在只证变分原理的前半部分.

设 u^* 是定解问题(8.5.1)、(8.5.6)的解,取

$$u = u^* + \eta$$

其中函数 η 在区域 Ω 的边界上满足条件 $\eta\mid_{\partial\Omega} = 0$,以保证 $u\mid_{\partial\Omega} = g$.

将其代入式(8.5.5),得

$$J[u] = \int_{\Omega} [\nabla(u^* + \eta)^2 - 2f(u^* + \eta)] \mathrm{d}\tau$$

$$= J[u^*] + \int_{\Omega} [2\nabla u^* \cdot \nabla\eta + \nabla\eta^2 - 2f\eta)] \mathrm{d}\tau$$

利用恒等式(8.5.3)和高斯公式(8.5.4),并注意到 $\eta\mid_{\partial\Omega} = 0$ 及 u^* 满足方程(8.5.1),有

$$J[u] = J[u^*] + \int_{\Omega} (\nabla\eta)^2 \mathrm{d}\tau - 2\int_{\Omega} (\Delta u^* + f)\eta \mathrm{d}\tau + 2\int_{\partial\Omega} \frac{\partial u^*}{\partial n}\eta \mathrm{d}s$$

$$= J[u^*] + \int_{\Omega} (\nabla \eta)^2 \mathrm{d}\tau$$

故对任何在 Ω 内不恒等于常数的 η，恒有

$$J[u^*] < J[u]$$

证毕.

类似地，可建立泊松方程第三类边值问题的变分原理.

变分原理定解问题

$$-\Delta u = f(\Omega)$$

$$\left(\frac{\partial u}{\partial n} + hu \right)\Big|_{\partial\Omega} = g \quad (h \geqslant 0)$$

的解 $u^* \in C^2(\Omega) \cap C^1(\overline{\Omega})$，则 u^* 一定使泛函

$$J[u] = \int_{\Omega} \left[(\nabla u)^2 - 2fu \right] \mathrm{d}\tau + \int_{\partial\Omega} (hu^2 - 2gu) \mathrm{d}s$$

取得极小值；反之亦然.

证明略.

8.5.2　固有值问题变分原理

例 2　把固有值问题

$$\Delta u + \lambda u = 0$$

$$u\,|_{\partial\Omega} = 0$$

化为等价的变分问题，其中 λ 为参数.

解　将表达式 $-(\Delta u + f)$ 乘以 u 并在 Ω 上积分，得到泛函

$$J[u] = -\int_{\Omega} (u\Delta u + \lambda u^2) \mathrm{d}\tau$$

利用恒等式(8.5.3)和高斯公式(8.5.4)，并注意到 $\eta|_{\partial\Omega} = 0$ 及 u^* 满足方程(8.5.1)，有

$$J[u] = \int_{\Omega} \left[(\nabla u)^2 - \lambda u^2 \right] \mathrm{d}\tau - \int_{\partial\Omega} u\, \frac{\partial u}{\partial n} \mathrm{d}s$$

$$= \int_{\Omega} \left[(\nabla u)^2 - \lambda u^2 \right) \mathrm{d}\tau \tag{8.5.7}$$

由 8.3 节可知，泛函 $J[u]$ 相应的欧拉方程为

$$\Delta u + \lambda u = 0 \tag{8.5.8}$$

现在证明关于固有值问题变分原理的一个重要结论

瑞利(Rayleigh)原理　泛函

$$J_1[u] = \int_{\Omega} (\nabla u)^2 \mathrm{d}\tau \tag{8.5.9}$$

在齐次边界条件 $u\,|_{\partial\Omega} = 0$ 和归一化条件

$$\int_{\Omega} u^2 \mathrm{d}\tau = 1 \tag{8.5.10}$$

下的最小值，就是固有值问题

$$\Delta u + \lambda u = 0$$

$$u|_{\partial\Omega} = 0$$

的最小固有值 λ_0，而使泛函取这个最小值的函数 u_0 就是相应的固有函数；反之亦然.

证明　因为方程(8.5.7)是泛函(8.5.9)在条件 $u|_{\partial\Omega} = 0$ 和 $\int_\Omega u^2 d\tau = 1$ 下的欧拉方程，所以 u_0 必须满足方程

$$\Delta u_0 + \lambda u_0 = 0$$

把 u_0 代入式(8.5.9)得

$$J_1[u_0] = \lambda_0 = \int_\Omega (\nabla u_0)^2 d\tau = \int_{\partial\Omega} u_0 \frac{\partial u_0}{\partial n} ds - \int_\Omega u_0 \Delta u_0 d\tau$$

$$= \lambda \int_\Omega u_0^2 d\tau = \lambda \qquad (8.5.11)$$

这表明 u_0 是固有值 λ_0 相应的固有函数. 用反证法可以证明 λ_0 是最小的固有值.

不妨设固有值 $\lambda_1 < \lambda_0$，u_1 是相应的固有函数，重复式(8.5.11)过程得

$$J_1[u_1] = \int_\Omega (\nabla u_1)^2 d\tau = \lambda_1 \int_\Omega u_1^2 d\tau = \lambda_1 < \lambda_0 = J_1[u_0]$$

这与 $J_1[u_0]$ 为泛函 $J_1[u]$ 的最小值相矛盾.

说明：

(1) 条件

$$\int_\Omega u^2 d\tau = 1$$

称为**归一化条件**，是附加条件.

(2) 瑞利原理也适合于方程(8.5.7)在第二类边界条件 $\dfrac{\partial u}{\partial n}\Big|_{\partial\Omega} = 0$ 下的固有值问题.

(3) 最小固有值 λ_0 相应的固有函数是 u_0，可以证明，再加上正交性条件：

$$\int_\Omega u_0 u d\tau = 0$$

则泛函(8.5.9)的最小值 λ_1 是次于 λ_0 的固有值，即 $\lambda_1 \geqslant \lambda_0$，但是 λ_1 不大于其他的固有值. 而使 $J_1[u_1] = \lambda_1$ 的归一化函数 u_1 是相应的固有函数.

(4) 一般地，在求第 i 个固有值和相应的固有函数 u_i 时，除了要求 u_i 满足条件(8.5.1)和(8.5.10)之外，还要求 u_i 与固有函数 $u_0, u_1, \cdots, u_{i-1}$ 分别正交，即

$$\int_\Omega u_i u_k d\tau = 0 \quad (k = 1, 2, \cdots, i-1)$$

其中 u_k 是按相应固有值的大小顺序排列的.

(5) 数学物理方程定解问题所对应的变分问题，通常其泛函关于未知函数及其导数都是二次的，即是**二次泛函的极值问题**.

(6) 由于与数学物理方程有关的某些泛函常常表示能量，所以习惯上把微分方程边值问题转化为泛函极值问题的求解方法叫做能量法，相应的泛函就称为该微分方程的能量积分.

8.6　里兹方法

上节讨论了如何化数学物理方程的定解问题为等价的变分问题，本节要讨论如何解

相应的变分问题. 必须指出, 除了少数特殊情形外, 一般不可能求得变分问题的精确解, 因此需要各种近似的数值解法, **里兹(Ritz)方法**也称为**瑞利-里兹(Rayleigh-Ritz)方法**, 就是重要的一种近似解法. 其基本思想是, 不把泛函 $J[y(x)]$ 的值放在任意的容许函数中考虑, 而是放在具有常系数的各种可能的线性组合函数 $y = \sum_{i=1}^{n} a_i w_i(x)$ 中考虑. 这个组合式由某一选定的线性无关函数列(也称为**基函数**)

$$w_1(x), w_2(x), \cdots, w_n(x), \cdots$$

的前 n 个函数组成. 这样, 泛函 $J[y(x)]$ 转化成系数 $a_1, a_2, \cdots, a_n$ 的函数 $\varphi(a_1, a_2, \cdots, a_n)$, 使这个函数取极值的 a_i 值 $(i=1,2,\cdots,n)$ 应由方程组

$$\frac{\partial \varphi}{\partial a_i} = 0 \quad (i = 1, 2, \cdots, n) \tag{8.6.1}$$

来确定, 如果从这个方程组解出一组值 $a_i (i=1,2,\cdots,n)$, 则 $y = \sum_{i=1}^{n} a_i w_i(x)$ 就是变分问题的**近似解**. 若令 $n \to \infty$, 当极限存在时, 还有可能得到所讨论的变分问题的**准确解**.

例 1 用里兹法求解泊松方程的第一类边值问题

$$\begin{cases} \dfrac{\partial^2 u}{\partial x^2} + \dfrac{\partial^2 u}{\partial x^2} = f(x,y) & (x,y) \in \Omega \tag{8.6.2} \\[2mm] u\,|_{\partial\Omega} = 0 \tag{8.6.3} \end{cases}$$

其中区域 $\Omega: 0 < x < a, 0 < y < b$.

解 容易验证上述边值问题相应的泛函为

$$J[u] = \iint_{\Omega} \left[\left(\frac{\partial u}{\partial x}\right)^2 + \left(\frac{\partial u}{\partial y}\right)^2 + 2fu \right] \mathrm{d}x\mathrm{d}y \tag{8.6.4}$$

选取函数列

$$w_{mn}(x,y) = \sin\frac{m\pi x}{a} \sin\frac{n\pi y}{b} \quad (m,n = 1,2,\cdots) \tag{8.6.5}$$

显然有 $w_{mn}(x,y)\,|_{\partial\Omega} = 0$, 且函数系 $\{w_{mn}(x,y)\}$ 是完备的.

令

$$u_{mn}(x,y) = \sum_{i=1}^{m} \sum_{j=1}^{n} a_{ij} \sin\frac{i\pi x}{a} \sin\frac{j\pi y}{b} \tag{8.6.6}$$

代入泛函(8.6.4), 得

$$J[u_{mn}] = \int_0^b \int_0^a \left[\left(\frac{\partial u_{mn}}{\partial x}\right)^2 + \left(\frac{\partial u_{mn}}{\partial y}\right)^2 + 2fu_{mn} \right] \mathrm{d}x\mathrm{d}y \tag{8.6.7}$$

假定函数 f 在区域 Ω 上可以按函数系 $\{w_{mn}(x,y)\}$ 展开为一致收敛的二重傅立叶级数:

$$f(x,y) = \sum_{i=1}^{\infty} \sum_{j=1}^{\infty} \beta_{ij} \sin\frac{i\pi x}{a} \sin\frac{j\pi y}{b} \mathrm{d}x\mathrm{d}y \tag{8.6.8}$$

代入式(8.6.7), 并注意到函数系 $\left\{ \sin\dfrac{m\pi x}{a} \sin\dfrac{n\pi y}{b} \right\}$ 在区域 Ω 上的正交性, 即

$$\iint_{\Omega} \sin\frac{m\pi x}{a} \sin\frac{n\pi y}{b} \sin\frac{m_1\pi x}{a} \sin\frac{n_1\pi y}{b} \mathrm{d}x\mathrm{d}y$$

$$= \begin{cases} 0, & m \neq m_1, n \neq n_1 \\ \dfrac{ab}{4}, & m = m_1, n = n_1 \end{cases}$$

有

$$J[u_{mn}] = \frac{\pi^2 ab}{4} \sum_{i=1}^{m} \sum_{j=1}^{n} \left(\frac{i^2}{a^2} + \frac{j^2}{b^2} \right) a_{ij}^2 + \frac{ab}{2} \sum_{i=1}^{m} \sum_{j=1}^{n} \alpha_{ij} \beta_{ij}$$

显见，$J[u_{mn}]$ 是系数 $\alpha_{11}, \alpha_{12}, \cdots, \alpha_{mn}$ 的函数 $\varphi(\alpha_{11}, \alpha_{12}, \cdots, \alpha_{mn})$. 这些系数由多元函数极值的必要条件

$$\frac{\partial \varphi}{\partial \alpha_{ij}} = 0 \quad (i = 1, 2, \cdots, m; j = 1, 2, \cdots, n)$$

来确定. 在本例中这个方程组为

$$\alpha_{ij} \left(\frac{i^2}{a^2} + \frac{j^2}{b^2} \right) \pi^2 + \beta_{ij} = 0 \quad (i = 1, 2, \cdots, m; j = 1, 2, \cdots, n)$$

由此得

$$\alpha_{ij} = - \frac{\beta_{ij}}{\pi^2 \left(\dfrac{i^2}{a^2} + \dfrac{j^2}{b^2} \right)}$$

所以,边值问题(8.6.2)、(8.6.3)的近似解为

$$u_{mn}(x, y) = -\frac{1}{\pi^2} \sum_{i=1}^{m} \sum_{j=1}^{n} \frac{\beta_{ij}}{\dfrac{i^2}{a^2} + \dfrac{j^2}{b^2}} \sin \frac{i\pi x}{a} \sin \frac{j\pi y}{b} \tag{8.6.9}$$

令 $m, n \to \infty$,可得到边值问题的准确解

$$u(x, y) = -\frac{1}{\pi^2} \sum_{i=1}^{\infty} \sum_{j=1}^{\infty} \frac{\beta_{ij}}{\dfrac{i^2}{a^2} + \dfrac{j^2}{b^2}} \sin \frac{i\pi x}{a} \sin \frac{j\pi y}{b} \tag{8.6.10}$$

例 2　用里兹法求单位圆上固有值问题

$$\begin{cases} \Delta u + \lambda u = 0 & (r > 1) \tag{8.6.11} \\ u|_{r=1} = 0 \tag{8.6.12} \end{cases}$$

的最小固有值和相应的固有值函数.

解　由上节例 2 知,方程(8.6.11)是泛函

$$J[u] = \iint_{\Omega} (u_x^2 + u_y^2 - \lambda u^2) \mathrm{d}x \mathrm{d}y \tag{8.6.13}$$

极值问题的欧拉方程. 在极坐标系中泛函(8.6.13)化为

$$J[u] = \int_0^1 \int_0^{2\pi} \left[\left(\frac{\partial u}{\partial r} \right)^2 + \frac{1}{r^2} \left(\frac{\partial u}{\partial \theta} \right)^2 - \lambda u^2 \right] r \mathrm{d}\theta \mathrm{d}r \tag{8.6.14}$$

本例是求最小固有值,在此情形应有 $\dfrac{\partial u}{\partial \theta} = 0$,即相应的固有函数是各向对称解,于是

$$J[u] = 2\pi \int_0^1 \left[\left(\frac{\mathrm{d}u}{\mathrm{d}r} \right)^2 - \lambda u^2 \right] r \mathrm{d}r \tag{8.6.15}$$

由 8.4 节知,与此相应的变分问题是在条件(8.6.2)和归一化条件

$$\int_0^1 u^2 r \mathrm{d}r = 1 \tag{8.6.16}$$

下,求泛函

$$J[u] = \int_0^1 \left(\frac{\mathrm{d}u}{\mathrm{d}r}\right)^2 r\mathrm{d}r \tag{8.6.17}$$

的极小值问题.

现选取满足边界条件(8.6.12)的函数列$\{(1-r^2)^n\}$,令

$$u(r) = a_1(1-r^2) + a_2(1-r^2)^2 \tag{8.6.18}$$

把式(8.6.18)代入式(8.6.16)、(8.6.17),分别得

$$\Phi_1(a_1,a_2) = \int_0^1 u^2 r\mathrm{d}r = \frac{1}{6}a_1^2 + \frac{1}{4}a_1 a_2 + \frac{1}{10}a_2^2 = 1 \tag{8.6.19}$$

$$\Phi(a_1,a_2) = \int_0^1 \left(\frac{\mathrm{d}u}{\mathrm{d}r}\right)^2 r\mathrm{d}r = a_1^2 + \frac{4}{3}a_1 a_2 + \frac{2}{3}a_2^2 \tag{8.6.20}$$

而$\Phi(a_1,a_2)$在条件$\Phi_1(a_1,a_2)$下取极值的必要条件是

$$\begin{cases} \dfrac{\partial \Phi}{\partial a_1} - \lambda \dfrac{\partial \Phi_1}{\partial a_1} = 2a_1 + \dfrac{4}{3}a_2 - \dfrac{\lambda}{3}a_1 - \dfrac{\lambda}{4}a_2 = 0 & (8.6.21) \\[2mm] \dfrac{\partial \Phi}{\partial a_2} - \lambda \dfrac{\partial \Phi_1}{\partial a_2} = \dfrac{4}{3}a_1 + \dfrac{4}{3}a_2 - \dfrac{\lambda}{4}a_1 - \dfrac{\lambda}{5}a_2 = 0 & (8.6.22) \end{cases}$$

这是关于a_1和a_2的齐次代数方程组,为求得非零解,应有

$$\begin{vmatrix} 2 - \dfrac{\lambda}{3} & \dfrac{4}{3} - \dfrac{\lambda}{4} \\[3mm] \dfrac{4}{3} - \dfrac{\lambda}{4} & \dfrac{4}{3} - \dfrac{\lambda}{5} \end{vmatrix} = 0 \tag{8.6.23}$$

这个方程的两个根中较小的一个

$$\lambda_1 = 5.784\ 1 \tag{8.6.24}$$

就是所求的最小固有值,与其相应的固有函数$u(r)$的系数a_1和a_2可从式(8.6.21)或式(8.6.22)利用归一条件(8.6.16)解出:

$$a_1 = 1.650, \quad a_2 = 1.054 \tag{8.6.25}$$

故相应固有函数的近似解为

$$u_1(r) = 1.650(1-r^2) + 1.054(1-r^2)^2 \tag{8.6.26}$$

本例若用分离变量法可求得精确解为

$$\lambda_1 = 5.783\ 1 \tag{8.6.27}$$

$$u_1(r) = 2.724J_0(2.405r) \tag{8.6.28}$$

其中$J_0(x)$是零阶贝塞耳函数,近似解与精确解的固有函数比较见下表.

表 8-1　　　　　　　近似解与精确解的固有函数比较

r	近似固有值函数值	精确固有值函数值
0	2.704	2.724
0.1	2.666	2.685
0.2	2.554	2.569
0.3	2.374	2.380
0.4	2.130	2.130
0.5	1.830	1.824

（续表）

r	近似固有值函数值	精确固有值函数值
0.6	1.488	1.480
0.7	1.115	1.108
0.8	0.731	0.730
0.9	0.352	0.353
1.0	0	0

从表中可看出,利用(8.6.18)那样较简单的试探函数得到的近似解精确程度还是较好的,固有值的精确程度更好,这是用变分法解固有值问题的一个普通特性.

变分问题的近似解法除本节介绍的里兹法外,常用的还有伽辽金法、康特罗维奇法等.

里兹法遇到的困难是基函数的选取,除了一些规则的区域外,要选取满足边界条件的基函数常常是很困难的,且里兹法导得的方程组当阶数较高时需要计算大量的积分,系数矩阵也不是稀疏的,因而计算量及计算机的存储量都相当大,20 世纪 50 年代中期以来迅速发展的有限元法,提供了选取基函数的新方法,克服了传统的里兹法的困难.

习题 8

1. 求泛函

$$J[y(x)] = \int_0^1 \frac{\sqrt{1+y'^2}}{x} \mathrm{d}x$$

满足边界条件 $y(0) = 0, y(1) = 1$ 的极值曲线.

2. 求泛函

$$J[y(x)] = \int_{x_2}^{x_1} \frac{1+y^2}{(y')^2} \mathrm{d}x$$

满足边界条件

$$y(x_0) = y_0, \quad y(x_1) = y_1$$

的极值曲线.

3. 求泛函

$$J[y(x)] = \int_0^{\frac{\pi}{2}} \left[16y^2 - (y')^2 + x^2\right] \mathrm{d}x$$

满足条件

$$y(0) = 0, \quad y'(0) = 0$$

$$y\left(\frac{\pi}{2}\right) = 2\mathrm{sh}\pi, \quad y'\left(\frac{\pi}{2}\right) = 4(1+\mathrm{ch}\pi)$$

的极值曲线.

4. 讨论泛函

$$J[u(x,y)] = \iint\limits_{\Omega} (u_x^2 + u_y^2 - 2fu)\mathrm{d}x\mathrm{d}y$$

在边界条件 $u(x,y)|_{\partial\Omega} = u_0(x,y)$ 下的极值问题,其中 $u \in C^2(\Omega)$,f 和 u_0 都是已知函数,试导出泛函相应的欧拉方程.

5. 里兹法求固有问题

$$\begin{cases} y'(x) + \lambda y(x) = 0 & (0 < x < l) \\ y(0) = 0, y(l) = 0 \end{cases}$$

的最小固有值和固有函数.

注:选取基函数列 $\{x^n(l-x)^n\}$,并分别取 $n=1$ 和 $n=2$ 两种情形进行计算.

6. 导出泛函

$$J[u(x,y)] = \iint\limits_{\Omega} (u_x^2 + u_y^2 - 2fu)\,\mathrm{d}x\mathrm{d}y$$

无约束变分问题的欧拉方程和自然边界条件,其中 $u \in C^2(\Omega)$,f 是区域 Ω 上的已知函数.

7. 证明在 $\iiint\limits_{\Omega} u^2 \mathrm{d}x\mathrm{d}y\mathrm{d}z = 1$ 的条件下,使泛函

$$J[u] = \iiint\limits_{\Omega} F(x,y,z,u,u_x,u_y,u_z)\,\mathrm{d}x\mathrm{d}u\mathrm{d}z$$

取极值的函数 $u(x,y,z)$ 应满足方程

$$F_u - \frac{\partial}{\partial x}F_{ux} - \frac{\partial}{\partial y}F_{uy} - \frac{\partial}{\partial z}F_{uz} + 2\lambda u = 0$$

8. 直接证明

$$\begin{cases} -\Delta u + c(x)u = f(x,y), & [c(x) \geqslant 0 \text{ 且 } c(x) \neq 0] \\ \left.\dfrac{\partial u}{\partial n}\right|_{\partial\Omega} = \varphi(x,y) \end{cases}$$

属于 $C^{(2)} \cap C^{(1)}(\overline{\Omega})$ 的解 $u = u^*(x,y)$,使泛函

$$J[u(x,y)] = \iint\limits_{\Omega} [(\nabla u)^2 + cu^2 - 2fu]\,\mathrm{d}x\mathrm{d}y - \oint\limits_{\partial\Omega} 2\varphi u\,\mathrm{d}s$$

取极小值,即

$$J[u^*] = \min J[u]$$

9. 把固有值问题

$$\begin{cases} \Delta u + \lambda u = 0 \\ \left.\left(\dfrac{\partial u}{\partial n} + hu\right)\right|_{\partial\Omega} = 0 & (h > 0) \end{cases}$$

化为泛函的极值问题,并证明所得泛函的最小值就是此固有值问题的最小固有值.

10. 把斯图姆 - 刘维尔问题

$$\begin{cases} \dfrac{\mathrm{d}}{\mathrm{d}x}\left[p(x)\dfrac{\mathrm{d}y}{\mathrm{d}x}\right] - q(x)y + \lambda s(x)y = 0 & (a < x < b) \\ y(a) = 0, y(b) = 0 \end{cases}$$

化为泛函的极值问题.

11. 证明泛函

$$J[y(x)] = \int_a^b (py'^2 + qy^2)\,\mathrm{d}x$$

在条件

$$y(a) = 0, \quad y(b) = 0, \quad \int_a^b s y^2 \, \mathrm{d}x = 1$$

下的最小值就是斯图姆 - 刘维尔问题

$$\begin{cases} \dfrac{\mathrm{d}}{\mathrm{d}x} \Big[p(x) \dfrac{\mathrm{d}y}{\mathrm{d}x} \Big] - q(x) y + \lambda s(x) y = 0 \quad (a < x < b) \\ y(a) = 0, y(b) = 0 \end{cases}$$

的最小固有值.

12. 用里兹法求泊松方程边值问题

$$\begin{cases} u_{xx} + u_{yy} = -2 \quad (|x| < a, |y| < b) \\ u \big|_{x = \pm a} = 0, u \big|_{y = \pm b} = 0 \end{cases}$$

的近似解[提示:取试探函数 $u_1(x, y) = c_0 (x^2 - a^2)(y^2 - b^2)$].

第 9 章　贝塞尔函数

　　本章首先在柱坐标系下对偏微分方程进行分离变量,引出贝塞尔方程,然后求出贝塞尔方程的解.下面将会看到,在一般情形下,这些解已不属于初等函数的范畴,从而引出一类特殊函数 —— 贝塞尔函数.贝塞尔函数具有许多类似于三角函数的性质,特别是具有用分离变量法解数理方程所需要的正交性.这个正交性正是第 3 章所述斯图姆 - 刘维尔理论的一个特例.

9.1　贝塞尔方程的导出

　　对于圆柱形区域内的定解问题,常把泛定方程在柱坐标系下写出,这样区域的边界方程将变得比较简单,以利于解题.

　　考虑圆柱体的冷却问题:设有一两端无限长的直圆柱体,半径为 r_0,已知初始温度为 $\varphi(x,y)$,表面温度为零,求圆柱体内温度的变化规律.

　　以 u 表示体内温度,由于初始温度不依赖于 z,所以,问题归结为二维定解问题

$$\begin{cases} \dfrac{\partial u}{\partial t} = a^2 \left(\dfrac{\partial^2 u}{\partial x^2} + \dfrac{\partial^2 u}{\partial y^2} \right) & (x^2 + y^2 < r_0^2, t > 0) \\ u\mid_{t=0} = \varphi(x,y) \\ u\mid_{x^2+y^2=r_0^2} = 0 \end{cases}$$

如果采用柱坐标,它就成为

$$\begin{cases} \dfrac{\partial u}{\partial t} = a^2 \left(\dfrac{\partial^2 u}{\partial r^2} + \dfrac{1}{r} \dfrac{\partial u}{\partial r} + \dfrac{1}{r^2} \dfrac{\partial^2 u}{\partial \theta^2} \right) & (r < r_0, 0 \leqslant \theta < 2\pi, t > 0) \\ u\mid_{t=0} = \varphi(x,y) = \varphi_1(r,\theta) \\ u\mid_{r=r_0} = 0 \end{cases}$$

在对发展方程进行分离变量时,常先把空间坐标变量 r、θ 和时间变量 t 分开,即设

$$u = V(r,\theta)T(t)$$

把其代入方程,并两边除以 VT 后,得

$$\frac{T'}{a^2 T} = \frac{V''_r + \dfrac{1}{r}V'_r + \dfrac{1}{r^2}V''_\theta}{V} = -\lambda$$

为方便起见,暂且记 $\lambda = k^2$. 若 $\lambda \geqslant 0$,则 k 为实数;若 $\lambda < 0$,则 k 为纯虚数.于是有

$$T' + a^2 k^2 T = 0$$

$$V''_r + \frac{1}{r}V'_r + \frac{1}{r^2}V''_\theta + k^2 V = \Delta_2 V + k^2 V = 0 \qquad (9.1.1)$$

方程(9.1.1)称为**亥姆霍兹(Helmhotz)方程**.下面对这个方程再分离变量,设

$$V = R(r)\Theta(\theta)$$

代入式(9.1.1)又可以得到两个微分方程

$$\Theta'' + \mu\Theta = 0$$
$$r^2 R'' + rR' + (k^2 r^2 - \mu)R = 0 \qquad (9.1.2)$$

如同在解圆内狄氏问题时说过的,Θ 应是以 2π 为周期的函数.所以,μ 只能取如下的值

$$\mu_n = n^2 \quad (n = 0,1,2,\cdots)$$

因而

$$\Theta(\theta) = a_n \cos n\theta + b_n \sin n\theta .$$

如果把方程(9.1.2)写成斯图姆 - 刘维尔型,并注意 $k(r) = r, k(0) = 0$ 及 μ 的边界条件,得到下面固有值问题

$$\begin{cases} (rR')' + \left(k^2 r - \dfrac{n^2}{r}\right)R = 0 \quad (0 < r < r_0) \\ |\, R(0)\, | < \infty, R(r_0) = 0 \end{cases}$$

作替换 $x = kr$,方程(9.1.2)成为

$$x^2 y'' + xy' + (x^2 - n^2)y = 0$$

其中 $y(x) = R(x/k)$.这个方程称为 n **阶贝塞尔方程**或 n **阶柱函数方程**.它是一个二阶变系数线性常微分方程.为了解决圆柱冷却问题及其他一些定解问题,就必须求出贝塞尔方程的解.

9.2　贝塞尔函数

贝塞尔方程

$$x^2 y'' + xy' + (x^2 - \nu^2)y = 0 \quad (\nu \geqslant 0) \qquad (9.2.1)$$

的解称为 ν **阶贝塞尔函数**或 ν **阶柱函数**.

在解这个方程前,先介绍一下微分方程解析理论中关于线性微分方程的两个结果.微分方程解析理论是利用复变函数论的方法研究微分方程,下面的结果中都是把微分方程用复变量的形式写出.设有标准形式的二阶线性常微分方程

$$\frac{\mathrm{d}^2 w}{\mathrm{d}z^2} + p(z)\frac{\mathrm{d}w}{\mathrm{d}z} + q(z)w = 0 \qquad (9.2.2)$$

其中 $p(z), q(z)$ 是已知复变函数,$w(z)$ 是未知函数.

若 $p(z)$ 和 $q(z)$ 都在点 z_0 解析,则 z_0 称为方程(9.2.2)的**常点**;否则称 z_0 为方程(9.2.2)的**奇点**.在常点的邻域内关于方程(9.2.2)有下述基本定理:

定理 1　设 $p(z), q(z)$ 在 $|z - z_0| < R$ 单值解析,则初始问题

$$\begin{cases} w'' + p(z)w' + q(z)w = 0 \\ w(z_0) = w_0, w'(z_0) = w'_0 \end{cases}$$

在上述圆域内的解存在唯一,且这个解在该圆域内单值解析.并且方程(9.2.2)的解在常

点 z_0 的邻域 $|z-z_0|<R$ 内可表示成泰勒级数

$$w(z) = \sum_{n=0}^{\infty} a_n (z-z_0)^n$$

现在把贝塞尔方程改写成标准形式

$$y'' + \frac{1}{x} y' + \left(1 - \frac{\nu^2}{x^2}\right) y = 0 \tag{9.2.3}$$

可见 $x=0$ 是它的奇点. 这样,对贝塞尔方程一般就不能用幂级数 $\sum\limits_{n=0}^{\infty} a_n x^n$ 求解.

定义 1 设 z_0 最多是 $p(z)$ 的一级极点, 同时最多是 $q(z)$ 的二级极点, 即 $(z-z_0)p(z)$ 和 $(z-z_0)^2 q(z)$ 都在某圆域 $|z-z_0|<R$ 内解析, 则称 z_0 是方程(9.2.2) 的**正则奇点**.

例如, $x=0$ 是贝塞尔方程(9.2.3)的正则奇点. 对方程(9.2.2)在正则奇点的邻域内有下述结论:

定理 2(富克斯(Fuchs)定理) 设 z_0 是方程(9.2.2)的正则奇点,则在去心邻域 $0 < |z-z_0|<R$ 内方程(9.2.2)有两个下面形式的线性无关的正则解

$$w_1(z) = (z-z_0)^{\rho_1} \sum_{n=0}^{\infty} a_n (z-z_0)^n$$

$$w_2(z) = (z-z_0)^{\rho_2} \sum_{n=0}^{\infty} b_n (z-z_0)^n$$

或

$$w_2(z) = g w_1(z) \ln(z-z_0) + (z-z_0)^{\rho_2} \sum_{n=0}^{\infty} c_n (z-z_0)^n$$

这里 $\rho_1, \rho_2, g, a_n, b_n, c_n$ 都是常数.

我们称形如

$$(z-z_0)^{\rho} \sum_{n=0}^{\infty} a_n (z-z_0)^n \tag{9.2.4}$$

的级数为**广义幂级数**.

设方程(9.2.1)有广义幂级数解

$$y = x^{\rho} \sum_{n=0}^{\infty} a_n x^n = \sum_{n=0}^{\infty} a_n x^{n+\rho}$$

形式地逐项求导, 有

$$xy' = \sum_{n=0}^{\infty} (n+\rho) a_n x^{n+\rho}$$

$$x^2 y'' = \sum_{n=0}^{\infty} (n+\rho)(n+\rho-1) a_n x^{n+\rho}$$

代入方程(9.2.1), 得

$$\sum_{n=0}^{\infty} [(n+\rho)^2 - \nu^2] a_n x^{n+\rho} + \sum_{n=0}^{\infty} a_n x^{n+\rho+2}$$

$$= \sum_{n=0}^{\infty} [(n+\rho)^2 - \nu^2] a_n x^{n+\rho} + \sum_{n=0}^{\infty} a_{n-2} x^{n+\rho} = 0$$

由此得

$$\begin{cases} (\rho^2 - \nu^2)a_0 = 0 & (9.2.5) \\ [(1+\rho)^2 - \nu^2]a_1 = 0 & (9.2.6) \\ [(n+\rho)^2 - \nu^2]a_n + a_{n-2} = 0 \quad (n = 2,3,\cdots) & (9.2.7) \end{cases}$$

不妨设 $a_0 \neq 0$，这是因为它是无穷级数

$$y(x) = a_0 x^\rho + a_1 x^{1+\rho} + a_2 x^{2+\rho} + \cdots$$

中的第一项系数，可以把第一个不为零的系数记为 a_0. 因 $a_0 \neq 0$，由 (9.2.5) 式得

$$\rho = \pm \nu \quad (\nu \geqslant 0)$$

而式 (9.2.6) 及式 (9.2.7) 成为

$$a_1(1 + 2\rho) = 0 \tag{9.2.8}$$
$$a_n n(n + 2\rho) + a_{n-2} = 0 \quad (n = 2,3,\cdots) \tag{9.2.9}$$

下面分几种情况讨论：

(1) 取 $\rho = \nu (\geqslant 0)$. 这时 $n + 2\rho = n + 2\nu \neq 0$，于是由式 (9.2.8) $a_1 = 0$，再由递推关系

$$a_n = \frac{-a_{n-2}}{n(n + 2\rho)} \quad (n = 2,3,\cdots)$$

得 $a_3 = 0, a_5 = 0, \cdots$，一般地 $a_{2k+1} = 0 (k = 0,1,2,\cdots)$. 又依次对 $n = 2k, 2(k-1), \cdots, 4, 2$ 应用这个递推关系，得

$$\begin{aligned} a_{2k} &= -\frac{a_{2(k-1)}}{2^2 k(k+\rho)} = \frac{a_{2(k-2)}}{2^4 k(k-1)(k+\rho)(k+\rho-1)} \\ &= \cdots = (-1)^k \frac{a_0}{2^{2k} \cdot k!(1+\rho)(2+\rho)\cdots(k+\rho)} \\ &= (-1)^k \frac{a_0 \Gamma(\rho+1)}{2^{2k} \cdot k! \Gamma(k+\rho+1)} \end{aligned}$$

这里 a_0 可以取任意常数. 特别地，取

$$a_0 = \frac{1}{2^\rho \Gamma(\rho+1)}$$

得

$$a_{2k} = (-1)^k \frac{1}{k! \Gamma(k+\rho+1)} \left(\frac{1}{2}\right)^{2k+\rho} \quad (k = 0,1,2,\cdots)$$

将所求得的系数代入式 (9.2.4)，形式地得到贝塞尔方程的一个特解

$$y(x) = \left(\frac{x}{2}\right)^\rho \sum_{k=0}^\infty (-1)^k \frac{1}{k! \Gamma(k+\rho+1)} \left(\frac{x}{2}\right)^{2k} \quad (\rho = \nu) \tag{9.2.10}$$

因

$$\lim_{k \to +\infty} \left| \frac{a_{2k}}{a_{2k-2}} \right| = \lim_{k \to +\infty} \frac{1}{4k(k+\rho)} = 0$$

所以，式 (9.2.10) 右端的幂级数对所有 x 值都收敛，而且在求解过程中所用的逐项求导是合理的，从而，式 (9.2.10) 右端所表示的函数确实是贝塞尔方程的解. 这个函数用 $J_\nu(x)$ 表示，它在 $(-\infty, +\infty)$ 上确定，称为**第一类 ν 阶贝塞尔函数**.

(2) 当 $\rho = -\nu$ 时，又分三种情况：

① $2\nu \neq$ 整数. 这时 $n + 2\rho = n - 2\nu \neq 0$，(1) 中的讨论完全有效，又可求得一特解

$$J_{-\nu}(x) = \sum_{k=0}^{\infty} (-1)^k \frac{1}{k! \Gamma(k - \nu + 1)} \left(\frac{x}{2}\right)^{2k-\nu}, x \neq 0$$

② $2\nu =$ 奇数 m. 若 n 为偶数，则 $n + 2\rho = n - 2\nu \neq 0$，因而"(1)"中关于偶数指标系数的讨论完全有效. 但关于奇数指标系数的讨论要稍作修改，因为 (9.2.9) 中的方程当 $n = m$ 时成为

$$a_m m(m - 2\nu) + a_{m-2} = a_m \cdot 0 + a_{m-2} = 0$$

从 $a_{m-2} = 0$ 推不出 a_m 必为零，但由于只要求特解，不妨取 $a_m = 0$，再从 (9.2.9) 中后面 ($n \geqslant m + 2$) 的方程即可推出 $a_{m+2} = a_{m+4} = \cdots = 0$，即一切奇指标系数仍都为零. 这样，在这种情形下，就仍有特解 $J_{-\nu}(x)$.

③ $2\nu =$ 偶数 $2m$，即 $\nu = m$ (正整数或零). 当 n 为奇数时，$n + 2\rho = n - 2m \neq 0$，所以如 (1) 的讨论，所有奇数指标系数 $a_{2k+1} = 0$，但偶数指标系数的计算要作较大改变，因为当 $n = 2m$ 时，(9.2.9) 中的方程成为

$$a_{2m} \cdot 2m(2m + 2\nu) + a_{2m-2} = a_{2m} \cdot 0 + a_{2m-2} = 0$$

所以为了不产生矛盾，要先取 $a_0 = 0$，从而 $a_2 = a_4 = \cdots = a_{2m-2} = 0$. 再由 (9.2.9) 中的方程 ($n = 2m + 2$)

$$a_{2m+2}(2m + 2)(2m + 2 + 2\rho) + a_{2m} = 0$$

得

$$a_{2m+2} = -\frac{a_{2m}}{2^2(m+1) \cdot 1}$$

一般地，由

$$a_{2m+2k}(2m + 2k)(2m + 2k + 2\rho) + a_{2m+2(k-1)} = 0 \quad (\rho = -\nu)$$

得

$$a_{2m+2k} = -\frac{a_{2m+2(k-1)}}{2^2(m+k) \cdot k} = \cdots$$

$$= (-1)^k \frac{a_{2m}}{2^{2k} \cdot k!(m+1)(m+2)\cdots(m+k)}$$

特别地，取

$$a_{2m} = (-1)^m \frac{1}{m!} \left(\frac{1}{2}\right)^m$$

有

$$a_{2m+2k} = (-1)^{m+k} \frac{1}{k!(m+k)!} \left(\frac{1}{2}\right)^{2k+m}$$

于是，得到方程的一个特解

$$y(x) = \sum_{k=0}^{\infty} (-1)^{m+k} \frac{1}{k!(m+k)!} \left(\frac{x}{2}\right)^{2k+m} \quad (\diamondsuit \ k + m = n)$$

$$= \sum_{n=m}^{\infty} (-1)^n \frac{1}{n! \Gamma(n - m + 1)} \left(\frac{x}{2}\right)^{2n-m}$$

$$= \sum_{k=m}^{\infty} (-1)^k \frac{1}{k! \Gamma(k-m+1)} \left(\frac{x}{2}\right)^{2k-m} \tag{9.2.11}$$

上式右端的函数记为 $\mathrm{J}_{-m}(x)(m>0)$，它是负整阶贝塞尔函数. 如果在贝塞尔函数的一般表达式

$$\mathrm{J}_{\rho}(x) = \sum_{k=0}^{\infty} (-1)^k \frac{1}{k! \Gamma(k+\rho+1)} \left(\frac{x}{2}\right)^{2k+\rho} \tag{9.2.12}$$

中令 $\rho = -m$，并注意到，当 $k = 0,1,2,\cdots,m-1$ 时

$$\frac{1}{\Gamma(k-m+1)} = 0$$

也可以得到式(9.2.11). 换句话说，对于任意实数 ρ，贝塞尔函数 $\mathrm{J}_{\rho}(x)$ 都由式(9.2.12)表示.

现在来讨论贝塞尔方程的通解，大家知道，二阶线性齐次常微分方程的通解，是两个线性无关的特解的线性组合. 下面分两种情形讨论：

(1) 当 ν 不是整数时，由上面讨论可知，贝塞尔方程有两个特解 $\mathrm{J}_{\nu}(x)$ 和 $\mathrm{J}_{-\nu}(x)$，而且它们一定是线性无关的. 这一点可以这样看出来，由(9.2.12)可见，当 $x \to 0$ 时，有

$$\mathrm{J}_{\nu}(x) \approx \frac{1}{\Gamma(\nu+1)} \left(\frac{x}{2}\right)^{\nu} \to 0$$

$$\mathrm{J}_{-\nu}(x) \approx \frac{1}{\Gamma(-\nu+1)} \left(\frac{x}{2}\right)^{-\nu} \to \infty$$

因此，贝塞尔方程的通解为

$$y = C_1 \mathrm{J}_{\nu}(x) + C_2 \mathrm{J}_{-\nu}(x) \quad (C_1, C_2 \text{ 是任意常数})$$

如果令

$$\mathrm{N}_{\nu}(x) = \cot \nu\pi \cdot \mathrm{J}_{\nu}(x) - \csc\nu\pi \cdot \mathrm{J}_{-\nu}(x)$$

$$= \frac{\mathrm{J}_{\nu}(x) \cos \nu\pi - \mathrm{J}_{-\nu}(x)}{\sin \nu\pi} \quad (\nu \neq \text{整数})$$

称它为**第二类 ν 阶贝塞尔函数**或**诺依曼函数**. 显然，$\mathrm{N}_{\nu}(x)$ 与 $\mathrm{J}_{\nu}(x)$ 也是贝塞尔方程的两个线性无关解. 所以，通解也可以表示为

$$y = C_1 \mathrm{J}_{\nu}(x) + C_2 \mathrm{N}_{\nu}(x)$$

(2) 当 ν 是整数 n 时，上面虽也求得了两个特解 $\mathrm{J}_n(x)$ 及 $\mathrm{J}_{-n}(x)$，但由式(9.2.11)，有

$$\mathrm{J}_{-n}(x) = (-1)^n \sum_{k=0}^{\infty} (-1)^k \frac{1}{k! \Gamma(k+n+1)} \left(\frac{x}{2}\right)^{2k+n} = (-1)^n \mathrm{J}_n(x)$$

即 $\mathrm{J}_n(x)$ 和 $\mathrm{J}_{-n}(x)$ 线性相关. 所以，还必须求出一个与 $\mathrm{J}_n(x)$ 线性无关的特解. 为此，定义**整阶诺依曼函数**为

$$\mathrm{N}_n(x) = \lim_{\nu \to n} \mathrm{N}_{\nu}(x) = \lim_{\nu \to n} \frac{\mathrm{J}_{\nu}(x) \cos \nu\pi - \mathrm{J}_{-\nu}(x)}{\sin \nu\pi}$$

因为 $\mathrm{N}_{\nu}(x)$ 是 ν 阶贝塞尔方程的解，所以 $\mathrm{N}_{\nu}(x)$ 的极限 $\mathrm{N}_n(x)$ 是 n 阶贝塞尔方程的解. 由洛必达法则

$$\mathrm{N}_n(x) = \frac{1}{\pi \cos n\pi} \left\{ \left. \frac{\partial}{\partial \nu} \mathrm{J}_{\nu}(x) \right|_{\nu=n} \cos n\pi - \left. \frac{\partial}{\partial \nu} \mathrm{J}_{-\nu}(x) \right|_{\nu=n} \right\}$$

$$= \frac{1}{\pi} \left\{ \frac{\partial}{\partial \nu} J_{\nu}(x) \Big|_{\nu=n} - (-1)^n \frac{\partial}{\partial \nu} J_{-\nu}(x) \Big|_{\nu=n} \right\}$$

再经过一番冗长的推导,可以得到

$$N_n(x) = \frac{2}{\pi} J_n(x) \left(\ln \frac{x}{2} + C \right) - \frac{1}{\pi} \sum_{k=0}^{n-1} \frac{(n-k-1)!}{k!} \left(\frac{x}{2} \right)^{2k-n} -$$

$$\frac{1}{\pi} \sum_{k=0}^{\infty} \frac{(-1)^k \left(\frac{x}{2} \right)^{2k+n}}{k!(k+n)!} \left(\sum_{m=0}^{n+k-1} \frac{1}{m+1} + \sum_{m=0}^{k-1} \frac{1}{m+1} \right)$$

特别地

$$N_0(x) = \frac{2}{\pi} J_0(x) \left(\ln \frac{x}{2} + C \right) - \frac{2}{\pi} \sum_{k=0}^{\infty} \left[\frac{(-1)^k \left(\frac{x}{2} \right)^{2k}}{(k!)^2} \cdot \sum_{m=0}^{k-1} \frac{1}{m+1} \right]$$

这里 $C = \lim_{k \to +\infty} \left[1 + \frac{1}{2} + \cdots + \frac{1}{k} - \ln(k+1) \right] = 0.5772\cdots$,称 C 为**欧拉常数**. 由这些展开式可以看出,当 $x \to 0$ 有,$N_n(x) \to \infty$,而 $J_n(0)$ 是有界的. 因此,$N_n(x)$ 与 $J_n(x)$ 是线性无关的,它们的线性组合

$$y = C_1 J_n(x) + C_2 N_n(x)$$

是 n 阶贝塞尔方程的通解.

结合上面所述,对任何实数 ν,ν 阶贝塞尔方程的通解是

$$y = C_1 J_{\nu}(x) + C_2 N_{\nu}(x)$$

9.3 贝塞尔函数的性质

为了应用上的方便和计算上的简化,必须对贝塞尔函数有进一步的了解,本节讨论贝塞尔函数的一些重要性质.

9.3.1 母函数和积分表示

在复变函数论中,利用罗朗级数证明了下面关系

$$\exp \left\{ \frac{x}{2} (\xi - \xi^{-1}) \right\} = \sum_{n=-\infty}^{\infty} J_n(x) \xi^n \quad (0 < |\xi| < \infty) \tag{9.3.1}$$

上式左端的函数称为整阶贝塞尔函数 $J_n(x)$ 的母函数或生成函数. 在那里还利用(9.3.1)式得到了 $J_n(x)$ 的积分表示

$$J_n(x) = \frac{1}{2\pi} \int_0^{2\pi} \cos(x \sin \theta - n\theta) \mathrm{d}\theta$$

或写成

$$J_n(x) = \frac{1}{2\pi} \int_0^{2\pi} \cos(x \sin \theta - n\theta) \mathrm{d}\theta$$

$$= \frac{1}{2\pi} \int_{-\pi}^{\pi} \exp\{\mathrm{i}(x \sin \theta - n\theta)\} \mathrm{d}\theta \quad (\mathrm{i} = \sqrt{-1})$$

利用母函数可以证明许多关于整阶贝塞尔函数的性质. 例如,加法公式

$$J_n(x+y) = \sum_{k=-\infty}^{+\infty} J_k(x)J_{n-k}(y)$$

事实上,在式(9.3.1)中把 x 换成 $x+y$,有

$$\sum_{n=-\infty}^{+\infty} J_n(x+y)\xi^n = \exp\left\{\frac{x+y}{2}(\xi-\xi^{-1})\right\}$$

$$= \exp\left\{\frac{x}{2}(\xi-\xi^{-1})\right\} \cdot \exp\left\{\frac{y}{2}(\xi-\xi^{-1})\right\}$$

$$= \sum_{k=-\infty}^{+\infty} J_k(x)\xi^k \cdot \sum_{m=-\infty}^{+\infty} J_m(y)\xi^m$$

$$= \sum_{k=-\infty}^{+\infty}\sum_{m=-\infty}^{+\infty} J_k(x)J_m(y)\xi^{k+m}$$

$$= \sum_{n=-\infty}^{+\infty}\left\{\sum_{k=-\infty}^{+\infty} J_k(x)J_{n-k}(y)\right\}\xi^n \quad (\diamondsuit\ m+k=n)$$

再比较上式两边的系数,即得加法公式

9.3.2　微分关系和递推公式

对于贝塞尔函数,下列微分关系成立:

$$\frac{\mathrm{d}}{\mathrm{d}x}\big[x^\nu J_\nu(x)\big] = x^\nu J_{\nu-1}(x) \tag{9.3.2}$$

$$\frac{\mathrm{d}}{\mathrm{d}x}\left[\frac{J_\nu(x)}{x^\nu}\right] = -\frac{J_{\nu+1}(x)}{x^\nu} \tag{9.3.3}$$

或

$$J'_\nu(x) = J_{\nu-1}(x) - \frac{\nu}{x}J_\nu(x) \tag{9.3.4}$$

$$J'_\nu(x) = \frac{\nu}{x}J_\nu(x) - J_{\nu+1}(x) \tag{9.3.5}$$

下面给出第一式的证明,第二式的证明留给读者.由定义

$$J_\nu(x) = \sum_{k=0}^{\infty}(-1)^k\frac{1}{k!\,\Gamma(k+\nu+1)}\left(\frac{x}{2}\right)^{2k+\nu}$$

所以

$$\frac{\mathrm{d}}{\mathrm{d}x}\big[x^\nu J_\nu(x)\big] = \frac{\mathrm{d}}{\mathrm{d}x}\left[\sum_{k=0}^{\infty}(-1)^k\frac{1}{k!\,\Gamma(\nu+k+1)}\cdot\frac{1}{2^{2k+\nu}}\cdot x^{2k+2\nu}\right]$$

$$= \sum_{k=0}^{\infty}\frac{(-1)^k}{k!\,\Gamma(\nu+k+1)}\cdot\frac{2(k+\nu)}{2^{2k+\nu}}\cdot x^{2k+2\nu-1}$$

$$= x^\nu\sum_{k=0}^{\infty}\frac{(-1)^k}{k!\,\Gamma(\nu-1+k+1)}\cdot\left(\frac{x}{2}\right)^{2k+\nu-1}$$

$$= x^\nu J_{\nu-1}(x)$$

这两个公式表明,通过 ν 阶贝塞尔函数,可以求出低一阶($\nu-1$)或高一阶的贝塞尔函数.

特别,当 $\nu=0$ 时,有

$$J'_0(x) = J_{-1}(x) = -J_1(x)$$

由此可以断言 $J_0(x)$ 的极值点就是 $J_1(x)$ 的零点.

公式(9.3.2),(9.3.3)还可以写成另一个形式,先把(9.3.2),(9.3.3)两边除以 x,即得

$$\frac{\mathrm{d}}{x\mathrm{d}x}[x^\nu J_\nu(x)] = x^{\nu-1}J_{\nu-1}(x)$$

$$\frac{\mathrm{d}}{x\mathrm{d}x}[x^{-\nu}J_\nu(x)] = -x^{-(\nu+1)}J_{\nu+1}(x)$$

把 $\frac{\mathrm{d}}{x\mathrm{d}x}$ 看成一个算符(求导后除以 x),并把这个算符对上式再作用一次,得

$$\left(\frac{\mathrm{d}}{x\mathrm{d}x}\right)^2[x^\nu J_\nu(x)] = x^{\nu-2}J_{\nu-2}(x)$$

$$\left(\frac{\mathrm{d}}{x\mathrm{d}x}\right)^2[x^{-\nu}J_\nu(x)] = x^{-(\nu+2)}J_{\nu+2}(x)$$

注意这里 $\left(\frac{\mathrm{d}}{x\mathrm{d}x}\right)^2 = \frac{\mathrm{d}}{x\mathrm{d}x}\frac{\mathrm{d}}{x\mathrm{d}x} \neq \frac{\mathrm{d}^2}{x^2\mathrm{d}x^2}$. 一般地,有

$$\left(\frac{\mathrm{d}}{x\mathrm{d}x}\right)^n[x^\nu J_\nu(x)] = x^{\nu-n}J_{\nu-n} \tag{9.3.6}$$

及

$$\left(\frac{\mathrm{d}}{x\mathrm{d}x}\right)^n[x^{-\nu}J_\nu(x)] = (-1)^n x^{-(\nu+n)}J_{\nu+n}(x) \tag{9.3.7}$$

将(9.3.4)、(9.3.5)两式相减及相加,分别得到

$$J_{\nu-1}(x) + J_{\nu+1}(x) = \frac{2\nu}{x}J_\nu(x)J_{\nu-1}(x) - J_{\nu+1}(x) = 2J_\nu'(x) \tag{9.3.8}$$

(9.3.8)式表明,由两个相邻阶的贝塞尔函数,就可以求出更高一阶的贝塞尔函数来,如

$$J_2(x) = \frac{2}{x}J_1(x) - J_0(x) = \frac{-2}{x}J_0'(x) - J_0(x)$$

$$J_3(x) = \frac{4}{x}J_2(x) - J_1(x) = \left(\frac{8}{x^2} - 1\right)J_1(x) - \frac{4}{x}J_0(x)$$

再注意到关系 $J_{-n}(x) = (-1)^n J_n(x)$,可知所有整数阶的贝塞尔函数 $J_n(x)$(n 为整数)都可用 $J_0(x)$ 和 $J_1(x)$ 来表示. 这样,只要有了关于 $J_0(x)$,$J_1(x)$ 的函数表,就可以求出 $J_2(x)$,$J_3(x)$ 等在相应处的函数值.

当 ν 不等于整数时,$N_\nu(x)$ 是 $J_\nu(x)$ 和 $J_{-\nu}(x)$ 的线性组合,故微分关系和递推公式对非整阶诺依曼函数成立,可以证明,它们对整阶诺依曼函数也成立.

例 1   求证下列等式:

(1)$\cos(x\sin\theta) = J_0(x) + 2[J_2(x)\cos 2\theta + J_4(x)\cos 4\theta + \cdots]$

(2)$\sin(x\sin\theta) = 2[J_1(x)\sin\theta + J_3(x)\sin 3\theta + \cdots]$

解   在生成函数(9.3.1)中,令 $\xi = e^{\mathrm{i}\theta}$,并由 $J_{-n}(x) = (-1)^n J_n(x)$,有

$$\exp\left\{\frac{x}{2}(e^{\mathrm{i}\theta} - e^{-\mathrm{i}\theta})\right\} = e^{\mathrm{i}x\sin\theta} = \sum_{n=-\infty}^{+\infty}J_n(x)e^{\mathrm{i}n\theta}$$

$$= \sum_{n=-\infty}^{+\infty}J_n(x)(\cos n\theta + \mathrm{i}\sin n\theta)$$

$$= J_0(x) + \sum_{n=1}^{\infty} [J_n(x) + J_{-n}(x)] \cos n\theta +$$

$$i \sum_{n=1}^{\infty} [J_n(x) - J_{-n}(x)] \sin n\theta$$

$$= J_0(x) + 2 \sum_{k=1}^{\infty} J_{2k}(x) \cos 2k\theta + 2i \sum_{k=1}^{\infty} J_{2k-1}(x) \sin(2k-1)\theta$$

上式两边的实部和虚部分别相等,即得要证的等式.

从富氏级数的观点看,例1中的两个等式分别是函数(x 看作参数)$\cos(x\sin\theta)$ 的余弦展开及 $\sin(x\sin\theta)$ 的正弦展开.

利用积分表达式,微分关系及递推公式,可以计算某些含贝塞尔函数的积分.

*例 2　计算积分 $I = \int_0^{+\infty} e^{-ax} J_0(bx) dx$,并求拉氏变换:

$$L[J_0(t)], L[J_1(t)], L[J_n(t)] \quad (n = 0, 1, 2, \cdots)$$

这里 a, b 为实数,且 $a > 0$.

解　把 $J_0(bx)$ 的积分表达式代入所给积分中,并交换积分次序,得

$$I = \frac{1}{2\pi} \int_0^{+\infty} e^{-ax} dx \int_{-\pi}^{\pi} e^{ibx\sin\theta} d\theta$$

$$= \frac{1}{2\pi} \int_{-\pi}^{\pi} d\theta \int_0^{+\infty} \exp\{-ax + ibx\sin\theta\} dx \qquad (9.3.9)$$

因

$$\left| \int_0^{+\infty} \exp\{-ax + ibx\sin\theta\} dx \right| \leqslant \int_0^{+\infty} e^{-ax} dx$$

故(9.3.9)式中的无穷积分对 $-\pi \leqslant \theta \leqslant \pi$ 一致收敛. 从而,在(9.3.9)中交换积分次序是合理的,于是

$$I = \frac{1}{2\pi} \int_{-\pi}^{\pi} \frac{1}{-a + ib\sin\theta} \exp\{-ax + ibx\sin\theta) \Big|_0^{+\infty} d\theta$$

$$= \frac{1}{2\pi} \int_{-\pi}^{\pi} \frac{d\theta}{a - ib\sin\theta} = \frac{1}{2\pi} \int_{-\pi}^{\pi} \frac{a + ib\sin\theta}{a^2 + b^2\sin^2\theta} d\theta$$

$$= \frac{a}{2\pi} \int_{-\pi}^{\pi} \frac{1}{a^2 + b^2\sin^2\theta} d\theta = \frac{1}{\sqrt{a^2 + b^2}}$$

最后这个积分不难利用留数定理计算.

当 $\mathrm{Re}\, p > 0$ 时,由定义

$$L[J_0(t)] = \int_0^{+\infty} J_0(t) e^{-pt} dt$$

这个积分可用上面一样的方式计算,即

$$L[J_0(t)] = \frac{1}{\sqrt{p^2 + 1}}$$

又由分部积分及 $JJ_0'(x) = -J_1(x), J_0(0) = 1$,有

$$L[J_1(t)] = \int_0^{+\infty} J_1(t) e^{-pt} dt = -J_0(t) e^{-pt} \Big|_0^{+\infty} - p \int_0^{+\infty} J_0(t) e^{-pt} dt$$

$$= 1 - \frac{p}{\sqrt{p^2+1}} = \frac{\sqrt{p^2+1} - p}{\sqrt{p^2+1}}$$

由分部积分及递推公式 $J_n'(x) = \frac{1}{2}[J_{n-1}(x) - J_{n+1}(x)]$，并注意到当 $n \geqslant 1$ 时，$J_n(0) = 0$，记 $L_n = L[J_n(t)]$，有

$$L_n = \int_0^{+\infty} J_n(t) e^{-pt} dt$$

$$= -\frac{1}{p} e^{-pt} J_n(t) \Big|_0^{+\infty} + \frac{1}{2p} \int_0^{+\infty} [J_{n-1}(t) - J_{n+1}(t)] e^{-pt} dt$$

$$= \frac{1}{2p}(L_{n-1} - L_{n+1}) \quad (n \geqslant 1)$$

即

$$L_{n+1} = L_{n-1} - 2pL_n$$

取 $n = 1$，得

$$L_2 = L_0 - 2pL_1 = \frac{1}{\sqrt{p^2+1}} - 2p \frac{\sqrt{p^2+1} - p}{\sqrt{p^2+1}}$$

$$= \frac{(\sqrt{p^2+1} - p)^2}{\sqrt{p^2+1}}$$

利用数学归纳法，不难证明

$$L_n = \frac{(\sqrt{p^2+1} - p)^n}{\sqrt{p^2+1}} \quad (n = 0, 1, 2, \cdots)$$

例 3　计算积分 $\int x^3 J_{-2}(x) dx$.

解　由分部积分法及微分关系 $(x^\nu J_\nu)' = x^\nu J_{\nu-1}$，有

$$\int x^3 J_{-2} dx = \int x^4 (x^{-1} J_{-2}) dx = x^4 (x^{-1} J_{-1}) - 4 \int x^3 (x^{-1} J_{-1}) dx$$

$$= x^3 J_{-1} - 4 \int x^2 J_{-1} dx = -x^3 J_1 - 4 \int x^2 J_0' dx$$

$$= -x^3 J_1 - 4x^2 J_0 + 8 \int x J_0 dx$$

$$= (-x^3 + 8x) J_1(x) - 4x^2 J_0(x) + C$$

例 4　证明 $\int x^2 J_2(x) dx = -x^2 J_1(x) - 3x J_0(x) + 3 \int J_0(x) dx$.

解　由分部积分及微分关系 $(x^{-\nu} J_\nu)' = -x^{-\nu} J_{\nu+1}$，有

$$\int x^2 J_2 dx = \int x^3 (x^{-1} J_2) dx = x^3 (-x^{-1} J_1) + 3 \int x^2 (x^{-1} J_1) dx$$

$$= -x^2 J_1 - 3 \int x J_0' dx = -x^2 J_1 - 3 \left(x J_0 - \int J_0 dx \right)$$

一般说来，对于形如 $\int x^p J_q(x) dx$ 的积分，若 p、q 为整数，$p+q \geqslant 0$ 且 $p+q$ 为奇数，这个积分可用 $J_0(x)$ 和 $J_1(x)$ 直接表示出来；若 $p+q$ 为偶数，则结果只能做到用 $\int J_0(x) dx$ 表

示.

9.3.3 贝塞尔半阶函数

贝塞尔函数和诺依曼函数,一般说来都不是初等函数. 但半奇数阶贝塞尔函数 $J_\nu(x)(\nu = n + \frac{1}{2}, n$ 为整数) 和 $N_\nu(x)$ 都是初等函数. 先计算 $J_{\frac{1}{2}}(x)$ 和 $J_{-\frac{1}{2}}(x)$,由定义

$$J_{-\frac{1}{2}}(x) = \sum_{k=0}^{\infty} \frac{(-1)^k}{k!\,\Gamma(k+\frac{1}{2})}\left(\frac{x}{2}\right)^{2k-\frac{1}{2}} = \sqrt{\frac{2}{x}}\sum_{k=0}^{\infty} \frac{(-1)^k}{k!\,\Gamma\left(k+\frac{1}{2}\right)}\left(\frac{x}{2}\right)^{2k}$$

根据 Γ 函数的性质,有

$$\Gamma\left(k+\frac{1}{2}\right) = \Gamma\left(k-\frac{1}{2}+1\right) = \left(k-\frac{1}{2}\right)\Gamma\left(k-\frac{1}{2}\right)$$

$$= \left(k-\frac{1}{2}\right)\left(k-\frac{3}{2}\right)\Gamma\left(\frac{2k-3}{2}\right)$$

$$= \frac{2k-1}{2}\cdot\frac{2k-3}{2}\cdot\frac{2k-5}{2}\Gamma\left(\frac{2k-5}{2}\right)$$

$$= \cdots = \frac{2k-1}{2}\cdot\frac{2k-3}{2}\cdots\frac{1}{2}\Gamma\left(\frac{1}{2}\right)$$

$$= \frac{(2k)!}{2^{2k}\cdot k!}\sqrt{\pi}$$

于是

$$J_{-\frac{1}{2}}(x) = \sqrt{\frac{2}{\pi x}}\sum_{k=0}^{\infty} \frac{(-1)^k}{(2k)!}x^{2k} = \sqrt{\frac{2}{\pi}}\frac{\cos x}{\sqrt{x}}$$

同理

$$J_{\frac{1}{2}}(x) = \sqrt{\frac{2}{\pi}}\frac{\sin x}{\sqrt{x}}$$

在(9.3.6) 及(9.3.7) 中分别令 $\nu = -\frac{1}{2}$ 及 $\nu = \frac{1}{2}$. 便得

$$J_{-\left(n+\frac{1}{2}\right)}(x) = \sqrt{\frac{2}{\pi}}x^{n+\frac{1}{2}}\left(\frac{1}{x}\frac{\mathrm{d}}{\mathrm{d}x}\right)^n\left(\frac{\cos x}{x}\right)$$

$$J_{n+\frac{1}{2}}(x) = (-1)^n\sqrt{\frac{2}{\pi}}x^{n+\frac{1}{2}}\left(\frac{1}{x}\frac{\mathrm{d}}{\mathrm{d}x}\right)^n\left(\frac{\sin x}{x}\right)$$

因为

$$N_{n+\frac{1}{2}}(x) = \frac{J_{n+\frac{1}{2}}(x)\cos\left(n+\frac{1}{2}\right)\pi - J_{-\left(n+\frac{1}{2}\right)}(x)}{\sin\left(n+\frac{1}{2}\right)\pi} = (-1)^{n+1}J_{-\left(n+\frac{1}{2}\right)}(x)$$

同样

$$N_{-\left(n+\frac{1}{2}\right)}(x) = (-1)^n J_{n+\frac{1}{2}}(x)$$

所以,$N_{\left(n+\frac{1}{2}\right)}(x)$ 和 $N_{-\left(n+\frac{1}{2}\right)}(x)$ 也是初等函数.

9.3.4 贝塞尔函数渐近公式

在贝塞尔函数的应用中,常常需要求出这些函数当自变量 x 取很大的值时的函数值,如果利用级数展开式来计算这些值,显然是很麻烦的.下面列举当自变量 x 很大时,贝塞尔函数的渐近公式,它们的推导过程从略.

当 x 很大 $(x \to +\infty)$ 时,有

$$J_\nu(x) \approx \sqrt{\frac{2}{\pi x}} \cos\left(x - \frac{\nu\pi}{2} - \frac{\pi}{4}\right)$$

$$N_\nu(x) \approx \sqrt{\frac{2}{\pi x}} \sin\left(x - \frac{\nu\pi}{2} - \frac{\pi}{4}\right)$$

严格地说,是

$$J_\nu(x) = \sqrt{\frac{2}{\pi x}} \cos\left(x - \frac{\nu\pi}{2} - \frac{\pi}{4}\right) + O(x^{-3/2})$$

$$N_\nu(x) = \sqrt{\frac{2}{\pi x}} \sin\left(x - \frac{\nu\pi}{2} - \frac{\pi}{4}\right) + O(x^{-3/2})$$

因此

$$\lim_{x \to +\infty} J_\nu(x) = \lim_{x \to +\infty} N_\nu(x) = 0$$

由于余弦函数和正弦函数在 -1 到 1 之间振动无限多次,所以从这些渐近公式可以看出,$J_\nu(x)$ 和 $N_\nu(x)$ 应有无限多个实零点.下面更详细地讨论贝塞尔函数的零点.

9.3.5 贝塞尔函数的零点和衰减振荡性

(1) 函数 $J_\nu(x)$ 有无穷多个实零点,而且可以证明:当 $\nu > -1$ 时,$J_\nu(x)$ 只有实零点.后一事实的证明,要用到贝塞尔函数的正交性,本书把它放在本章的附录中.

由 $J_0(x)$ 的级数表示,不难得到

$$J_\nu(-x) = (-1)^\nu J_\nu(x)$$

特别,$J_0(x)$ 是偶函数;$J_1(x)$ 是奇函数,由上式可见,$J_\nu(x)$ 的无穷多个实零点是关于原点对称分布着的,因而 $J_\nu(x)$ 必有无穷多个正零点.

(2) 当 $n \geqslant 1$ 时,$x = 0$ 是 $J_n(x)$ 的 n 级零点(这从展开式直接可以看出),而其他的零点都是一阶的.

事实上,若 $x_0(\neq 0)$ 是 $J_n(x)$ 的二级或更高级零点,则有 $J_n(x_0) = 0, J_n'(x_0) = 0$. 而 $J_n(x)$ 满足一个二阶线性齐次微分方程,于是由微分方程解的唯一性定理,必有 $J_n(x) \equiv 0$,而这是不可能的.这就证得 $J_n(x)$ 的非零零点都是一阶的.

(3) $J_\nu(x)$ 与 $J_{\nu+1}(x)$ 无非零公共零点.

事实上,由

$$\left[x^{-\nu} J_\nu(x)\right]' = -x^{-\nu} J_{\nu+1}(x)$$

得

$$-\nu x^{-\nu-1} J_\nu(x) + x^{-\nu} J_\nu'(x) = -x^{-\nu} J_{\nu+1}(x)$$

于是,若在 $x_0 \neq 0$ 处有

$$J_\nu(x_0) = J_{\nu+1}(x_0) = 0$$

则

$$J'_\nu(x_0) = 0$$

从而,$J_\nu(x) \equiv 0$,推得矛盾. 即证得 $J_\nu(x)$ 与 $J_{\nu+1}(x)$ 无非零公共零点.

(4) 在 $J_\nu(x)$ 两个相邻零点之间有且只有一个 $J_{\nu+1}(x)$ 的零点,反之亦然.

因为由公式

$$[x^{-\nu}J_\nu(x)]' = -x^{-\nu}J_{\nu+1}(x)$$

并应用罗尔定理,可知在 $J_\nu(x)$ 的两个相邻零点之间至少有 $J_{\nu+1}(x)$ 的一个零点. 再由公式

$$[x^{\nu+1}J_{\nu+1}(x)]' = -x^{\nu+1}J_\nu(x) \tag{9.3.10}$$

可知在 $J_{\nu+1}(x)$ 的两个相邻零点之间至少有 $J_\nu(x)$ 的一个零点. 合并这两个结果可知 $J_\nu(x)$ 与 $J_{\nu+1}(x)$ 的正零点两两相间.

(5)$J_\nu(x)$ 的最小正零点比 $J_{\nu+1}(x)$ 的最小正零点更接近于原点.

事实上,设 a,b 分别是 $J_\nu(x)$ 和 $J_{\nu+1}(x)$ 的最小正零点. 因 $x^{\nu+1}J_{\nu+1}(x)$ 以 $x=0$ 为零点,于是对(9.3.10)式应用罗尔定理,得 $J_\nu(x)$ 有一零点在 $(0,b)$ 内,由此知 $a < b$.

(6) 方程 $J'_\nu(x) = 0$ 有无穷多个实根,这从(1)并利用罗尔定理就可以得出,更一般地,可以证明,方程

$$J_\nu(x) + hxJ'_\nu(x) = 0 \quad (h \text{ 为常数})$$

有无穷多个实根.

从上面所述贝塞尔函数的零点性质,可见 $J_\nu(x)$ 的图形很像三角函数的图形,再联系到前面讲的渐近公式,就更容易看出这一点. 但由于渐近公式中,有一衰减因子 $\sqrt{\dfrac{2}{\pi x}}$,因此 $J_\nu(x)$ 是一个衰减振荡函数,它在 x 轴上下来回摆动而且逐渐靠近 x 轴,图 3-1 是 $J_0(x)$ 和 $J_1(x)$ 在右半平面的图像.

9.4　贝塞尔方程的固有值问题

在一般的斯图模 - 刘维尔方程

$$\frac{\mathrm{d}}{\mathrm{d}x}\left[k(x)\frac{\mathrm{d}y}{\mathrm{d}x}\right] - q(x)y + \lambda\rho(x)y = 0$$

中,令 $k(x) = x, q(x) = \dfrac{\nu^2}{x}, \rho(x) = x$,再乘以 x 后就得到贝塞尔方程

$$x^2 y''(x) + xy'(x) + (\lambda x^2 - \nu^2)y(x) = 0 \quad (0 < x < a, \nu \geqslant 0) \tag{9.4.1}$$

由于这里的 $k(x), q(x), \rho(x)$ 在 $[0,a]$ 上满足斯 - 刘定理的条件,从而,可以用斯 - 刘定理研究方程(9.4.1)的固有值问题.

设 $y(x)$ 在 a 端满足下列三种边界条件之一:

$$y(a) = 0, \quad y'(a) = 0, \quad y(a) + hy'(a) = 0$$

方程(9.4.1)的通解是

$$y(x) = AJ_\nu(\sqrt{\lambda}x) + BN_\nu(\sqrt{\lambda}x)$$

由自然边界条件 $|y(0)| < \infty$（由于 $k(0) = 0$，故在 $x = 0$ 处就要提自然边界条件）可得 $B = 0$，所以

$$y(x) = J_\nu(\sqrt{\lambda} x)$$

而三种边界条件就分别成为（记 $\sqrt{\lambda} = \omega$）

$$J_\nu(a\omega) = 0, \quad J_\nu'(a\omega) = 0, \quad J_\nu(a\omega) + \omega h J_\nu'(a\omega) = 0$$

由前节所述，这些方程都有无限多个正实零点，将它们分别依次记为

$$\omega_1, \omega_2, \omega_3, \cdots$$

于是固有值

$$\lambda_n = \omega_n^2, \quad (n = 1, 2, \cdots)$$

根据斯图模 - 刘维尔定理：若 ω_1, ω_2 是下列方程

$$J_\nu(ax) = 0, \quad J_\nu'(ax) = 0, \quad J_\nu(ax) + xh J_\nu'(ax) = 0 \tag{9.4.2}$$

之任一的两个不同的根，则 $J_\nu(\omega_1 x)$ 和 $J_\nu(\omega_2 x)$ 加权 $\rho(x) = x$ 正交，即

$$\int_0^a x J_\nu(\omega_1 x) J_\nu(\omega_2 x) dx = 0$$

下面计算贝塞尔函数的模的平方

$$N_\nu^2 = \int_0^a x J_\nu^2(\omega x) dx$$

记 $y(x) = J_\nu(\omega x)$，它满足方程 (1)，即

$$x(xy')' + (\omega^2 x^2 - \nu^2) y = 0$$

两边同乘以 $2y'$，得

$$2xy'(xy')' + 2(\omega^2 x^2 - \nu^2) yy' = 0$$

或

$$d(xy')^2 + (\omega^2 x^2 - \nu^2) dy^2 = 0$$

把上式从 0 到 a 积分，并对第二项进行分部积分，得

$$(xy')^2 \Big|_0^a + (\omega^2 x^2 - \nu^2) y^2 \Big|_0^a = 2\omega^2 \int_0^a xy^2 dx = 2\omega^2 N_\nu^2$$

因 $\nu \neq 0$ 时，$y(0) = J_\nu(0) = 0$，故上式即（包括 $\nu = 0$ 时）

$$a^2 \omega^2 J_\nu'^2(\omega a) + (\omega^2 a^2 - \nu^2) J_\nu^2(\omega a) = 2\omega^2 N_\nu^2 \tag{9.4.3}$$

(1) 对于第一种边界条件：$J_\nu(\omega a) = 0$. 由微分关系

$$J_\nu'(x) = \frac{\nu}{x} J_\nu(x) - J_{\nu+1}(x)$$

得

$$J_\nu'(\omega a) = -J_{\nu+1}(\omega a)$$

这样，由 (9.4.3) 式得

$$N_{\nu 1}^2 = \frac{a^2}{2} J_{\nu+1}^2(\omega a)$$

这里为了说明是第一种边界条件下的模，特加了下标 1. 后面下标 2、3 的含义相同.

(2) 对第二种边界条件：$J_\nu'^2(\omega a) = 0$. 由 (9.4.3) 式得

$$N_{\nu 2}^2 = \frac{1}{2} \left[a^2 - \left(\frac{\nu}{\omega} \right)^2 \right] J_\nu^2(\omega a)$$

（3）对第三种边界条件：$J_{\nu}'(\omega a) = -\dfrac{J_{\nu}(\omega a)}{\omega h}$ 由（3）式可得

$$N_{\nu 3}^2 = \frac{1}{2}\left[a^2 - \left(\frac{\nu}{\omega}\right)^2 + \left(\frac{a}{\omega h}\right)^2\right]J_{\nu}^2(\omega a)$$

设 $\omega_1, \omega_2, \cdots$ 是（9.4.2）中三个方程之一的所有非负零点，由斯图模 - 刘维尔定理，函数系 $\{J_{\nu}(\omega_n x)\}$ 是完备正交系. 因此，可把函数 $r = r_0$ 展开成傅里叶 - 贝塞尔级数

$$f(x) = \sum_{n=1}^{\infty} f_n J_{\nu}(\omega_n x) \tag{9.4.4}$$

这里

$$f_n = \frac{1}{N_{\nu}^2}\int_0^a x f(x) J_{\nu}(\omega_n x)\,\mathrm{d}x \tag{9.4.5}$$

而模的平方 N_{ν}^2 则由边界条件来选定. 可以证明下面应用范围更广泛的定理.

定理 1　设 $f(x)$ 是定义在 $(0, a)$ 内的逐段光滑的函数，积分 $\int_0^a \sqrt{x}\,|f(x)|\,\mathrm{d}x$ 具有有限值，且 $f(x)$ 满足相应固有值的边界条件. 那么傅里叶 - 贝塞尔级数（9.4.4）收敛于 $\frac{1}{2}[f(x+0) + f(x-0)]$，级数（9.4.4）中 ω_n 是（9.4.2）中三个方程之一的根.

例 1　设 $\omega_n (n = 1, 2, \cdots)$ 是方程 $J_0(x) = 0$ 的所有正根，试将函数 $f(x) = 1 - x^2 (0 < x < 1)$ 展成贝塞尔函数 $J_0(\omega_n x)$ 的级数.

解　按公式（9.4.4）和（9.4.5），设

$$1 - x^2 = \sum_{n=1}^{\infty} C_n J_0(\omega_n x)$$

则

$$
\begin{aligned}
C_n &= \frac{1}{N_{01}^2}\int_0^1 (1 - x^2) x J_0(\omega_n x)\,\mathrm{d}x \\
&= \frac{1}{N_{01}^2 \omega_n^2}\int_0^{\omega_n} t\left(1 - \frac{t^2}{\omega_n^2}\right)J_0(t)\,\mathrm{d}t \quad （令\ t = \omega_n x） \\
&= \frac{1}{N_{01}^2 \omega_n^2}\left[\left(1 - \frac{t^2}{\omega_n^2}\right)t J_1(t)\bigg|_0^{\omega_n} + \frac{2}{\omega_n^2}\int_0^{\omega_n} t^2 J_1(t)\,\mathrm{d}t\right] \\
&= \frac{2}{\omega_n^2 J_1^2(\omega_n)}\cdot\frac{2}{\omega_n^2}t^2 J_1(t)\bigg|_0^{\omega_n} = \frac{4 J_2(\omega_n)}{\omega_n^2 J_1^2(\omega_n)}
\end{aligned}
$$

又由递推关系

$$J_2(x) = \frac{2}{x}J_1(x) - J_0(x)$$

及 $J_0(\omega_n) = 0$，有

$$J_2(\omega_n) = \frac{2 J_1(\omega_n)}{\omega_n}$$

因而

$$C_n = \frac{8}{\omega_n^3 J_1(\omega_n)}$$

所以

$$1 - x^2 = \sum_{n=1}^{\infty} \frac{8}{\omega_n^3 J_1(\omega_n)} J_0(\omega_n x)$$

依收敛定理,这个级数在$[0,1]$上绝对一致收敛于$1-x^2$.

例2 圆柱冷却问题的最终解决.

解 在3.1中,曾提出定解问题

$$\begin{cases} \dfrac{\partial u}{\partial t} = a^2 \left(\dfrac{\partial^2 u}{\partial r^2} + \dfrac{1}{r} \dfrac{\partial u}{\partial r} + \dfrac{1}{r^2} \dfrac{\partial^2 u}{\partial \theta^2} \right) & (r < r_0, 0 \leqslant \theta < 2\pi, t > 0) \\ u(t, r_0, \theta) = 0 \\ u(0, r, \theta) = \varphi_1(r, \theta) \end{cases}$$

设$u = R(r)\Theta(\theta)T(t)$,由分离变量法有

$$\begin{cases} \Theta(\theta) = a_n \cos n\theta + b_n \sin n\theta & (n = 0, 1, 2, \cdots) \\ (rR')' + \left(\lambda r - \dfrac{n^2}{r} \right) R = 0 & (\lambda = k^2) \\ |R(0)| < \infty, R(r_0) = 0 \end{cases} \tag{9.4.6}$$

$$T' + a^2 k^2 T = 0 \tag{9.4.7}$$

由前面的讨论,固有值问题(9.4.6)的固有值是$\lambda_m = \omega_{mn}^2 (m = 1, 2, \cdots)$,$\omega_{mn}$是$J_n(\omega r_0) = 0$的所有正实根,相应固有函数为$J_n(\omega_{mn} r)$.再由$T$的方程得

$$T(t) = \exp\{-a^2 \omega_{mn}^2 t\}$$

这样就得到满足方程和边界条件的特解

$$u_{mn} = J_n(\omega_{mn} r)(A_{mn} \cos n\theta + B_{mn} \sin n\theta) \exp\{-a^2 \omega_{mn}^2 t\}$$

把特解叠加,得

$$u = \sum_{m=1}^{\infty} \sum_{n=0}^{\infty} J_n(\omega_{mn} r)(A_{mn} \cos n\theta + B_{mn} \sin n\theta) \exp\{-a^2 \omega_{mn}^2 t\}$$

由初始条件得

$$\varphi_1(r, \theta) = \sum_{m=1}^{\infty} \sum_{n=1}^{\infty} J_n(\omega_{mn} r)(A_{mn} \cos n\theta + B_{mn} \sin n\theta) \tag{9.4.8}$$

这是二元函数$\varphi_1(r, \theta)$按函数系数$\{J_n(\omega_{mn} r) \cos n\theta, J_n(\omega_{mn} r) \sin n\theta, \cdots\}$的二重傅里叶-贝塞尔展开,其中

$$A_{mn} = \frac{\delta_n}{\pi r_0^2 J_{n+1}^2(\omega_{mn} r_0)} \int_0^{r_0} \int_0^{2\pi} r\varphi_1(r, \theta) J_n(\omega_{mn} r) \cos n\theta \, dr d\theta; \delta_n$$

$$= \begin{cases} 1, & n = 0 \\ 2, & n \neq 0 \end{cases}$$

$$B_{mn} = \frac{2}{\pi r_0^2 J_{n+1}^2(\omega_{mn} r_0)} \int_0^{r_0} \int_0^{2\pi} r\varphi_1(r, \theta) J_n(\omega_{mn} r) \sin n\theta \, dr d\theta$$

把A_{mn}, B_{mn}代入(9.4.8)式,得所求解.

例3 有一均匀圆柱,半径为a,柱高为l,柱侧绝热而上下底温度保持为$f_2(r)$和$f_1(r)$,试求柱内稳定温度分布.

解 采用柱坐标系,设柱内的稳定温度分布为$u(r, \varphi, z)$,问题归结为定解问题

$$\begin{cases} \Delta u(r,\varphi,z) = \dfrac{\partial^2 u}{\partial r^2} + \dfrac{1}{r}\dfrac{\partial u}{\partial r} + \dfrac{1}{r^2}\dfrac{\partial^2 u}{\partial \varphi^2} + \dfrac{\partial^2 u}{\partial z^2} = 0\ (\text{稳定温度}) \\[2mm] \left.\dfrac{\partial u}{\partial r}\right|_{r=a} = 0\ (\text{柱侧绝热}) \\[2mm] u(r,\varphi,0) = f_1(r) \\[2mm] u(r,\varphi,l) = f_2(r) \end{cases}$$

考虑到圆柱关于 φ 的对称性及上下底与侧面的定解条件不依赖于 φ，所以问题的解也不依赖于 φ，即 $u = u(r,z)$. 设

$$u = R(r)Z(z)$$

进行分离变量后,得到

$$r^2 R'' + rR' + \lambda r^2 R = 0 \tag{9.4.9}$$
$$Z'' - \lambda Z = 0 \tag{9.4.10}$$

记 $\lambda = \omega^2$，方程(9.4.9)的有界解是

$$R(r) = J_0(\omega r)$$

再由边界条件 $\left.\dfrac{\partial u}{\partial r}\right|_{r=a} = 0$，可知 $R'(a) = 0$，即

$$J_1(\omega a) = 0$$

记此方程的所有非负根为 $\omega_0 = 0, \omega_1, \omega_2, \cdots$，则固有值为

$$\lambda_0 = 0;\quad \lambda_n = \omega_n^2 \quad (n = 1,2,\cdots)$$

相应固有函数为

$$J_0(\omega_0 r), J_0(\omega_1 r), \cdots, J_0(\omega_n r)$$

将 $\lambda = \omega_n^2 (n = 0,1,2,\cdots)$ 代入(9.4.10)得

$$Z_0(z) = C_0 + D_0 z$$
$$Z_n(z) = C_n \mathrm{ch}\omega_n z + D_n \mathrm{sh}\omega_n z \quad (n = 1,2,\cdots)$$

根据叠加原理,得到满足方程和侧面边界条件的解是

$$u(r,z) = C_0 + D_0 z + \sum_{n=1}^{\infty} (C_n \mathrm{ch}\ \omega_n z + D_n \mathrm{sh}\ \omega_n z) J_0(\omega_n r) \tag{9.4.11}$$

再由圆柱底面的边界条件,有

$$f_1(r) = u(r,0) = C_0 + \sum_{n=1}^{\infty} C_n J_0(\omega_n r) \tag{9.4.12}$$

及

$$f_2(r) = u(r,l)$$
$$= C_0 + D_0 l + \sum_{n=1}^{\infty} (C_n \mathrm{ch}\omega_n l + D_n \mathrm{sh}\omega_n l) J_0(\omega_n r) \tag{9.4.13}$$

将 $f_1(r)$ 及 $f_2(r)$ 分别按 $\{J_0(\omega_n r), n = 0,1,2,\cdots\}$ 展开,并将各展开式的系数相应记为 f_{1n} 及 $f_{2n}(n = 0,1,2,\cdots)$，则由(9.4.12)式得(注意这里要取第二边界条件下的模)

$$C_0 = \frac{2}{a^2}\int_0^a f_1(r) r\mathrm{d}r = f_{10}$$

$$C_n = \frac{2}{a^2 J_0^2(\omega_n a)} \int_0^a J_0(\omega_n r) f_1(r) r\mathrm{d}r = f_{1n} \quad (n = 1,2,\cdots)$$

由(9.4.13)式得

$$C_0 + D_0 l = \frac{2}{a^2}\int_0^a f_2(r)r\mathrm{d}r = f_{20}$$

$$C_n\mathrm{ch}\ \omega_n l + D_n\mathrm{sh}\ \omega_n l = \frac{2}{a^2 J_0^2(\omega_n a)}\int_0^a J_0(\omega_n r)f_2(r)r\mathrm{d}r$$

$$= f_{2n}\quad (n=1,2,\cdots)$$

解之得

$$D_0 = \frac{f_{20}-f_{10}}{l}$$

$$D_n = \frac{f_{2n}-f_{1n}\mathrm{ch}\ \omega_n l}{\mathrm{sh}\ \omega_n l}\quad (n=1,2\cdots)$$

将以上求得的 C_n 及 D_n 代入(9.4.11)式,得所求解.

习题 9

1. 在柱坐标系中对拉普拉斯方程进行分离变量,写出各常微分方程.

2. 计算:

(1) $\dfrac{\mathrm{d}}{\mathrm{d}x}J_0(ax)$; (2) $\dfrac{\mathrm{d}}{\mathrm{d}x}[xJ_1(ax)]$.

3. 用的级数表示证明:

$$\int_0^{\frac{\pi}{2}} J_0(x\cos\theta)\cos\theta\mathrm{d}\theta = \frac{\sin x}{x}.$$

4. 证明 $\sqrt{x}J_{3/2}(x)$ 是方程 $x^2 y'' + (x^2-2)y = 0$ 的一个解.

5. 利用 9.3.2 节例 1 的结果证明:

(1) $1 = J_0(x) + 2\displaystyle\sum_{k=1}^{\infty} J_{2k}(x)$;

(2) $\sin x = 2\displaystyle\sum_{k=0}^{\infty}(-1)^k J_{2k+1}(x)$;

(3) $\cos x = J_0(x) + 2\displaystyle\sum_{k=1}^{\infty}(-1)^k J_{2k}(x)$.

6. 利用递推公式证明:

(1) $J_2(x) = J_0''(x) - \dfrac{1}{x}J_0'(x)$;

(2) $J_3(x) + 3J_0'(x) + 4J_0^{(3)}(x) = 0$.

7. 证明:

(1) $\dfrac{\mathrm{d}}{\mathrm{d}x}[J_\nu^2(x)] = \dfrac{x}{2\nu}[J_{\nu-1}^2(x) - J_{\nu+1}^2(x)]$;

(2) $\dfrac{\mathrm{d}}{\mathrm{d}x}[J_0(x)J_1(x)] = x[J_0^2(x) - J_1^2(x)]$.

8. 证明:

$$\int_0^x x^n J_0(x) \mathrm{d}x = x^n J_1(x) + (n-1)x^{n-1}J_0(x) - (n-1)^2\int_0^x x^{n-2}J_0(x)\mathrm{d}x$$

并计算：

$(1)\displaystyle\int_0^x x^3 J_0(x)\mathrm{d}x$; $(2)\displaystyle\int_0^x x^4 J_1(x)\mathrm{d}x$.

9. 计算 $\displaystyle\int J_3(x)\mathrm{d}x$.

10. 证明：

$(1)\displaystyle\int x^2 J_2(x)\mathrm{d}x = -x^2 J_1(x) + 3\int x J_1(x)\mathrm{d}x$;

$(2)\displaystyle\int x J_1(x)\mathrm{d}x = -x J_0(x) + \int J_0(x)\mathrm{d}x$.

11. 证明：

$(1)\displaystyle\int J_0(x)\sin x\,\mathrm{d}x = x J_0(x)\sin x - x J_1(x)\cos x + C$;

$(2)\displaystyle\int J_0(x)\cos x\,\mathrm{d}x = x J_0(x)\cos x + x J_1(x)\sin x + C$.

12. 设 ω_n 是 $J_0(2\omega) = 0$ 的正实根，把函数

$$f(x) = \begin{cases} 1, & 0 < x < 1 \\ \dfrac{1}{2}, & x = 1 \\ 0, & 1 < x < 2 \end{cases}$$

展开成贝塞尔函数 $J_0(\omega_n x)$ 的级数.

13. 设 ω_n 是 $J_1(x) = 0$ 的正根，把 $f(x) = x(0 < x < 1)$ 展开成贝塞尔函数 $J_1(\omega_n x)$ 的级数.

14. 若 $f(x) = \displaystyle\sum_{n=1}^{\infty} A_n J_0(\omega_n x)$，其中 $J_0(\omega_n) = 0, n = 1, 2, \cdots$，证明：

$$\int_0^1 x f^2(x)\mathrm{d}x = \frac{1}{2}\sum_{n=1}^{\infty} A_n^2 J_1^2(\omega_n)$$

15. 利用等式 $1 = \displaystyle\sum_{n=1}^{\infty}\frac{2}{\omega_n J_1(\omega_n)}J_0(\omega_n x)$ 及上题，证明：

$$\sum_{n=1}^{\infty}\frac{1}{\omega_n^2} = \frac{1}{4}$$

其中 ω_n 是 $J_0(x) = 0$ 的正根.

16. 半径为 R 的无限长圆柱体的侧表面保持定温度 u_0，柱内的初始温度是零，求柱内的温度分布.

17. 半径为 R 的半圆形薄膜，边缘固定，求其固有振动.

18. 解下列定解问题：

$(1)\begin{cases} u_{tt} + 2h u_t = a^2\left(u_{rr} + \dfrac{1}{r}u_r\right) & (h \leqslant 1) \\ u(0,t) = 有限, u(l,t) = 0 \\ u(r,0) = \varphi(r), u_t(r,0) = 0 \end{cases}$

$$(2)\begin{cases} u_{rr} + \dfrac{1}{r}u_r + u_{zz} = 0 \\ u(0,z) = 有限, u(a,z) = f(z) \\ u(r,h) = 0, u(r,0) = 0 \end{cases}$$

并计算出 $f(z) = f_0$（常数）时的结果.

19. 圆柱半径为 R, 高为 h, 而侧面在温度为零的空气中自由冷却, 下底温度恒为零, 上底温度为 $f(r)$, 求柱内温度分布.

提示:问题归结为定解问题

$$\begin{cases} u_{rr} + \dfrac{1}{r}u_r + u_{zz} = 0 \\ u(0,z) = 有限, u_r(R,z) + ku(R,z) = 0 \\ u(r,0) = 0, u(r,h) = f(r) \end{cases}$$

20. 求下列微分方程的通解:

$(1)\, y'' + \dfrac{1}{x}y' + 4x^2 y = 0;$

$(2)\, xy'' + 2y' - 4xy = 0;$

$(3)\, x^4 y'' + 2x^3 y' + (e^{\frac{2}{x}} - \nu^2)y = 0.$

提示:解 (3) 时, 作替换 $\xi = e^{\frac{1}{x}}$.

第 10 章　勒让德函数

勒让德(Legendre)函数是又一种变系数的常微分方程 —— 勒让德方程

$$(1-x^2)\frac{d^2y}{dx^2} - 2x\frac{dy}{dx} + \lambda y = 0$$

的解,它是在数学物理中应用最广的特殊函数之一,本章着重讨论参数 $\lambda = l(l+1)$, $l = 0,1,2,\cdots$ 的情形,讨论其解法,引出勒让德多项式,并介绍其在数学物理中的一些应用.

10.1　勒让德方程的导出

例 1　在球坐标系中,将三维拉普拉斯方程进行变量分离.

解　三维拉普拉斯方程

$$\frac{\partial^2 u}{\partial x^2} + \frac{\partial^2 u}{\partial y^2} + \frac{\partial^2 u}{\partial z^2} = 0 \tag{10.1.1}$$

在球坐标系中,即作变换

$$\begin{cases} x = r\sin\theta\cos\varphi \\ y = r\sin\theta\sin\varphi \\ z = r\cos\theta \end{cases} \tag{10.1.2}$$

之后化为

$$\frac{1}{r^2}\frac{\partial}{\partial r}\left(r^2\frac{\partial u}{\partial r}\right) + \frac{1}{r^2\sin\theta}\frac{\partial}{\partial\theta}\left(\sin\theta\frac{\partial u}{\partial\theta}\right) + \frac{1}{r^2\sin^2\theta}\frac{\partial^2 u}{\partial\varphi^2} = 0 \tag{10.1.3}$$

先令

$$u(r,\theta,\varphi) = R(r)Y(\theta,\varphi) \tag{10.1.4}$$

代入方程(10.1.3),得

$$Y\frac{d}{dr}\left(r^2\frac{dR}{dr}\right) + R\left[\frac{1}{\sin\theta}\frac{\partial}{\partial\theta}\left(\sin\theta\frac{\partial Y}{\partial\theta}\right) + \frac{1}{\sin^2\theta}\frac{\partial^2 Y}{\partial\varphi^2}\right] = 0$$

令

$$-\frac{1}{R}\frac{d}{dr}\left(r^2\frac{dR}{dr}\right) = \frac{1}{Y}\left[\frac{1}{\sin\theta}\frac{\partial}{\partial\theta}\left(\sin\theta\frac{\partial Y}{\partial\theta}\right) + \frac{1}{\sin^2\theta}\frac{\partial^2 Y}{\partial\varphi^2}\right] = -\lambda$$

则有

$$r^2 R''(r) + 2rR'(r) - \lambda R(r) = 0 \tag{10.1.5}$$

$$\frac{1}{\sin\theta}\frac{\partial}{\partial\theta}\left(\sin\theta\frac{\partial Y}{\partial\theta}\right) + \frac{1}{\sin^2\theta}\frac{\partial^2 Y}{\partial\varphi^2} + \lambda Y = 0 \tag{10.1.6}$$

方程(10.1.6)称为**球函数方程**,函数 $Y(\theta,\varphi)$ 称为**球函数**,再令

$$Y(\theta,\varphi) = H(\theta)\Phi(\varphi) \tag{10.1.7}$$

代入方程(10.1.6),得

$$\frac{\Phi}{\sin\theta}\frac{\mathrm{d}}{\mathrm{d}\theta}\left(\sin\theta\frac{\mathrm{d}H}{\mathrm{d}\theta}\right) + \frac{H}{\sin^2\theta}\frac{\partial^2\Phi}{\partial\varphi^2} + \lambda H\Phi = 0$$

以 $\dfrac{\sin^2\theta}{H\Phi}$ 乘上式得

$$\frac{\sin\theta}{H}\frac{\mathrm{d}}{\mathrm{d}\theta}\left(\sin\theta\frac{\mathrm{d}H}{\mathrm{d}\theta}\right) + \frac{1}{\Phi}\frac{\mathrm{d}^2\Phi}{\mathrm{d}\varphi^2} + \lambda\sin^2\theta = 0$$

令

$$\frac{\sin\theta}{H}\frac{\mathrm{d}}{\mathrm{d}\theta}\left(\sin\theta\frac{\mathrm{d}H}{\mathrm{d}\theta}\right) + \lambda\sin^2\theta = -\frac{1}{\Phi}\frac{\mathrm{d}^2\Phi}{\mathrm{d}\varphi^2} = \mu$$

其中, μ 又是一个分离常数. 于是有

$$\Phi''(\varphi) + \mu\Phi(\varphi) = 0 \tag{10.1.8}$$

$$\frac{1}{\sin\theta}\frac{\mathrm{d}}{\mathrm{d}\theta}\left(\sin\theta\frac{\mathrm{d}H}{\mathrm{d}\theta}\right) + \left(\lambda - \frac{\mu}{\sin^2\theta}\right)H = 0 \tag{10.1.9}$$

在方程(10.1.9)中,令

$$\cos\theta = t \tag{10.1.10}$$

并记 $P(t) = P(\cos\theta) = H(\theta)$,则

$$\frac{\mathrm{d}H}{\mathrm{d}\theta} = \frac{\mathrm{d}P}{\mathrm{d}t}\frac{\mathrm{d}t}{\mathrm{d}\theta} = -\sin\theta\frac{\mathrm{d}P}{\mathrm{d}t}$$

$$\frac{\mathrm{d}^2H}{\mathrm{d}\theta^2} = \sin^2\theta\frac{\mathrm{d}^2P}{\mathrm{d}t^2} - \cos\theta\frac{\mathrm{d}P}{\mathrm{d}t} = (1-t^2)\frac{\mathrm{d}^2P}{\mathrm{d}t^2} - t\frac{\mathrm{d}P}{\mathrm{d}t}$$

代入式(10.1.9),化为

$$(1-t^2)\frac{\mathrm{d}^2P}{\mathrm{d}t^2} - 2t\frac{\mathrm{d}P}{\mathrm{d}t} + \left(\lambda - \frac{\mu}{1-t^2}\right)P = 0 \tag{10.1.11}$$

方程(10.1.11)称为连带勒让德方程.

如果函数 u 与 φ 无关,这时 $\mu = 0$,方程(10.1.11)化简为

$$(1-t^2)\frac{\mathrm{d}^2P}{\mathrm{d}t^2} - 2t\frac{\mathrm{d}P}{\mathrm{d}t} + \lambda P = 0 \tag{10.1.12}$$

方程(10.1.12)称为**勒让德方程**. 对于非负的参数 λ,我们总可以把它表成 $\lambda = l(l+1)$,其中 l 是某个实数. 因此,习惯上常把方程(10.1.12)写成

$$(1-t^2)\frac{\mathrm{d}^2P}{\mathrm{d}t^2} - 2t\frac{\mathrm{d}P}{\mathrm{d}t} + l(l+1)P = 0 \tag{10.1.13}$$

并称方程(10.1.13)为 l 次勒让德方程.

此外,在球坐标系中将三维波动方程或三维热传导方程进行变量分离都会导致勒让德方程.

10.2 勒让德方程求解

我们来解勒让德方程

$$(1-x^2)\frac{\mathrm{d}^2 y}{\mathrm{d}x^2} - 2x\frac{\mathrm{d}y}{\mathrm{d}x} + l(l+1)y = 0 \qquad (10.2.1)$$

其中 l 为实数. 根据常微分方程的理论, 我们可以用幂级数解法求其在点 $x=0$ 邻域中的解. 设方程 (10.2.1) 的解为

$$y = \sum_{k=0}^{\infty} a_k x^k \qquad (10.2.2)$$

其中 a_k 是待定的系数, 则

$$y' = \sum_{k=1}^{\infty} k a_k x^{k-1}$$

$$y'' = \sum_{k=2}^{\infty} k(k-1) a_k x^{k-2}$$

代入方程 (10.2.1), 得

$$(1-x^2)\sum_{k=2}^{\infty} k(k-1)a_k x^{k-2} - 2x\sum_{k=1}^{\infty} k a_k x^{k-1} + l(l+1)\sum_{k=0}^{\infty} a_k x^k = 0$$

即

$$\sum_{k=0}^{+\infty} (k+2)(k+1)a_{k+2}x^k - \sum_{k=2}^{+\infty} k(k-1)a_k x^k - 2\sum_{k=1}^{+\infty} k a_k x^k + l(l+1)\sum_{k=0}^{+\infty} a_k x^k = 0$$

亦即

$$2a_2 + l(l+1)a_0 + [6a_3 - 2a_1 + l(l+1)a_1]x +$$

$$\sum_{k=2}^{+\infty} [(k+2)(k+1)a_{k+2} - (k-l)(k+l+1)a_k]x^k = 0$$

要上式成立, 必须 x 各次幂的系数全为零, 从而有

$$\begin{cases} a_2 = -\dfrac{l(l+1)}{2}a_0 \\[2mm] a_3 = \dfrac{2-l(l+1)}{3\cdot 2}a_1 \\[2mm] a_{k+2} = \dfrac{(k-l)(k+l+1)}{(k+2)(k+1)}a_k, \quad k \geqslant 2 \end{cases} \qquad (10.2.3)$$

由上述系数间的递推关系式, 一般地:

当 $k=2j, j=1,2,\cdots$ 时,

$$a_{2j} = \frac{1}{(2j)!}(2j-2-l)(2j+l-1)(2j-4-l)(2j+l-3)\cdots(-l)(l+1)a_0$$

$$= (-1)^j \frac{1}{(2j)!}l(l-2)\cdots(l-2j+2)(l+1)(l+3)\cdots(l+2j-1)a_0$$

当 $k=2j+1, j=1,2,\cdots$ 时,

$$a_{2j+1} = \frac{1}{(2j+1)!}(2j-1-l)(2j+l)(2j-3-l)(2j+l-2)\cdots(1-l)(l+2)a_1$$

$$= (-1)^j \frac{1}{(2j+1)!}(l-1)(l-3)\cdots(l-2j+1)(l+2)(l+4)\cdots(l+2j)a_1$$

代入式 (10.2.2), 得到

$$y(x) = a_0 y_0(x) + a_1 y_1(x) \qquad (10.2.4)$$

其中

$$y_0(x) = 1 - \frac{1}{2!}l(l+1)x^2 + \frac{1}{4!}l(l-2)(l+1)(l+3)x^4 + \cdots +$$

$$(-1)^j \frac{1}{(2j)!}l(l-2)\cdots(l-2j+2)(l+1)(l+3)\cdots$$

$$(l+2j-1)x^{2j} + \cdots \tag{10.2.5}$$

$$y_1(x) = x - \frac{1}{3!}(l-1)(l+2)x^3 + \frac{1}{5!}(l-1)(l-3)(l+2)(l+4)x^5 + \cdots +$$

$$(-1)^j \frac{1}{(2j+1)!}(l-1)(l-3)\cdots(l-2j+1)(l+2)(l+4)\cdots$$

$$(l+2j)x^{2j+1} + \cdots \tag{10.2.6}$$

a_0, a_1 是两个独立的任意常数.

现在我们讨论级数(10.2.5)与(10.2.6)的敛散性. 容易看出当 l 是整数或零时, $y_0(x)$ 或 $y_1(x)$ 中有一个便成为多项式. 若 l 为偶数, 如 $l=2k$, 则 $y_0(x)$ 只到 x^{2k} 项为止, 以后各项的系数都含有因子 $(l-2k)$, 因而为零. 此时 $y_0(x)$ 是 $2k$ 次多项式, 且式中只有偶次幂; $y_1(x)$ 仍是无穷级数; 若 l 为奇数, 如 $l=2k+1$, 则 $y_1(x)$ 是 $2k+1$ 次多项式, 且式中只含奇次幂; 此时 $y_0(x)$ 仍是无穷级数. 当 l 不是整数时, 式(10.2.5)与(10.2.6)都是无穷级数.

用达朗贝尔判别法可以证明, 无穷级数(10.2.5)与(10.2.6)在 $|x| < 1$ 时发散; 在 $x = \pm 1$ 时, 达朗贝尔判别法不能断定它们的敛散性, 需用更精确的判别法, 如高斯判别法, 可证明无穷级数(10.2.5)与(10.2.6)在 $x = \pm 1$ 时皆发散.

由于 a_0、a_1 的任意性, 取 $a_1 = 0$ 或 $a_0 = 0$, 显见 $y_0(x)$ 与 $y_1(x)$ 都是方程(10.2.1)的特解, 且可证明 $y_0(x)$ 与 $y_1(x)$ 是线性无关的.

所以, 当 $|x| < 1$ 时, 式(10.2.4)给出方程(10.2.1)的通解.

10.3 勒让德多项式

10.3.1 勒让德多项式

由 10.2 节已经知道, 当 l 为整数或零时, l 次勒让德方程的一个特解退化为多项式. 在实际应用中, 常用到的是 $l = n (n = 0, 1, 2, \cdots)$ 的情况, 此时式(10.2.4)中的 $y_0(x)$ 或 $y_1(x)$ 必有一个是 n 次多项式, 而另一个仍为无穷级数.

通常把这种多项式的最高次幂 x^n 的系数规定为

$$a_n = \frac{(2n)!}{2^n(n!)^2} \tag{10.3.1}$$

并用 $P_n(x)$ 表示这个多项式, 称为 **n 次勒让德多项式**或**第一类勒让德函数**. 利用递推公式(10.2.3)的另一种写法, 即

$$a_k = \frac{(k+2)(k+1)}{(k-n)(k+n+1)}a_{k+2} \quad (k \leqslant n-2) \tag{10.3.2}$$

可把 $P_n(x)$ 中 x 其他次幂的系数导出，如

$$a_{n-2} = \frac{n(n-1)}{(-2)(2n-1)} a_n = -\frac{n(n-1)}{2(2n-1)} \frac{(2n)!}{2^n (n!)^2} = (-1) \frac{(2n-2)!}{2^n (n-1)!(n-2)!}$$

$$a_{n-4} = \frac{(n-2)(n-3)}{(-4)(2n-3)} a_{n-2} = (-1)^2 \frac{(n-2)(n-3)}{4(2n-3)} \frac{(2n-2)!}{2^n (n-1)!(n-2)!}$$

$$= (-1)^2 \frac{(2n-4)!}{2!2^n (n-2)!(n-4)!}$$

$$\vdots$$

$$a_{n-2k} = (-1)^k \frac{(2n-2k)!}{k!2^n (n-k)!(n-2k)!}, \quad k = 0,1,2,\cdots,\left[\frac{n}{2}\right]$$

其中，$\left[\dfrac{n}{2}\right]$ 代表不大于 $\dfrac{n}{2}$ 的最大整数. 于是得到勒让德多项式

$$P_n(x) = \sum_{k=0}^{\left[\frac{n}{2}\right]} (-1)^k \frac{(2n-2k)!}{k!2^n (n-k)!(n-2k)!} x^{n-2k} \tag{10.3.3}$$

由式(10.3.3)立即可得

$$P_n(-x) = (-1)^n P_n(x) \tag{10.3.4}$$

上式表明 $P_n(x)$ 的奇偶性由 n 而定. 当 n 为偶数时，$P_n(x)$ 是偶函数；当 n 为奇数时，$P_n(x)$ 为奇函数. 此外，还可以证明

$$P_n(1) = 1, \quad P_n(-1) = (-1)^n \tag{10.3.5}$$

下面给出前六个勒让德多项式：

$$P_0(x) = 1$$

$$P_1(x) = x$$

$$P_2(x) = \frac{1}{2}(3x^2 - 1)$$

$$P_3(x) = \frac{1}{2}(5x^3 - 3x)$$

$$P_4(x) = \frac{1}{8}(35x^4 - 30x^2 + 3)$$

$$P_5(x) = \frac{1}{8}(63x^5 - 70x^3 + 15x)$$

当 $0 \leqslant x \leqslant 1$ 时，它们的图形如图 10-1 所示.

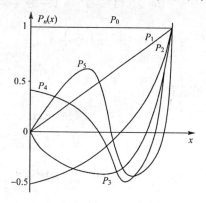

图 10-1

10.3.2　罗巨格公式

在讨论勒让德多项式的一些性质及有关它的计算中，常采用勒让德多项式的微分表示式，即罗巨格(Rodrigue)公式：

$$P_n(x) = \frac{1}{2^n n!} \frac{\mathrm{d}^n}{\mathrm{d}x^n}(x^2 - 1)^n \tag{10.3.6}$$

证明　用二项式定理把 $(x^2 - 1)^n$ 展开：

$$\frac{1}{2^n n!}(x^2 - 1)^n = \frac{1}{2^n n!} \sum_{k=0}^{n} \frac{n!}{(n-k)!k!} (x^2)^{n-k}(-1)^k = \sum_{k=0}^{n} \frac{(-1)^k}{2^n k!(n-k)!} x^{2n-2k}$$

把上式求导 n 次,凡是幂次 $2n-2k < n$ 的项在 n 次求导过程中成为零,所以只需保留幂次 $2n-2k \geqslant n$ 的项,即 $k \leqslant \dfrac{n}{2}$ 的项,于是

$$\frac{1}{2^n n!} \frac{\mathrm{d}^n}{\mathrm{d}x^n} (x^2-1)^n$$

$$= \sum_{k=0}^{\left[\frac{n}{2}\right]} (-1)^k \frac{(2n-2k)(2n-2k-1)\cdots(n-2k+1)}{2^n k!(n-k)!} x^{n-2k}$$

$$= \sum_{k=0}^{\left[\frac{n}{2}\right]} (-1)^k \frac{(2n-2k)!}{2^n k!(n-k)!(n-2k)!} x^{n-2k} = P_n(x)$$

10.3.3　勒让德多项式的母函数

将函数

$$\Phi(x,z) = (1-2xz+z^2)^{-\frac{1}{2}} \tag{10.3.7}$$

展开为 z 的幂级数,即

$$(1-2xz+z^2)^{-\frac{1}{2}} = \sum_0^\infty A_n z^n$$

利用二项式定理

$$(1+t)^k = 1 + kt + \frac{k(k-1)}{2!}t^2 + \cdots + \mathrm{C}_k^n t^n + \cdots \quad (|t|<1)$$

因为当 $|x|<1, |z|<\dfrac{1}{3}$ 时,

$$|z^2-2xz| \leqslant |z|(|z|+2|x|) < 1$$

于是有

$$(1-2xz+z^2)^{-\frac{1}{2}}$$

$$= 1 + \frac{1}{2}(2xz-z^2) + \frac{1\cdot 3}{2\cdot 4}(2xz-z^2)^2 + \cdots +$$

$$\frac{1\cdot 3\cdots(2n-1)}{2\cdot 4\cdots 2n}(2xz-z^2)^n + \cdots$$

$$= \sum_{n=0}^\infty \frac{(2n-1)!!}{2^n n!}(2xz-z^2)^n$$

$$= \sum_{n=0}^\infty \frac{(2n-1)!!}{2^n n!}\left[\sum_{k=0}^n \frac{(-1)^k n!}{k!(n-k)!}(2x)^{n-k}z^{n+k}\right]$$

$$= \sum_{n=0}^\infty \sum_{k=0}^n \frac{(-1)^k(2n-1)!!}{2^n k!(n-k)!}(2x)^{n-k}z^{n+k}$$

$$= \sum_{n=0}^\infty \sum_{k=0}^{\left[\frac{n}{2}\right]} \frac{(-1)^k[2(n-k)-1]!}{2^{n-k}k!(n-2k)!}(2x)^{n-2k}z^n$$

$$= \sum_{n=0}^\infty \sum_{k=0}^{\left[\frac{n}{2}\right]} \frac{(-1)^k(2n-2k)!}{2^n k!(n-k)!(n-2k)!}x^{n-2k}z^n$$

$$= \sum_{n=0}^{\infty} P_n(x) z^n \tag{10.3.8}$$

由此可见,$\Phi(x,z)$ 的级数展开式中 z^n 的系数恰好是勒让德多项式,因此我们称

$$\Phi(x,z) = (1 - 2xz + z^2)^{-\frac{1}{2}}$$

为勒让德多项式的**母函数**.

10.3.4　勒让德多项式的递推公式

相邻次数的勒让德多项式之间也存在一定的联系,这种联系称为递推公式.递推公式的形式也很多,下面我们证明较为常用的一个递推公式:

$$(n+1)P_{n+1}(x) = (2n+1)xP_n(x) - nP_{n-1}(x), \quad n \geqslant 1 \tag{10.3.9}$$

证明　将勒让德多项式 $P_n(x)$ 的母函数

$$\Phi(x,z) = (1 - 2xz + z^2)^{-\frac{1}{2}}$$

对 z 求导,得

$$\frac{\partial \Phi}{\partial z} = -\frac{1}{2}(1 - 2xz + z^2)^{-\frac{3}{2}}(-2x + 2z)$$

$$= (x - z)(1 - 2xz + z^2)^{-\frac{3}{2}}$$

$$= \frac{x - z}{1 - 2xz + z^2}\Phi$$

即

$$(1 - 2xz + z^2)\frac{\partial \Phi}{\partial z} + (z - x)\Phi = 0 \tag{10.3.10}$$

又将 $\Phi(x,z)$ 的级数展开式

$$\Phi(x,z) = \sum_{n=0}^{\infty} P_n(x) z^n \tag{10.3.11}$$

的两端对 z 求导,得

$$\frac{\partial \Phi}{\partial z} = \sum_{n=1}^{\infty} nP_n(x) z^{n-1} \tag{10.3.12}$$

将式(10.3.11)、(10.3.12) 代入式(10.3.10),得

$$(1 - 2xz + z^2)\sum_{n=1}^{\infty} nP_n(x)z^{n-1} + (z - x)\sum_{n=0}^{\infty} P_n(x)z^n = 0$$

即

$$\sum_{n=0}^{\infty}(n+1)P_{n+1}(x)z^n - \sum_{n=1}^{\infty} 2nxP_n(x)z^n + \sum_{n=2}^{\infty}(n-1)P_{n-1}(x)z^n +$$

$$\sum_{n=1}^{\infty} P_{n-1}(x)z^n - \sum_{n=0}^{\infty} xP_n(x)z^n = 0$$

比较 z 的同次幂的系数,得

$$P_1(x) - xP_0(x) = 0$$

$$2P_2(x) - 3xP_1(x) + P_0(x) = 0$$

$$(n+1)P_{n+1}(x) - (2n+1)xP_n(x) + nP_{n-1}(x) = 0, \quad n \geqslant 2$$

故有

$$(n+1)P_{n+1}(x) = (2n+1)xP_n(x) - nP_{n-1}(x), \quad n \geqslant 1$$

利用上述递推公式,若已知 $P_{n-1}(x)$ 与 $P_n(x)$ 的值就可以算出 $P_{n+1}(x)$ 的值.这样,在给出了 $P_0(x) = 1, P_1(x) = x$ 后,就可以依次求出 $P_n(x), n = 2, 3, \cdots$,这对于计算任意次数的勒让德多项式有重要意义.

10.4　勒让德方程的固有值问题

勒让德方程

$$(1-x^2)\frac{\mathrm{d}^2 y}{\mathrm{d}x^2} - 2x\frac{\mathrm{d}y}{\mathrm{d}x} + \lambda y = 0 \tag{10.4.1}$$

可改写为

$$\frac{\mathrm{d}}{\mathrm{d}x}\left[(1-x^2)\frac{\mathrm{d}y}{\mathrm{d}x}\right] + \lambda y = 0 \tag{10.4.2}$$

这正是斯图姆 - 刘维尔方程当 $p(x) = 1-x^2, q(x) = 0, s(x) = 1$ 时的特例.在许多边值问题中, $x = \cos\theta, 0 \leqslant \theta \leqslant \pi$,因此要在 $[-1,1]$ 上讨论方程(10.4.1)的解.而在端点 $x = \pm 1$ 处 $p(x)$ 为零,所以,勒让德方程在区间 $[-1,1]$ 上是一个奇异的斯图姆 - 刘维尔方程.

根据问题的物理性质,常要求勒让德方程(10.4.1)在闭区间 $[-1,1]$ 上具有有界的解.所以,勒让德方程的固有值问题为

$$\begin{cases} (1-x^2)y'' - 2xy' + \lambda y = 0, & -1 < x < 1 & (10.4.3) \\ y\big|_{x=\pm 1} \text{ 有界} & & (10.4.4) \end{cases}$$

10.4.1　固有值和固有函数

由斯图姆 - 刘维尔问题的理论知,问题(10.4.3)、(10.4.4)存在非负的实数固有值,因而总可把 λ 表成 $\lambda = l(l+1)$, l 是某个实数.又根据 10.2、10.3 节知,仅当参数 $\lambda = l(l+1), l = 0, 1, 2, \cdots$ 时方程(10.4.3)才有在 $[-1,1]$ 上的有界解.所以,问题(10.4.3)、(10.4.4)的固有值为

$$\lambda_n = n(n+1), \quad n = 0, 1, 2, \cdots \tag{10.4.5}$$

相应的固有函数就取勒让德多项式,即

$$y_n(x) = P_n(x), \quad n = 0, 1, 2, \cdots \tag{10.4.6}$$

当满足 $y\big|_{x=\pm 1}$ 有界时,显然亦有 $y'\big|_{x=\pm 1}$ 有界.

10.4.2　勒让德多项式的正交性

由斯图姆 - 刘维尔问题的理论知,对应与不同固有值的勒让德多项式在区间 $[-1,1]$ 上带权函数 $s(x) = 1$ 互相正交,即

$$\int_{-1}^{1} P_n(x)P_m(x)\mathrm{d}x = 0 \quad (n \neq m) \tag{10.4.7}$$

如果将变数 x 回到原变数 θ,则应是

$$\int_0^\pi P_n(\cos\theta)P_m(\cos\theta)\sin\theta\mathrm{d}\theta = 0 \quad (n \neq m) \tag{10.4.8}$$

10.4.3　勒让德多项式的模

勒让德多项式 $P_n(x)$ 的模是指定积分 $\int_{-1}^1 P_n^2(x)\mathrm{d}x$ 的平方根,记作 $\|P_n(x)\|$,即

$$\|P_n(x)\|^2 = \int_{-1}^1 P_n^2(x)\mathrm{d}x \tag{10.4.9}$$

应用罗巨格公式及分部积分可得

$$\begin{aligned}
\int_{-1}^1 P_n^2(x)\mathrm{d}x &= \int_{-1}^1 \frac{1}{2^{2n}(n!)^2}\frac{\mathrm{d}^n}{\mathrm{d}x^n}(x^2-1)^n\frac{\mathrm{d}^n}{\mathrm{d}x^n}(x^2-1)^n\mathrm{d}x \\
&= \frac{1}{2^{2n}(n!)^2}\int_{-1}^1 \frac{\mathrm{d}^n(x^2-1)^n}{\mathrm{d}x^n}\mathrm{d}\left[\frac{\mathrm{d}^{n-1}(x^2-1)^n}{\mathrm{d}x^{n-1}}\right] \\
&= \frac{1}{2^{2n}(n!)^2}\left\{\left[\frac{\mathrm{d}^n(x^2-1)^n}{\mathrm{d}x^n}\frac{\mathrm{d}^{n-1}(x^2-1)^n}{\mathrm{d}x^{n-1}}\right]_{-1}^1 - \right.\\
&\qquad \left. \int_{-1}^1 \frac{\mathrm{d}^{n+1}(x^2-1)^n}{\mathrm{d}x^{n+1}}\frac{\mathrm{d}^{n-1}(x^2-1)^n}{\mathrm{d}x^{n-1}}\mathrm{d}x\right\} \\
&= -\frac{1}{2^{2n}(n!)^2}\int_{-1}^1 \frac{\mathrm{d}^{n+1}(x^2-1)^n}{\mathrm{d}x^{n+1}}\frac{\mathrm{d}^{n-1}(x^2-1)^n}{\mathrm{d}x^{n-1}}\mathrm{d}x \\
&= \cdots \\
&= (-1)^n\frac{1}{2^{2n}(n!)^2}\int_{-1}^1 \frac{\mathrm{d}^{2n}(x^2-1)^n}{\mathrm{d}x^{2n}}(x^2-1)^n\mathrm{d}x \\
&= \frac{(-1)^n(2n)!}{2^{2n}(n!)^2}\int_{-1}^1 (x^2-1)^n\mathrm{d}x
\end{aligned}$$

作变换 $x = \cos\theta$,则

$$(x^2-1)^n = (-1)^n\sin^{2n}\theta, \quad \mathrm{d}x = -\sin\theta\mathrm{d}\theta$$

于是

$$\begin{aligned}
\int_{-1}^1 P_n^2(x)\mathrm{d}x &= (-1)^{2n+1}\frac{(2n)!}{2^{2n}(n!)^2}\int_\pi^0 \sin^{2n}\theta\sin\theta\mathrm{d}\theta \\
&= \frac{(2n)!}{2^{2n}(n!)^2}\int_0^\pi \sin^{2n+1}\theta\mathrm{d}\theta \\
&= \frac{2(2n)!}{2^{2n}(n!)^2}\int_0^{\frac{\pi}{2}} \sin^{2n+1}\theta\mathrm{d}\theta \\
&= \frac{2(2n)!}{2^{2n}(n!)^2}\frac{2n(2n-2)\cdots 4\cdot 2}{(2n+1)(2n-1)\cdots 5\cdot 3} \\
&= \frac{2(2n)!}{2^{2n}(n!)^2}\frac{2^{2n}(n!)^2}{(2n+1)!} \\
&= \frac{2}{2n+1}
\end{aligned}$$

所以

$$\|P_n(x)\| = \sqrt{\frac{2}{2n+1}} \tag{10.4.10}$$

根据斯图姆 - 刘维尔问题的理论,勒让德多项式族 $\{P_n(x)\}(n=0,1,2,\cdots)$ 在区间 $[-1,1]$ 上是一个完备的函数系. 因此,在一定的条件下,可把定义在 $[-1,1]$ 上的函数 $f(x)$ 按勒让德多项式族展开为傅立叶 - 勒让德级数(简写为 F-L 级数). 与傅立叶级数的收敛定理类似,我们有下述定理.

定理 1(傅立叶 - 勒让德级数收敛定理) 若函数 $f(x)$ 在区间 $[-1,1]$ 上满足狄里克莱条件,则级数

$$\sum_{n=0}^{\infty} C_n P_n(x) \tag{10.4.11}$$

在区间 $[-1,1]$ 上收敛,其中

$$C_n = \frac{2n+1}{2} \int_{-1}^{1} f(x) P_n(x) \, \mathrm{d}x \tag{10.4.12}$$

且在 $f(x)$ 的连续点 x 处,级数收敛于 $f(x)$;在 $f(x)$ 的间断点 x_0 处,级数收敛于 $\frac{1}{2}[f(x_0 - 0) + f(x_0 + 0)]$.

几点说明:

(1) 如果函数 $f(x)$ 在 $[-1,1]$ 上可展成 $\{P_n(x)\}$ 的一致收敛级数,即

$$f(x) = \sum_{n=0}^{\infty} C_n P_n(x) \tag{10.4.13}$$

则确定系数 C_n 的式(10.4.12)就可以这样得到:

在展开式(10.4.13)两端同乘以 $P_k(x)$,并对 x 从 -1 到 1 积分,由于级数的一致收敛性,可以逐项积分,即有

$$\int_{-1}^{1} f(x) P_k(x) \, \mathrm{d}x = \sum_{n=0}^{\infty} C_n \int_{-1}^{1} P_n(x) P_k(x) \, \mathrm{d}x$$

由函数系 $\{P_n(x)\}$ 的正交性及模值公式(10.4.10),得

$$C_k = \frac{\int_{-1}^{1} f(x) P_k(x) \, \mathrm{d}x}{\|P_k(x)\|^2} = \frac{2k+1}{2} \int_{-1}^{1} f(x) P_k(x) \, \mathrm{d}x$$

此即式(10.4.12).

(2) 若函数 $f(x)$ 在 $[-1,1]$ 上一阶导数连续,二阶导数分段连续,则 $f(x)$ 在该区间上可按函数系 $\{P_n(x)\}$ 展开为绝对且一致收敛的级数(10.4.11).

例 1 将函数

$$f(x) = \begin{cases} -1, & -1 < x < 0 \\ 1, & 0 \leqslant x < 1 \end{cases}$$

展成 F-L 级数.

解 $f(x)$ 在 $(-1,1)$ 内满足狄里克莱条件,故可以展成 F-L 级数:

$$\sum_{n=0}^{\infty} C_n P_n(x)$$

其中

$$C_n = \frac{2n+1}{2} \int_{-1}^{1} f(x) P_n(x) \, \mathrm{d}x$$

$$= \frac{2n+1}{2} \left[\int_{-1}^{0} - P_n(x) \mathrm{d}x + \int_{0}^{1} P_n(x) \mathrm{d}x \right]$$

$$= \frac{2n+1}{2} \left[- \int_{0}^{1} P_n(-x) \mathrm{d}x + \int_{0}^{1} P_n(x) \mathrm{d}x \right]$$

当 n 为偶数时，$P_n(x)$ 是偶函数，所以 $C_n = 0$；当 n 为奇数时，$P_n(x)$ 是奇函数，此时

$$C_n(x) = (2n+1) \int_{0}^{1} P_n(x) \mathrm{d}x$$

即

$$C_{2k-1} = (4k-1) \int_{0}^{1} P_{2k-1}(x) \mathrm{d}x, \quad k = 1, 2, \cdots$$

因而

$$C_1 = 3 \int_{0}^{1} P_1(x) \mathrm{d}x = 3 \int_{0}^{1} x \mathrm{d}x = \frac{3}{2}$$

$$C_3 = 7 \int_{0}^{1} P_3(x) \mathrm{d}x = \frac{7}{2} \int_{0}^{1} (5x^3 - 3x) \mathrm{d}x = -\frac{7}{8}$$

$$C_5 = 11 \int_{0}^{1} P_5(x) \mathrm{d}x = \frac{11}{8} \int_{0}^{1} (63x^5 - 70x^3 + 15x) \mathrm{d}x = \frac{11}{16}$$

$$\vdots$$

所以

$$f(x) = \frac{3}{2} P_1(x) - \frac{7}{8} P_3(x) + \frac{11}{16} P_5(x) + \cdots \quad (-1 < x < 0, 0 < x < 1)$$

在 $x = 0$ 处级数收敛于零.

10.5　应用举例

例 1　有一个球心在原点、半径为 1 的球，球内无电荷，已知球面上电位分布为 $\cos^2 \theta$，求球内的电位分布.

解　由于球内没有电荷，电位 u 满足拉普拉斯方程

$$\Delta u = 0 \tag{10.5.1}$$

现在讨论的是球形区域，故采用球坐标系. 又由于边界条件与 φ 无关，即关于球坐标的极轴对称. 根据题意，归结为解下述定解问题：

$$\begin{cases} \dfrac{\partial}{\partial r} \left(r^2 \dfrac{\partial u}{\partial r} \right) + \dfrac{1}{\sin \theta} \dfrac{\partial}{\partial \theta} \left(\sin \theta \dfrac{\partial u}{\partial \theta} \right) = 0, & 0 < r < 1, 0 < \theta < \pi & (10.5.2) \\[2mm] u \big|_{r=1} = \cos^2 \theta, u \big|_{r=0} \text{ 有界}, & 0 \leqslant \theta \leqslant \pi & (10.5.3) \\[2mm] u \big|_{\theta=0} \text{ 与 } u \big|_{\theta=\pi} \text{ 有界}, & r \leqslant 1 & (10.5.4) \end{cases}$$

用分离变量法，令

$$u(r, \theta) = R(r) H(\theta) \tag{10.5.5}$$

代入方程(10.5.2)得

$$\frac{\mathrm{d}}{\mathrm{d}r} \left(r^2 \frac{\mathrm{d}R}{\mathrm{d}r} \right) H + \frac{1}{\sin \theta} \frac{\mathrm{d}}{\mathrm{d}\theta} \left(\sin \theta \frac{\mathrm{d}H}{\mathrm{d}\theta} \right) R = 0$$

引入分离常数 λ

$$\frac{1}{R}\frac{\mathrm{d}}{\mathrm{d}r}\left(r^2\frac{\mathrm{d}R}{\mathrm{d}r}\right) = -\frac{1}{H\sin\theta}\frac{\mathrm{d}}{\mathrm{d}\theta}\left(\sin\theta\frac{\mathrm{d}H}{\mathrm{d}\theta}\right) = \lambda$$

由此得两个常微分方程

$$\frac{\mathrm{d}}{\mathrm{d}r}\left(r^2\frac{\mathrm{d}R}{\mathrm{d}r}\right) - \lambda R = 0 \tag{10.5.6}$$

$$\frac{\mathrm{d}}{\mathrm{d}\theta}\left(\sin\theta\frac{\mathrm{d}H}{\mathrm{d}\theta}\right) + \lambda H\sin\theta = 0 \tag{10.5.7}$$

令 $x = \cos\theta$，并记 $y(x) = y(\cos\theta) = H(\theta)$，则方程(10.5.7)化成

$$(1-x^2)y'' - 2xy' + \lambda y = 0 \tag{10.5.8}$$

这正是勒让德方程.由条件(10.5.4)知 $H(\theta)$ 应在 $\theta = 0$ 和 $\theta = \pi$ 处有界,即

$$y(x)\big|_{x=\pm 1} \text{有界} \tag{10.5.9}$$

由 10.4 节的讨论知,问题(10.5.8)、(10.5.9)的固有值为

$$\lambda_n = n(n+1), \quad n = 0,1,2,\cdots \tag{10.5.10}$$

相应的固有函数为

$$y_n(x) = P_n(x), \quad n = 0,1,2,\cdots$$

亦即

$$H_n(x) = P_n(\cos\theta), \quad n = 0,1,2,\cdots \tag{10.5.11}$$

方程(10.5.6)即为

$$r^2 R''(r) + 2r R'(r) - \lambda R(r) = 0 \tag{10.5.12}$$

这是一个欧拉方程.把式(10.5.10)代入上述方程,解得通解为

$$R_n(r) = C_n r^n + D_n r^{-(n+1)}, \quad n = 0,1,2,\cdots \tag{10.5.13}$$

由自然边界条件 $u\big|_{r=0}$ 有界,应有 $R(0) < +\infty$,则必须有

$$\begin{cases} D_n = 0 \\ R_n(r) = C_n r^n \end{cases} \tag{10.5.14}$$

根据叠加原理,得到满足方程(10.5.2)及条件(10.5.4)和 $u\big|_{r=0}$ 有界的解为

$$u(r,\theta) = \sum_{n=0}^{\infty} C_n r^n P_n(\cos\theta) \tag{10.5.15}$$

为满足条件 $u\big|_{r=1} = \cos^2\theta$,即

$$\cos^2\theta = \sum_{n=0}^{\infty} C_n P_n(\cos\theta)$$

亦即

$$x^2 = \sum_{n=0}^{\infty} C_n P_n(x) \tag{10.5.16}$$

由 10.3 节知

$$P_2(x) = \frac{1}{2}(3x^2 - 1), \quad P_0(x) = 1$$

$$x^2 = \frac{1}{3}\left[2P_2(x) + 1\right] = \frac{2}{3}P_2(x) + \frac{1}{3}P_0(x) \tag{10.5.17}$$

比较式(10.5.16)、(10.5.17) 可见

$$C_0 = \frac{1}{3}, \quad C_1 = 0, \quad C_2 = \frac{2}{3}, \quad C_n = 0 \quad (n > 2)$$

代入式(10.5.15) 即得所求定解问题的解为

$$u(r,\theta) = \frac{1}{3}P_0(\cos\theta) + \frac{2}{3}r^2 P_2(\cos\theta)$$

$$= \frac{1}{3} + \frac{2}{3}r^2 \cdot \frac{1}{2}(3\cos^2\theta - 1)$$

$$= \frac{1}{3} + r^2\left(\cos^2\theta - \frac{1}{3}\right) \tag{10.5.18}$$

例 2　求例 1 中球外部的电位分布.

解　与例 1 类似,所提的问题归结为解下述拉普拉斯方程的狄里克莱外问题:

$$\begin{cases} \dfrac{\partial}{\partial r}\left(r^2 \dfrac{\partial}{\partial r}\right) + \dfrac{1}{\sin\theta}\dfrac{\partial}{\partial\theta}\left(\sin\theta \dfrac{\partial u}{\partial\theta}\right) = 0, \quad r > 1, 0 < \theta < \pi & (10.5.19) \\[2mm] u\big|_{r=1} = \cos^2\theta, u\big|_{r\to\infty} < M & (10.5.20) \\[2mm] u\big|_{\theta=0} < M, u\big|_{\theta=\pi} < M & (10.5.21) \end{cases}$$

由例 1,已知满足方程(10.5.19) 和条件(10.5.21) 的解为

$$u(r,\theta) = \sum_{n=0}^{+\infty}\left[C_n r^n + D_n r^{-(n+1)}\right]P_n(\cos\theta) \tag{10.5.22}$$

为满足条件 $u\big|_{r\to\infty}$ 有界,必须有

$$C_n = 0, \quad n = 0,1,2,\cdots$$

所以

$$u(r,\theta) = \sum_{n=0}^{+\infty} D_n r^{-(n+1)} P_n(\cos\theta) \tag{10.5.23}$$

又由条件 $u\big|_{r=1} = \cos^2\theta$,有

$$\sum_{n=0}^{+\infty} D_n P_n(\cos\theta) = \cos^2\theta$$

由例 1 的计算可知:

$$D_0 = \frac{1}{3}, \quad D_1 = 0, \quad D_2 = \frac{2}{3}, \quad D_n = 0 (n > 2)$$

代入式(10.5.23),得到所求定解问题的解为

$$u(r,\theta) = \frac{1}{3}r^{-1}P_0(\cos\theta) + \frac{2}{3}r^{-3}P_2(\cos\theta)$$

$$= \frac{1}{3r} + \frac{2}{3r^3} \cdot \frac{1}{2}(3\cos^2\theta - 1)$$

$$= \frac{1}{3r} + \frac{1}{r^3}\left(\cos^2\theta - \frac{1}{3}\right) \tag{10.5.24}$$

10.6　连带勒让德多项式

m 阶 l 次连带勒让德多项式

$$(1-x^2)\frac{\mathrm{d}^2 y}{\mathrm{d}x^2} - 2x\frac{\mathrm{d}y}{\mathrm{d}x} + \left[l(l+1) - \frac{m^2}{1-x^2}\right]y = 0 \tag{10.6.1}$$

其中,m 是正整数,l 是实数. 当 $m=0$ 时,就是前面所讨论的勒让德方程.

10.6.1 连带勒让德方程的解

直接用幂级数法解方程(10.6.1) 比较复杂,下面我们通过连带勒让德方程与勒让德方程之间的联系来求解. 利用计算两个函数乘积的高阶导数公式,即莱布尼兹(Leibnitz)公式:

$$(uv)^m = u^m v + \mathrm{C}_m^1 u^{m-1} v' + \cdots + \mathrm{C}_m^k u^{(m-k)} v^k + \cdots + uv^m \tag{10.6.2}$$

对勒让德方程

$$(1-x^2)P''(x) - 2xP'(x) + l(l+1)P(x) = 0 \tag{10.6.3}$$

求导 m 次,得

$$(1-x^2)P^{(m+2)}(x) + m(-2x)P^{(m+1)}(x) + \frac{m(m-1)}{2}(-2)P^{(m)}(x) -$$
$$2xP^{(m+1)}(x) - 2mP^{(m)}(x) + l(l+1)P^{(m)}(x) = 0,$$

$$(1-x^2)\frac{\mathrm{d}^2 P^{(m)}(x)}{\mathrm{d}x^2} - 2(m+1)x\frac{\mathrm{d}P^{(m)}(x)}{\mathrm{d}x} + [l(l+1) - m(m-1)]P^{(m)}(x) = 0 \tag{10.6.4}$$

作变换

$$\omega(x) = (1-x^2)^{\frac{m}{2}}P^{(m)}(x) \tag{10.6.5}$$

可把方程(10.6.4) 化为

$$(1-x^2)\frac{\mathrm{d}^2 \omega}{\mathrm{d}x^2} - 2x\frac{\mathrm{d}\omega}{\mathrm{d}x} + \left[l(l+1) - \frac{m^2}{1-x^2}\right]\omega = 0 \tag{10.6.6}$$

这正是连带勒让德方程,所以方程(10.6.1) 的解为

$$y(x) = (1-x^2)^{\frac{m}{2}}P^{(m)}(x) \tag{10.6.7}$$

其中,$P(x)$ 是勒让德方程(10.6.3) 的解.

当 $l=n(n=0,1,2,\cdots)$ 时,由 10.3 节知方程(10.6.3) 有一个多项式的特解 $P_n(x)$,即勒让德多项式,相应地把连带勒让德方程(10.6.1) 的特解记为 $P_n^m(x)$,即

$$P_n^m(x) = (1-x^2)^{\frac{m}{2}}\frac{\mathrm{d}^m P_n(x)}{\mathrm{d}x^m} \quad (m \leqslant n, -1 < x < 1) \tag{10.6.8}$$

称为 m 阶 n 次连带勒让德多项式.

下面给出前六个连带勒让德多项式:

$$P_1^1(x) = (1-x^2)^{\frac{1}{2}}$$
$$P_2^1(x) = 3x(1-x^2)^{\frac{1}{2}}$$
$$P_2^2(x) = 3(1-x^2)$$
$$P_3^1(x) = \frac{3}{2}(5x^2-1)(1-x^2)^{\frac{1}{2}}$$

$$P_3^2(x) = 15x(1 - x^2)$$

$$P_3^3(x) = 15(1 - x^2)^{\frac{3}{2}}$$

10.6.2　连带勒让德方程的本征值问题

$$\begin{cases} (1 - x^2)\dfrac{\mathrm{d}^2 y}{\mathrm{d}x^2} - 2x\dfrac{\mathrm{d}y}{\mathrm{d}x} + \left[l(l+1) - \dfrac{m^2}{1 - x^2} \right]y = 0, & -1 < x < 1 \\ y\big|_{x=\pm 1} \text{ 有界} \end{cases} \tag{10.6.9}$$

的固有值为

$$x_n = n(n+1), \quad n \text{ 为整数}, n \geqslant m \tag{10.6.10}$$

相应的固有函数为

$$y_n(x) = P_n^m(x), \quad n \geqslant m \tag{10.6.11}$$

根据斯图姆 - 刘维尔问题的性质,对同一个 m 的连带勒让德多项式在区间 $[-1,1]$ 上互相正交,即

$$\int_{-1}^{1} P_k^m(x)P_n^m(x)\mathrm{d}x = 0 \quad (k \neq n) \tag{10.6.12}$$

通过与 10.4 节类似的计算,可求得连带勒让德多项式 $P_n^m(x)$ 的模为

$$\| P_n^m(x) \| = \sqrt{\frac{2}{2n+1}\frac{(n+m)!}{(n-m)!}} \tag{10.6.13}$$

若函数 $f(x)$ 在区间 $[-1,1]$ 上满足狄里克莱条件,则在 $f(x)$ 的连续点处,可以按任意 m 的连带勒让德多项式族展成级数

$$f(x) = \sum_{n=m}^{\infty} C_n P_n^m(x) \tag{10.6.14}$$

其中

$$C_n = \frac{2n+1}{2}\frac{(n-m)!}{(n+m)!}\int_{-1}^{1} f(x)P_n^m(x)\mathrm{d}x \tag{10.6.15}$$

在 $f(x)$ 的间断点 x_0 处,式(10.6.14)右端的级数收敛于 $\frac{1}{2}\big[f(x_0 - 0) + f(x_0 + 0)\big]$.

习题 10

1. 在球坐标系中,将三维波动方程

$$\frac{\partial^2 u}{\partial t^2} = a^2\left(\frac{\partial^2 u}{\partial x^2} + \frac{\partial^2 u}{\partial y^2} + \frac{\partial^2 u}{\partial z^2}\right)$$

进行变量分离,写出各常微分方程.

2. 证明:

(1) $P_n(1) = 1, P_n(-1) = (-1)^n$;

(2) $P_{2n-1}(0) = 0, P_{2n}(0) = \dfrac{(-1)^n(2n)!}{2^{2n}(n!)^2}$.

3. 计算积分:

(1) $\displaystyle\int_0^1 xP_5(x)\mathrm{d}x$;

$(2)\displaystyle\int_{-1}^{1}\left[P_2(x)\right]^2\mathrm{d}x$;

$(3)\displaystyle\int_{-1}^{1}P_2(x)P_4(x)\mathrm{d}x$.

4. 设有一半径为 a 的金属球面,上下半球面有微小间隙隔开,上半球面的电位是 u_0,下半球面的电位是零,求球内电位分布.

5. 设 $f(x)=\begin{cases}0, & -1<x<0 \\ x, & 0\leqslant x<1\end{cases}$,证明:

$$f(x)=\frac{1}{4}P_0(x)+\frac{1}{2}P_1(x)+\frac{5}{16}P_2(x)-\frac{3}{32}P_4(x)+\cdots$$

6. 证明:$P'_{n+1}(x)-P'_{n-1}(x)=(2n+1)P_n(x)$.

7. 设有半径为 a 的半球,球面上保持常温 u℃,而半球的底面上温度保持为 0℃,求稳恒状态下内部各点的温度.

8. 在半径为 a 的球内$(r<a)$求解三维拉普拉斯方程的狄里克莱问题:

$$\begin{cases}\Delta u=0, r<a \\ u\big|_{r=a}=f(\theta,\varphi)\end{cases}$$

附 录

附录 I Fourier 变换简表

序号	$f(t)$	$F(\omega)$
1	矩形单脉冲 $\quad f(t)=\begin{cases} E, & |t|\leqslant\dfrac{\tau}{2} \\ 0, & \text{其他} \end{cases}$	$2E\,\dfrac{\sin\dfrac{\omega\tau}{2}}{\omega}$
2	指数衰减函数 $\quad f(t)=\begin{cases} 0, & t<0 \\ \mathrm{e}^{-\beta t}, & t\geqslant0(\beta>0) \end{cases}$	$\dfrac{1}{\beta+\mathrm{j}\omega}$
3	三角形脉冲 $\quad f(t)=\begin{cases} \dfrac{2A}{\tau}\left(\dfrac{\tau}{2}+t\right), & -\dfrac{\tau}{2}\leqslant t<0 \\ \dfrac{2A}{\tau}\left(\dfrac{\tau}{2}-t\right), & 0\leqslant t<\dfrac{\tau}{2} \end{cases}$	$\dfrac{4A}{\tau\omega^2}\left(1-\cos\dfrac{\omega\tau}{2}\right)$
4	钟形脉冲 $\quad f(t)=A\mathrm{e}^{-\beta t^2}\ (\beta>0)$	$\sqrt{\dfrac{\pi}{\beta}}\,A\mathrm{e}^{-\frac{\omega^2}{4\beta}}$
5	Fourier 核 $\quad f(t)=\dfrac{\sin\omega_0 t}{\pi t}$	$F(\omega)=\begin{cases} 1, & |\omega|\leqslant\omega_0 \\ 0, & \text{其他} \end{cases}$
6	Gauss 分布函数 $\quad f(t)=\dfrac{1}{\sqrt{2\pi}\sigma}\mathrm{e}^{-\frac{t^2}{2\sigma^2}}$	$\mathrm{e}^{-\frac{\sigma^2\omega^2}{2}}$
7	矩形射频脉冲 $\quad f(t)=\begin{cases} E\cos\omega_0 t, & |t|\leqslant\dfrac{\tau}{2} \\ 0, & \text{其他} \end{cases}$	$\dfrac{E\tau}{2}\left[\dfrac{\sin(\omega-\omega_0)\dfrac{\tau}{2}}{(\omega-\omega_1)\dfrac{\tau}{2}}+\dfrac{\sin(\omega+\omega_0)\dfrac{\tau}{2}}{(\omega+\omega_0)\dfrac{\tau}{2}}\right]$
8	单位脉冲函数 $\quad f(t)=\delta(t)$	1
9	周期性脉冲函数 $\quad f(t)=\displaystyle\sum_{n=-\infty}^{+\infty}\delta(t-nT)$ （T 为脉冲函数的周期）	$\dfrac{2\pi}{T}\displaystyle\sum_{n=-\infty}^{+\infty}\delta\left(\omega-\dfrac{2n\pi}{T}\right)$
10	$f(t)=\cos\omega_0 t$	$\pi[\delta(\omega+\omega_0)+\delta(\omega-\omega_0)]$

（续表）

序号	$f(t)$	$F(\omega)$
11	$f(t)=\sin\omega_0 t$	$j\pi[\delta(\omega+\omega_0)-\delta(\omega-\omega_0)]$
12	单位函数　$f(t)=u(t)$	$\dfrac{1}{j\omega}+\pi\delta(\omega)$
13	$u(t-c)$	$\dfrac{1}{j\omega}e^{-j\omega c}+\pi\delta(\omega)$
14	$u(t)\cdot t$	$-\dfrac{1}{\omega^2}+\pi j\delta'(\omega)$
15	$u(t)\cdot t^n$	$\dfrac{n!}{(j\omega)^{n+1}}+\pi j^n\delta^{(n)}(\omega)$
16	$u(t)\sin\alpha t$	$\dfrac{\alpha}{\alpha^2-\omega^2}+\dfrac{\pi}{2j}[\delta(\omega-\omega_0)-\delta(\omega+\omega_0)]$
17	$u(t)\cos\alpha t$	$\dfrac{j\omega}{\alpha^2-\omega^2}+\dfrac{\pi}{2}[\delta(\omega-\omega_0)+\delta(\omega+\omega_0)]$
18	$u(t)e^{j\alpha t}$	$\dfrac{1}{j(\omega-\alpha)}+\pi\delta(\omega-\alpha)$
19	$u(t-c)e^{j\alpha t}$	$\dfrac{1}{j(\omega-\alpha)}e^{-j(\omega-\alpha)c}+\pi\delta(\omega-\alpha)$
20	$u(t)e^{j\alpha t}t^n$	$\dfrac{n!}{[j(\omega-\alpha)]^{n+1}}+\pi j^n\delta^{(n)}(\omega-\alpha)$
21	$e^{a|t|},\mathrm{Re}(a)<0$	$-\dfrac{-2a}{\omega^2+a^2}$
22	$\delta(t-c)$	$e^{-j\omega c}$
23	$\delta'(t)$	$j\omega$
24	$\delta^{(n)}(t)$	$(j\omega)^n$
25	$\delta^{(n)}(t-c)$	$(j\omega)^n e^{-j\omega c}$
26	1	$2\pi\delta(\omega)$
27	t	$2\pi j\delta'(\omega)$
28	t^n	$2\pi j^n\delta^{(n)}(\omega)$
29	$e^{j\alpha t}$	$2\pi\delta(\omega-\alpha)$
30	$t^n e^{j\alpha t}$	$2\pi j^n\delta^{(n)}(\omega-\alpha)$

附录 II　Laplace 变换简表

序号	$f(t)$	$F(s)$
1	1	$\dfrac{1}{s}$
2	e^{at}	$\dfrac{1}{s-a}$
3	$t^m\,(m>-1)$	$\dfrac{\Gamma(m+1)}{s^{m+1}}$
4	$t^m e^{at}\,(m>-1)$	$\dfrac{\Gamma(m+1)}{(s-a)^{m+1}}$
5	$\sin at$	$\dfrac{a}{s^2+a^2}$
6	$\cos at$	$\dfrac{s}{s^2+a^2}$
7	$\sinh at$	$\dfrac{a}{s^2-a^2}$
8	$\cosh at$	$\dfrac{s}{s^2-a^2}$
9	$t\sin at$	$\dfrac{2as}{(s^2+a^2)^2}$
10	$t\cos at$	$\dfrac{s^2-a^2}{(s^2+a^2)^2}$
11	$t\sinh at$	$\dfrac{2as}{(s^2-a^2)^2}$
12	$t\cosh at$	$\dfrac{s^2+a^2}{(s^2-a^2)^2}$
13	$t^m\sin at(m>-1)$	$\dfrac{\Gamma(m+1)}{2j(s^2+a^2)^{m+1}}\cdot\left[(s+ja)^{m+1}-(s-ja)^{m+1}\right]$
14	$t^m\cos at(m>-1)$	$\dfrac{\Gamma(m+1)}{2(s^2+a^2)^{m+1}}\cdot\left[(s+ja)^{m+1}-(s-ja)^{m+1}\right]$
15	$e^{-bt}\sin at$	$\dfrac{a}{(s+b)^2+a^2}$
16	$e^{-bt}\cos at$	$\dfrac{s+b}{(s+b)^2+a^2}$
17	$e^{-bt}\sin(at+c)$	$\dfrac{(s+b)\sin c+a\cos c}{(s+b)^2+a^2}$
18	$\sin^2 t$	$\dfrac{1}{2}\left(\dfrac{1}{s}-\dfrac{s}{s^2+4}\right)$
19	$\cos^2 t$	$\dfrac{1}{2}\left(\dfrac{1}{s}+\dfrac{s}{s^2+4}\right)$
20	$\sin at \sin bt$	$\dfrac{2abs}{\left[s^2+(a+b)^2\right]\left[s^2+(a-b)^2\right]}$
21	$e^{at}-e^{bt}$	$\dfrac{a-b}{(s-a)(s-b)}$
22	$ae^{at}-be^{bt}$	$\dfrac{(a-b)s}{(s-a)(s-b)}$
23	$\dfrac{1}{a}\sin at-\dfrac{1}{b}\sin bt$	$\dfrac{b^2-a^2}{(s^2+a^2)(s^2+b^2)}$
24	$\cos at-\cos bt$	$\dfrac{(b^2-a^2)s}{(s^2+a^2)(s^2+b^2)}$
25	$\dfrac{1}{a^2}(1-\cos at)$	$\dfrac{1}{s(s^2+a^2)}$
26	$\dfrac{1}{a^3}(at-\sin at)$	$\dfrac{1}{s^2(s^2+a^2)}$

序号	$f(t)$	$F(s)$
27	$\dfrac{1}{a^4}(\cos at-1)+\dfrac{1}{2a^2}t^2$	$\dfrac{1}{s^3(s^2+a^2)}$
28	$\dfrac{1}{a^4}(\cosh at-1)-\dfrac{1}{2a^2}t^2$	$\dfrac{1}{s^3(s^2-a^2)}$
29	$\dfrac{1}{2a^3}(\sin at-at\cos at)$	$\dfrac{1}{(s^2+a^2)^2}$
30	$\dfrac{1}{2a}(\sin at+at\cos at)$	$\dfrac{s^2}{(s^2+a^2)^2}$
31	$\dfrac{1}{a^4}(1-\cos at)-\dfrac{1}{2a^3}t\sin at$	$\dfrac{1}{s(s^2+a^2)^2}$
32	$(1-at)\mathrm{e}^{-at}$	$\dfrac{s}{(s+a)^2}$
33	$t\left(1-\dfrac{a}{2}t\right)\mathrm{e}^{-at}$	$\dfrac{s}{(s+a)^3}$
34	$\dfrac{1}{a}(1-\mathrm{e}^{-at})$	$\dfrac{1}{s(s+a)}$
35	$\dfrac{1}{t}(\mathrm{e}^{bt}-\mathrm{e}^{at})$	$\ln\dfrac{s-a}{s-b}$
36	$\dfrac{2}{t}\sinh at$	$\ln\dfrac{s+a}{s-a}=2\operatorname{arctanh}\dfrac{a}{s}$
37	$\dfrac{2}{t}(1-\cos at)$	$\ln\dfrac{s^2+a^2}{s^2}$
38	$\dfrac{2}{t}(1-\cosh at)$	$\ln\dfrac{s^2-a^2}{s^2}$
39	$\dfrac{1}{t}\sin at$	$\arctan\dfrac{a}{s}$
40①	$\dfrac{1}{\sqrt{a}}\operatorname{erf}(\sqrt{at})$	$\dfrac{1}{s\sqrt{s+a}}$
41	$\dfrac{1}{\sqrt{a}}\mathrm{e}^{at}\operatorname{erf}(\sqrt{at})$	$\dfrac{1}{\sqrt{s}(s-a)}$
42	$u(t)$	$\dfrac{1}{s}$
43	$tu(t)$	$\dfrac{1}{s^2}$
44	$t^m u(t)(m>-1)$	$\dfrac{1}{s^{m+1}}\Gamma(m+1)$
45	$\delta(t)$	1
46	$\delta^{(n)}(t)$	s^n
47	$\operatorname{sgn}t$	$\dfrac{1}{s}$
48②	$\mathrm{J}_0(at)$	$\dfrac{1}{\sqrt{s^2+a^2}}$

① $\operatorname{erf}(x)=\dfrac{2}{\sqrt{\pi}}\displaystyle\int_0^x \mathrm{e}^{-t^2}\,\mathrm{d}t$，称为误差函数.

$\operatorname{erfc}(x)=1-\operatorname{erf}(x)=\dfrac{2}{\sqrt{\pi}}\displaystyle\int_x^{+\infty}\mathrm{e}^{-t^2}\,\mathrm{d}t$，称为余误差函数.

② $\mathrm{J}_n(x)=\displaystyle\sum_{k=0}^{\infty}\dfrac{(-1)^k}{k!\,\Gamma(n+k+1)}\left(\dfrac{x}{2}\right)^{n+2k}$，$\mathrm{I}_n(x)=\mathrm{j}^{-n}\mathrm{J}_n(\mathrm{j}x)$，$\mathrm{J}_n$ 称为第一类 n 阶 Bessel 函数. I_n 称为第一类 n 阶变形的 Bessel 函数，或称为虚宗量的 Bessel 函数.